# PROTOPLASMATOLOGIA

## HANDBUCH DER PROTOPLASMAFORSCHUNG

BEGRÜNDET VON

L. V. HEILBRUNN · F. WEBER
PHILADELPHIA GRAZ

HERAUSGEGEBEN VON

M. ALFERT · H. BAUER · C. V. HARDING · W. SANDRITTER · P. SITTE
BERKELEY TÜBINGEN ROCHESTER FREIBURG I. BR. FREIBURG I. BR.

MITHERAUSGEBER

J. BRACHET-BRUXELLES · H. G. CALLAN-ST. ANDREWS · R. COLLANDER-HELSINKI
K. DAN-TOKYO · E. FAURÉ-FREMIET-PARIS · A. FREY-WYSSLING-ZÜRICH
L. GEITLER-WIEN · K. HÖFLER-WIEN · M. H. JACOBS-PHILADELPHIA
N. KAMIYA-OSAKA · W. MENKE-KÖLN · A. MONROY-PALERMO
A. PISCHINGER-WIEN · J. RUNNSTRÖM-STOCKHOLM

BAND VIII

## PHYSIOLOGIE DES PROTOPLASMAS

7

AKTIVER TRANSPORT

b

AKTIVER TRANSPORT (KURZSTRECKENTRANSPORT BEI PFLANZEN)

1969
SPRINGER-VERLAG
WIEN · NEW YORK

# AKTIVER TRANSPORT (KURZSTRECKENTRANSPORT BEI PFLANZEN)

VON

U. LÜTTGE
DARMSTADT

MIT 47 TEXTABBILDUNGEN

1969
SPRINGER-VERLAG
WIEN · NEW YORK

ISBN-13: 978-3-7091-5594-3 e-ISBN-13: 978-3-7091-5593-6
DOI: 10.1007/978-3-7091-5593-6



SOTCOVER REPRINT OF THE HARDCOVER 1ST EDITION 1969

LIBRARY OF CONGRESS CATALOG CARD NUMBER: 55-880

**Protoplasmatologia**
**VIII. Physiologie des Protoplasmas**
**7. Aktiver Transport**
**b) Aktiver Transport (Kurzstreckentransport bei Pflanzen)**

# Aktiver Transport (Kurzstreckentransport bei Pflanzen)

Von

ULRICH LÜTTGE

Botanisches Institut der Technischen Hochschule Darmstadt

Mit 47 Textabbildungen

## Inhaltsverzeichnis



Manuskript abgeschlossen im Juli 1967.

Spezieller Teil



Einleitung

# Die fundamentale Bedeutung des Kurzstreckentransportes für das Leben

Nach einer von Oparin (1963 a, 1963 b) vertretenen Hypothese war der erste Schritt bei der Entstehung der Lebewesen aus der sogenannten Ursuppe eine Abgrenzung kleiner Teile dieser Ursuppe durch Oberflächenfilme oder Membranen. Diese sogenannten koacervaten Tröpfchen oder analogen Systeme durften aber durch ihre Membranen nicht hermetisch abgeschlossen sein; die Membranen mußten vielmehr einen kontrollierten Stoffaustausch zwischen den koacervaten Tröpfchen und ihrer Umgebung gestatten, denn alle Organismen sind offene Systeme (v. Bertalanffy 1953), ,,durch welche hindurch ein ständiger Fluß von Energie und Stoffen stattfindet, wobei diese in deren Innerem Umwandlungen erfahren" (Westphal 1953).

Ohne daß wir auf die Gültigkeit der Oparinschen Hypothese näher einzugehen brauchen, führt diese uns doch vor Augen, daß als ein wesentliches Charakteristikum selbst der primitivsten hypothetisch gedachten Organismen deren Begrenzung nach außen angesehen werden muß, die neben ihrer Funktion als Barriere die Aufgabe hat, einen kontrollierten Stoffaustausch mit der Umgebung zu gewährleisten. Netter (1959) nennt dies die ,,stoffliche Emanzipation von der Umgebung", die seiner Ansicht nach schon sehr früh in der phylogenetischen Entwicklung der Lebewesen erfolgt sein muß. Die Kontrolle über den Stoffdurchtritt durch die abschließende Membran, die erforderlich ist, damit die Membran ihre Doppelaufgabe als trennende und verbindende Struktur erfüllen kann, wird bei allen rezenten Organismen durch deren eigene Aktivität, das heißt direkt oder indirekt durch den Stoffwechsel, ausgeübt.

In einer rezenten Zelle finden wir nun nicht nur eine nach außen abschließende Plasmamembran, sondern innerhalb des so umgrenzten Raumes zahlreiche weitere, auch ihrerseits durch Membranen abgegliederte Bereiche. In Pflanzenzellen zunächst die besonders auffallende vom Tonoplasten umgebene Vacuole, Organelle, wie die Plastiden, Mitochondrien, den Zellkern, die alle vom Membranen umschlossen sind, und die von Membranen gebildeten Vesikel der Dictyosomen und des endoplasmatischen Reticulums. Manche dieser Kompartimente sind wiederum durch Membranen weiter gegliedert, z. B. die Chloroplasten in Thylakoide. Dies zeigt, daß die Vorgänge des Kurzstreckentransportes nicht auf die äußere Membran oder das Plasmalemma beschränkt sein können. Das Problem wird dadurch noch komplexer, daß wir es nicht nur mit einer Vielzahl von Bezirken zu tun haben, in die hinein und aus denen heraus Stofftransporte erfolgen müssen, sondern auch mit einer großen Anzahl von Stoffen oder Stoffgruppen, die oftmals unabhängig voneinander transportiert werden.

Verschiedene Mechanismen des Kurzstreckentransportes unterscheiden wir nicht allein beim Transport unterschiedlicher Stoffgruppen, sondern vor allem dadurch, wie eng und auf welche Weise der betreffende Transportprozess mit dem Stoffwechsel verknüpft ist. Wenn wir von der Betrachtung der Transportvorgänge an und innerhalb einer einzelnen Zelle zur Stoffverschiebung in Organen oder ganzen Pflanzen übergehen, finden wir neben dem Kurzstreckentransport den Ferntransport. Dieser ist wahrscheinlich in allen Fällen eine Druckströmung, als solche nicht direkt vom Stoffwechsel abhängig und deshalb hier nicht von unmittelbarem Interesse. Allerdings sind diese passiven Ströme von Wasser und darin gelöster Stoffe stets an einer oder mehreren Stellen im pflanzlichen Organismus mit einem an einer Membran lokalisierten Kurzstreckentransport verbunden. Ihre Zusammensetzung wird auf diese Weise schließlich metabolisch kontrolliert. Membrantransporte werden auch in dieser Hinsicht zu entscheidenden Kontrollmechanismen der Stoffversorgung des Organismus.

Ehe wir uns diesen einzelnen Vorgängen und ihrer Verknüpfung mit dem Stoffwechsel widmen, erscheint es nützlich, ein Bild von der Beschaffenheit der Membranen zu geben, an denen sich die Prozesse des Kurzstreckentransportes abspielen.

Allgemeiner Teil

# I. Die Beschaffenheit der Barrieren: die Membranen

## a) Der Bau der Membranen

Lange bevor man die Membranen mit Hilfe des Elektronenmikroskopes sichtbar machen konnte, gelangte man durch indirekte Methoden zu konkreten Vorstellungen über ihren Aufbau. *Spreitungsversuche* haben gezeigt, wie sich Filme aus langkettigen amphipolaren Molekülen (z. B. Fettsäuren, Lipide), die also einen hydrophilen Pol und einen hydrophoben Rest besitzen, verhalten. LANGMUIR (1917 a, 1917 b, 1933, cf. NETTER 1959) untersuchte den Platzbedarf solcher Moleküle an einer Wasser-Luft-Grenzfläche mit Hilfe der „Schubspannung", die durch die Tendenz zur Verschiebung der Teilchen in der Grenzfläche hervorgerufen wird. Er fand unter anderem, daß Fettsäuremoleküle bei vollständiger Kondensation unabhängig von der Kettenlänge stets annähernd die gleiche Fläche von etwa 2,2 $nm^2$ pro Molekül einnehmen und schloß daraus, daß die Moleküle mit ihrer Längsachse senkrecht zur Wasser-Luft-Grenzfläche stehen müssen.

GORTER und GRENDEL (1925) zeigten auf ähnliche Weise, daß die aus Erythrocyten isolierten Lipide eine Fläche einnehmen, die gerade doppelt so groß ist wie die Oberfläche der roten Blutkörperchen. Aus diesen Befunden entstand die Vorstellung, daß die Zelloberfläche aus einer bimolekularen Lage von Lipidmolekülen bestehen muß.

Nun liegt die Oberflächenspannung der äußeren Membran von Erythrocyten und von verschiedenen Eiern, z. B. des Seeigels *Arbacia*, von Mollusken oder vom Salamander zwischen 0,2 und 0,8 dyn/cm (COLE 1932, COLE und MICHAELIS 1932, HARVEY 1933, HARVEY und FRANKHAUSER 1933, NORRIS 1939, Zusammenfassung und weitere Literatur HARVEY 1954), und die Spannung an der Grenzfläche von Öltröpfchen im Protoplasma beträgt etwa 0,6 dyn/cm (HARVEY und SHAPIRO 1934, cf. auch KOPAC 1940), während die Spannung zwischen Lipiden und Wasser viel größer ist; zwischen Öl aus Makreleneiern und Wasser wurden 7—10 dyn/cm gemessen. Aus diesen Gründen nahmen DANIELLI und HARVEY (1935) an, daß sich die Lipide bei der Bildung der Membran mit oberflächenaktiven Substanzen zusammenlagern, und zwar vor allem mit Globulin-ähnlichen Proteinen.

Aus diesen Vorstellungen entwickelten DANIELLI und DAVSON (1935) ein *Modell*, nach dem die biologischen Membranen aus einer doppelten Lage von Lipidmolekülen bestehen, deren Kohlenstoffketten parallel angeordnet und mit dem lipophilen Pol nach innen gerichtet sind, und deren nach außen orientierte hydrophile Enden von einem Proteinfilm bedeckt werden (Abb. 1 *a*). Das Protein ist in diesem Modell durch Wasserstoffbrücken und Salzbindungen mit den hydrophile Gruppen der Lipidmoleküle verbunden. Daß Lipide in der Zelle mit einem Proteinfilm umgeben sind, kann gezeigt werden, wenn in ein Ei von *Arbacia* ein Tropfen Öl injiziert und das Öl anschließend vorsichtig zurückgesaugt wird. Bei einer bestimmten kritischen Größe des Öltröpfchens wird seine Oberfläche faltig und runzelig, eine Erscheinung, die auf einer Denaturierung des Proteinfilmes durch die Oberflächenkräfte beruht (DEVAUX-Effekt: KOPAC 1940, 1943, 1950, cf. HARVEY 1954; über die Spreitung von Proteinen: GORTER und GRENDEL 1926, cf. auch NETTER 1959).

Die elektronenmikroskopischen Bilder, die man später von Membranquerschnitten gewinnen konnte, schienen dieses Modell zunächst in hohem Maße zu bestätigen. Aufnahmen von Membranen, die mit $KMnO_4$ oder $OsO_4$ fixiert wurden, zeigen drei Lagen, zwei dunkle, stark kontrastierte und eine helle Zwischenschicht. Die elektronenmikroskopischen Präparate geben zwar kein unmittelbares Bild

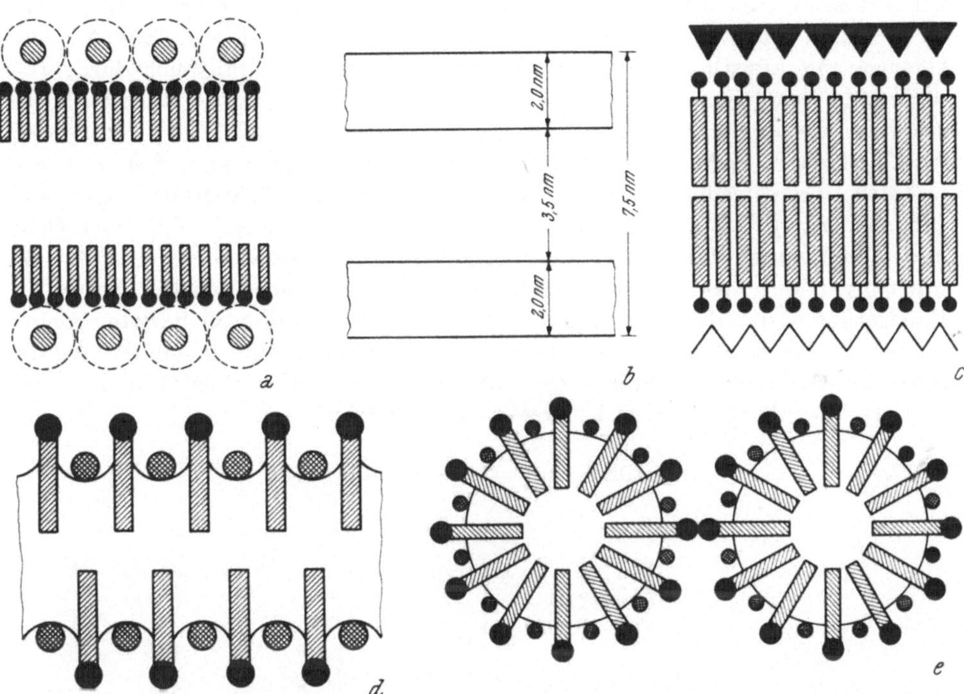


Abb. 1. Verschiedene Modelle biologischer Membranen. *a* Membranmodell von DANIELLI und DAVSON (1935). Der Lipidfilm aus einer doppelten Lage von Molekülen ist auf beiden Seiten von einem Proteinfilm bedeckt. Das Innere der Membran wird durch eine hydrophobe Lipidregion (schrägschraffierte Blöcke) gebildet, die hydrophilen Gruppen der Lipide (schwarze Kreise) sind nach der Oberfläche zu orientiert. *b* Elektronenmikroskopisches Bild einer Membran nach Fixierung mit $KMnO_4$ oder $OsO_4$ mit durchschnittlichen Abmessungen. *c* Modell der Elementarmembran aus J. D. ROBERTSON (1964) entsprechend dem Modell von DANIELLI und DAVSON (siehe *a*). Durch verschiedene Proteinfilme auf beiden Seiten ist die Membran asymmetrisch. *d* Membranmodell nach den Vorstellungen von BENSON und Mitarb. gezeichnet und von Prof. A. A. BENSON freundlicherweise authorisiert. Das Innere der Membran wird durch hydrophobes Protein gebildet, durch das die Lipide mit ihren hydrophoben Enden (schrägschraffierte Blöcke) gebunden werden. Die polaren Gruppen der Lipide (schwarze Kreise) und Proteine (kreuzschraffierte Kreise) liegen an der Oberfläche. *e* Membranmodell nach den Vorstellungen von SJÖSTRAND und ELFVIN (1964) gezeichnet. Das Innere der globulären Membranmizelle wird durch hydrophobes Protein gebildet, durch das die Lipide mit ihren hydrophoben Enden (schrägschraffierte Blöcke) gebunden werden. Die polaren Gruppen der Lipide (schwarze Kreise) und Proteine (kreuzschraffierte Kreise) liegen an der Oberfläche der globulären Membranuntereinheiten, zwischen denen auf diese Weise hydrophile „Poren“ die Membran queren.

vom Aufbau der Membranen, sie sind als reproduzierbare Fixierungsartefakte oder „Äquivalenzstrukturen“ anzusehen. Unter der Annahme von STOECKENIUS (1959, 1960), daß die Moleküle des Fixierungsmittels dort eingelagert werden, wo die polaren Enden der Lipide mit den Proteinmolekülen verbunden sind, lassen sich das elektronenmikroskopische Bild (Abb. 1 *b*) und das Schema von DANIELLI und DAVSON sehr gut zur Deckung bringen. Da die zahlreichen Membranen innerhalb der Zelle alle im Elektronenmikroskop auf gleiche Weise kontrastieren, wenn auch die Membrandicken in bestimmten Grenzen schwanken (LEDBETTER 1962, SJÖSTRAND, 1963 a, 1963 c, GRUN 1963, YAMAMOTO 1963) und von der Art der

Fixierung abhängen (SJÖSTRAND 1960), entwickelte J. D. ROBERTSON (cf. J. D. ROBERTSON 1964) die *Theorie der „unit membrane“* (= „Elementarmembran“ in der Nomenklatur von SITTE 1961), nach der alle Membranen dem Plasmalemma analog aufgebaut sind und ontogenetisch oder phylogenetisch als direkte oder indirekte Abkömmlinge desselben betrachtet werden können (Abb. 1 *c*).

Dieses Membranmodell, das für lange Jahre als gültig angesehen und vielfach zur Erklärung der Phänomene des Membrantransportes herangezogen wurde (s. S. 21 u. 57ff.), ist durch widersprechende physiologische Befunde, durch Modellversuche mit künstlichen Membranen und im Anschluß daran auch durch abweichende elektronenmikroskopische Beobachtungen in jüngster Zeit stark erschüttert worden.

Es ist dabei nicht nur entscheidend, welche Bedeutung man den oben erwähnten Unterschieden in den Dimensionen der einzelnen Membranen beimessen will, sondern auch von Wichtigkeit, zu wissen, welche chemisch definierten Orte in den Membranen durch die Fixierungsmittel kontrastiert werden. KORN (1966) widerspricht der Ansicht von STOECKENIUS (1960 s. o.) über den Ort der $OsO_4$-Einlagerung in die Membran. Er nimmt an, daß das Osmium in fixierten Membranen an die Kohlenwasserstoffketten der Lipide kovalent gebunden ist, da $OsO_4$ mit olefinischen Gruppen von Lipiden reagiert und stabile Osmiumsäureester der Glycole bildet, z. B. bei Reaktion mit Methyloleat:

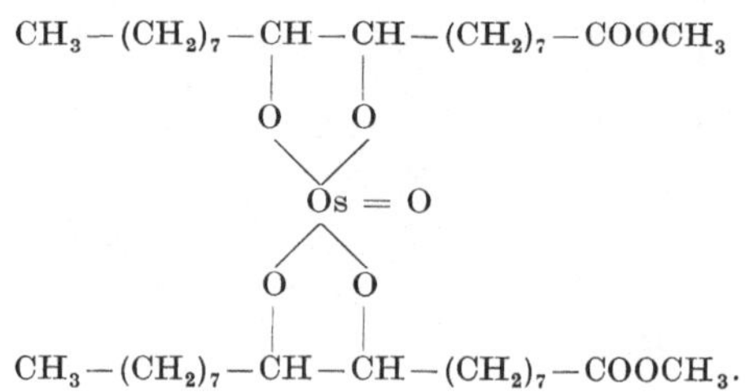


STOECKENIUS kennt diesen Einwand (STOECKENIUS 1959, 1960, STOECKENIUS et al. 1960). Er hat dementsprechend zunächst zwei Modelle diskutiert, von denen das eine ausschließlich auf einer $OsO_4$-Anlagerung an die Doppelbindungen der Lipide beruht, während das andere allein auf der $OsO_4$-Reaktion mit den hydrophilen Gruppen fußt (STOECKENIUS 1959, STOECKENIUS et al. 1960). Der sorgfältige Vergleich der Dicke der dunklen und hellen Linien, die bei der Gültigkeit des einen oder des anderen Modells bei der elektronenmikroskopischen Betrachtung $OsO_4$-fixierter Myelinfiguren zu sehen sein müßten, zeigt, daß beide Modelle identische Bilder ergeben würden. Eine Entscheidung ließ sich durch die Elektronenmikroskopie zunächst nicht durchführen. Andere Versuche führten STOECKENIUS dann zu der Annahme, daß die im Elektronenmikroskop sichtbaren dunklen Linien tatsächlich auf der $OsO_4$-Anlagerung an den hydrophilen Enden der Lipide beruhen. Künstliche Membranen von Uranyl-Linolenat ergeben mit und ohne Fixierung durch $OsO_4$ das gleiche Bild und stimmen auch mit Aufnahmen von $OsO_4$-fixiertem K-Linolenat überein. Das heißt, daß die $OsO_4$-Kontrastierung nur dort erfolgen kann, wo auch die, an die COO-Gruppen gebundenen Uranylionen eine Kontrastierung ergeben. Die Doppelbindungen liegen in den Linolenatfilmen in der Mitte zwischen jeder Doppellage von Carboxylgruppen. Dort tritt nach $OsO_4$-

Fixierung kein Kontrast auf (STOECKENIUS 1960), was nicht bedeutet, daß $OsO_4$ nicht mit den Doppelbindungen reagiert. Es muß sogar angenommen werden, daß beide Reaktionsmöglichkeiten, die mit den hydrophilen Gruppen und die mit den Doppelbindungen, verwirklicht sind. Die Reaktion mit den hydrophilen Gruppen allein soll aber zu einer sichtbaren Elektronenabsorption führen und das in den hellen Zonen vorhandene $OsO_4$ sich nicht nachweisen lassen (STOECKENIUS et al. 1960).

Viele Erkenntnisse über den Membranaufbau wurden durch die *Untersuchung stark spezialisierter Membranen* gewonnen, denen vor allem wegen ihrer biochemischen Funktion verstärktes Interesse galt. Besondere Bedeutung kommt zunächst den Befunden von FLEISCHER et al. (1962) zu, die mit wäßrigem Aceton 80% der Phospholipide aus Mitochondrien extrahiert haben, wodurch die biochemische Funktion der Mitochondrien (Reaktionen der Elektronenübertragung) gestört, aber ihre Struktur nicht sichtbar verändert wird. Elektronenmikroskopische Aufnahmen der mit Aceton extrahierten Mitochondrien zeigten zwar leichte Anzeichen der Beschädigung, die strukturelle Integrität der Organelle war jedoch im Großen und Ganzen erhalten geblieben. Auch hinsichtlich der Größe waren sie mit unbehandelten Mitochondrien vergleichbar. Dieser Befund steht in unmittelbarem Gegensatz zu der, dem DANIELLI-DAVSON-Modell zugrunde liegenden Auffassung, nach der die Lipide die wichtigsten kohäsiven Kräfte hervorrufen, die die Membranen und damit auch die Mitochondrien zusammenhalten. Es zeigt sich, daß die Phospholipide des Mitochondrions nicht zur Aufrechterhaltung seiner Großstruktur nötig sind. Die Entfernung der Phospholipide ist reversibel. Die Aceton-extrahierten Mitochondrien können die Fähigkeit zur Elektronenübertragung zurückerlangen, wenn die entzogenen Lipide wieder zugegeben werden. Eine spätere, eingehendere Arbeit (FLEISCHER et al. 1967) differenziert das Bild etwas. Danach geht die äußere Mitochondrienmembran bei der Extraktion verloren, sie muß also anders gebaut sein als die innere Mitochondrienmembran. Die Autoren selbst glauben, daß ihre Befunde weder die Ungültigkeit des DANIELLI-Modells beweisen, noch irgendeinem anderen Modell starken Vorzug geben. Modifikationen des DANIELLI-Modells seien jedoch erforderlich.

Die Ergebnisse von Untersuchungen an Chloroplasten scheinen mit den bei Mitochondrien erhaltenen Resultaten nicht ohne weiteres übereinzustimmen. MENKE (1962) wertet den Befund, daß bei der Extraktion der Lipide aus Chloroplasten der Durchmesser dieser Organelle gleichbleibt, ihre Dicke aber um die Hälfte abnimmt (MENKE und MENKE 1956, KREUTZ und MENKE 1960), als Hinweis dafür, daß Lipide und Proteine in getrennten Filmen aneinanderliegen.

Andererseits stellte sich heraus, daß sowohl bei Mitochondrien als auch bei Chloroplasten ein hoher Prozentsatz des Membranproteins ein bei physiologischen pH-Werten hydrophobes Polymeres darstellt (GREEN 1962, CRIDDLE et al. 1962, FLEISCHER et al. 1962, BIGGINS und PARK 1965). Bei Mitochondrien sind dies etwa 50—70% des Membranproteins.

Die Bedeutung des Proteins beim strukturellen Aufbau der Membranen wird durch das DANIELLI-DAVSON-Modell, das ganz auf der Anordnung der Lipide in Oberflächenfilmen fußt, vernachlässigt (GREEN und HECHTER 1965).

BENSON (1964) beschreibt zwei verschiedene Möglichkeiten der gegenseitigen Bindung von Proteinen und Lipiden:

1. *die ionische Bindung*, die Benson auch den Myelin-Typ nennt, da diese Form der Bindung, die auch dem Modell der Elementarmembran von J. D. Robertson zugrunde liegt, ursprünglich ausschließlich für die Myelinstrukturen gilt (vgl. auch Sitte 1966); und

2. *die hydrophobe Bindung*, wie sie im Lipoprotein der Mitochondrien und nach Benson auch in den Lamellen der Chloroplasten vorliegen muß, wo die Fettsäurereste in den hydrophoben Regionen des Proteins „gelöst“ sein sollen (vgl. auch Green und Fleischer 1963, Shibuya et al. 1965).

Auf diese Weise lassen sich nach Fleischer et al. (1961, 1963) zwei verschiedene Membrantypen denken. Ein von Benson und Mitarb. (Benson 1966) entwickeltes Membranmodell fußt auf der zweiten Form der Bindung, der hydrophoben Bindung, an der weder Kovalenz- noch Wasserstoffbrückenbindungen beteiligt sind. Hydrophobes Protein bildet danach das Innere der Membran. Die hydrophilen Gruppen des Proteins liegen an der Oberfläche der Proteinmoleküle und damit an der Membranoberfläche. Die Lipide sind mit ihren hydrophoben Enden in das Protein eingebettet, sie wirken auf diese Weise wie ein Detergens, das das Protein in Lösung hält. Die anionischen Gruppen der Lipide befinden sich außen. Bei Fixierung mit $OsO_4$ müßte eine solchermaßen strukturierte Membran im Elektronenmikroskop das Bild der Abb. 1 *b* ergeben, also zwei schwarze, kontrastierte Linien, getrennt durch eine nicht gefärbte Mittelzone. Die Vorstellungen von Benson und Mitarb. lassen sich grobschematisch durch die Zeichnung der Abb. 1 *d* wiedergeben. Besondere Bedeutung kommt dem engen Kontakt der Lipid- und Proteinmoleküle, der Lipoproteidnatur der Membran, zu. Den Kohlenstoffketten der Fettsäureester sollen bestimmte hydrophobe Aminosäuresequenzen des Membranproteins entsprechen, an denen die Bindung in spezifischer Weise erfolgt. Das Protein bestimmt dadurch die Orte, wo die hydrophobe Bindung mit den Lipiden am stärksten ist. Die genetische Kontrolle der Membranstruktur wäre dabei über die Beeinflussung der Aminosäuresequenz des Proteins möglich, die zu der spezifischen, hydrophoben Assoziierung mit Lipidmolekülen führt. Daraus ergibt sich auch der flexible Charakter einer derartig gebauten Membran, die Möglichkeit zur stoffwechselabhängigen Veränderung der Membranstruktur, zur Adaptation der Struktur und der strukturbedingten Funktion an verschiedene physiologische Gegebenheiten.

Der enge Kontakt zwischen Lipiden und Proteinen in Membranuntereinheiten wird durch Versuche der Isolierung von Lipoproteinkomplexen aus biologischen Membranen bewiesen. Mit Hilfe von Detergentien (z. B. Natrium-laurylsulfat) gelingt es, Membranstrukturen zu lösen, wobei man Lipoproteideinheiten erhält, die als solche zusammenbleiben und in der analytischen Ultrazentrifuge als homogene Fraktion sedimentieren (Gent et al. 1964, Razin et al. 1965). Beim Entfernen des Detergens und dem gleichzeitigen Vorhandensein von di- oder polyvalenten Kationen lagern sich die isolierten Untereinheiten wieder zu Membranstrukturen zusammen (Razin et al. 1965).

Wesentliche Stützen für ein den Vorstellungen von Benson (1966) entsprechendes Membranmodell lieferten von Wallach und Zahler (1966) und von Lenard und Singer (1966) mit Hilfe des Ultraviolettdichroismus und der optischen Rotationsdispersion durchgeführte Untersuchungen der Sekundärstruktur der Membranproteine. Es gelang diesen Autoren bei Experimenten mit Membranen aus Ehrlich-Ascites-Carcinom, von roten Blutkörperchen des Menschen und von *B. subtilis* zu zeigen, daß ein Teil des am Aufbau dieser Membranen beteiligten Proteins in der α-Helix-Konfiguration vorliegt, nämlich etwa ¼—⅓ des gesamten Membranproteins, während der Rest des Proteins sich im Zustand der „random-coil-Form" befindet. Dieser Befund ist für die Diskussion der Membranschemata insofern von Bedeutung, als nach LENARD und SINGER die α-Helix-Konfiguration unter den Bedingungen des DANIELLI-DAVSON-ROBERTSON-Modells nicht stabil ist. Nach diesem Modell müsse das Strukturprotein an den äußeren Membranoberflächen vollkommen im entfalteten Zustand vorliegen, eine große Anzahl nicht-polarer Aminosäuren wäre mit der wäßrigen Phase in Berührung, eine Bedingung, die nach den genannten Autoren thermodynamisch ungünstig ist. In 2-Chloro-äthanol als Lösungsmittel befindet sich ein viel höherer Prozentsatz der Membranproteine in der α-Helix-Form als in wäßrigem Puffer. Darüberhinaus wird daran erinnert, daß hydrophobe Bindungen bei der spezifischen Konfiguration globulärer Proteine in wäßriger Lösung (z. B. beim Myo- und Hämoglobin) eine entscheidende Rolle spielen.

Aus diesen Gründen soll die gefundene Konfiguration des nativen Membranproteins als ein Hinweis dafür gewertet werden, daß hydrophobe Bindungen zwischen dem Protein und den Lipiden in den Membranen eine sehr viel größere Bedeutung haben, als dies bei der Anordnung nach dem DANIELLI-DAVSON-Modell der Fall sein kann. LENARD und SINGER schlagen deshalb ein Modell vor, das sich in verschiedener Hinsicht stark vom DANIELLI-DAVSON-Modell unterscheidet und nach der Meinung dieser Autoren mit den gegenwärtigen Erkenntnissen über die Struktur der Protein-Makromoleküle besser übereinstimmt. Dieses von LENARD und SINGER entworfene Modell entspricht in vielen Einzelheiten der von BENSON angenommenen Struktur der Membranen. Die polaren Enden der Lipidmoleküle sollen zusammen mit den ionischen Seitenketten des Strukturproteins an der äußeren Oberfläche der Membran liegen und durch van der Waals-Kräfte in Kontakt mit der wäßrigen Phase treten. Die hauptsächlich aus nicht-polaren Sequenzen bestehenden Teile des Strukturproteins sollen gemeinsam mit den lipophilen Resten der Phospholipide und den relativ unpolaren Lipiden, wie etwa dem Cholesterol, das Innere der Membran bilden. Vor allem das in der α-Helix-Form vorliegende Protein soll sich im Membraninnern befinden, wo die α-Helix-Konfiguration durch hydrophobe Kräfte stabilisiert werden kann.

Verbesserte elektronenmikroskopische Bilder von Membranen wurden mit neuen Techniken, vor allem mit der Negativkontrastierung mit Phosphowolframat, erhalten. Mit diesem Kontrastierungsmittel behandelte isolierte Mitochondrien erlangen ihre volle Enzymaktivität nach Auswaschen des Reagens wieder zurück, was nach $OsO_4$-Fixierung nicht möglich ist. Es ist anzunehmen, daß deshalb durch das Verfahren der Negativfärbung auch die Struktur besser erhalten bleibt (GREEN et al. 1964).

Verschiedene Arbeitsgruppen (SJÖSTRAND 1963 a, 1963 b, 1963 d, FERNÁNDEZ-MORÁN 1963, SJÖSTRAND und ELFVIN 1964, FERNÁNDEZ-MORÁN et al. 1964, BLASIE et al. 1965, HOHL und HEPTON 1965) haben auf diese Weise und mit herkömmlichen Fixierungstechniken das *Vorkommen globulärer Untereinheiten in den Membranen* gezeigt. (Weitere Literaturhinweise s. SITTE 1966.) Ein nach den Angaben von SJÖSTRAND und ELFVIN (1964) gezeichnetes Membranmodell würde etwa dem Bild der Abb. 1 *e* entsprechen. Die Lipidmoleküle sind mit ihren hydrophoben Enden in globuläre Proteine mit einem hydrophoben Zentrum und einer hydrophilen Oberfläche eingebettet. Dieses Schema scheint auch Möglichkeiten für die Erklärung verschiedener physiologischer Vorgänge an Membranen zu bieten. Das Schwellen und Schrumpfen der Membranen (vgl. Lehninger 1964) kann durch Vergrößerung und Verkleinerung der globulären Einheiten beschrieben werden.

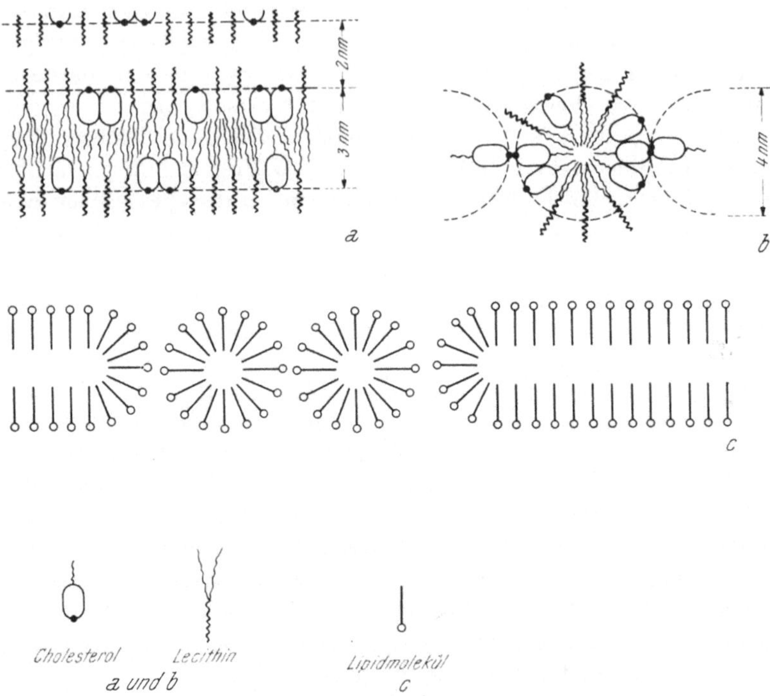


Abb. 2. Molekularschemata künstlicher Lipidfilme. *a* Lamellärer und *b* globulärer Membranaufbau aus Lucy und Glauert (1964), *c* Wechsel von globulär und lamellär gebauten Bereichen in einer Membran.

Außerdem erfüllt dieses Modell das in verschiedenen Membrantransporttheorien postulierte Vorhandensein hydrophiler Poren, die hier zwischen den globulären Micellen zu suchen wären (s. S. 22 f.).

*Untersuchungen an Modellmembranen aus künstlichen Lipidsuspensionen* (z. B. Lecithin, Cholesterol), denen Spuren von hämolytisch wirkenden, stark oberflächenaktiven Stoffen zugesetzt wurden (z. B. Saponin), geben weiteren Aufschluß über die verschiedenen, energetisch möglichen Anordnungen von Lipidmolekülen an polaren Phasengrenzen (Lucy und Glauert 1964, Bangham und Horne 1964, Stoeckenius 1962). Abb. 2 *a* und 2 *b* zeigen die von Lucy und Glauert (1964) für einen lamellaren und einen globulären Membranaufbau entworfenen Molekularschemata. Luzzati und Husson (1962) haben die Struktur aus menschlichem Gehirn extrahierter Lipide (52% Cephalin, 35% Lecithin, 13% Phosphoinositide) in Wasser röntgenologisch untersucht. In Abhängigkeit von der Temperatur und vom Verhältnis Lipidgewicht : Gewicht des Lipid-Wasser-Gemisches (= Lipidkonzentration) fanden sie eine lamellare Anordnung der

Lipidmoleküle (Abb. 3 *a*) oder eine hexagonale Anordnung der Lipide zu Zylindern (Abb. 3 *b*). Das Innere eines jeden dieser Zylinder wird von dünnen Wasserkanälen gebildet, an deren Oberfläche sich die hydrophilen Gruppen der Lipidmoleküle befinden, während die lipophilen Kohlenstoffketten die Räume zwischen den Zylindern ausfüllen. Es ist einleuchtend, daß eine solche Membran durch die Wasserkanäle bedingte Permeabilitätseigenschaften haben muß. Beide Membranzustände können nach LUZZATI und HUSSON bei Änderung eines Parameters (Konzentration, Temperatur, elektrisches Potential) ineinander übergehen, wo-

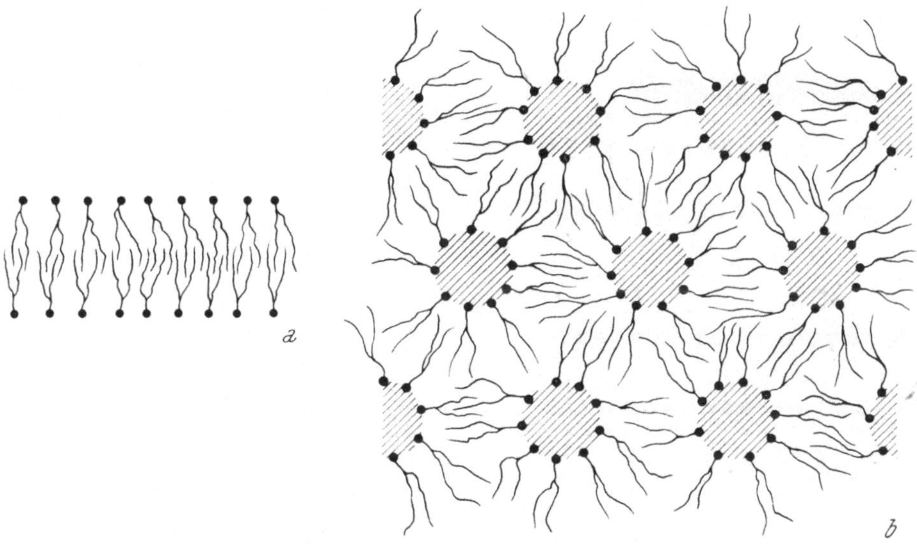


Abb. 3. *a* Lamellärer Membranaufbau und *b* hexagonale Anordnung von aus Lipiden gebildeten Zylindern mit hydrophilen Kanälen (schraffierte Regionen) aus LUZZATI und HUSSON (1962).

durch physiologische Funktionen, wie etwa die Permeabilität beeinflußt und auf diese Weise auch vom Stoffwechsel unter Kontrolle genommen werden können. Dem bimolekularen Film als ,,geschlossener Configuration" steht dabei eine hexagonale Anordnung als ,,offene Configuration" gegenüber. Man kann sich vorstellen, daß innerhalb einer Membran die Struktur des bimolekularen Films mit der globulären Struktur abwechselt, so daß Poren enthaltende Regionen neben völlig aus Lipiden gebildeten Regionen zu finden sind (Abb. 2 *c*).

Diese verschiedenen Überlegungen über den Aufbau der biologischen Membranen zeigen, wie unbefriedigend das alte Modell von DANIELLI und DAVSON aufgrund neuerer Ergebnisse geworden ist. Trotzdem ist es gegenwärtig offenbar nicht möglich, an seine Stelle ein anderes Modell zu setzen, das alle experimentellen Daten erklären würde.

Dies zeigt sich besonders beim Vergleich der Schemata von *Membranen, denen besondere biochemische Funktionen zukommen*. Abb. 4 *a* gibt den Aufbau der Mitochondrienmembran nach LEHNINGER (1964) wieder. Die Membran ist hier nach dem Modell von DANIELLI und DAVSON gezeichnet. Das Strukturprotein wird durch weiße Kreise angegeben. Die Atmungseinheiten, die 25% oder mehr des gesamten Membranproteins ausmachen und die bei der Atmung erforderlichen

Enzyme enthalten, sind in die Membran eingelagert und werden als schwarze Kreise vom Strukturprotein abgehoben. Die Anordnung der Atmungseinheiten in der Membran ist asymmetrisch. Durch das Prinzip der spezifischen Orientierung und der definierten geometrischen Anordnung der Atmungseinheiten und der einzelnen Enzyme innerhalb dieser Einheiten kommt eine vektorielle Enzymwirkung zustande. Auf diese Weise wird nicht nur ermöglicht, daß bestimmte

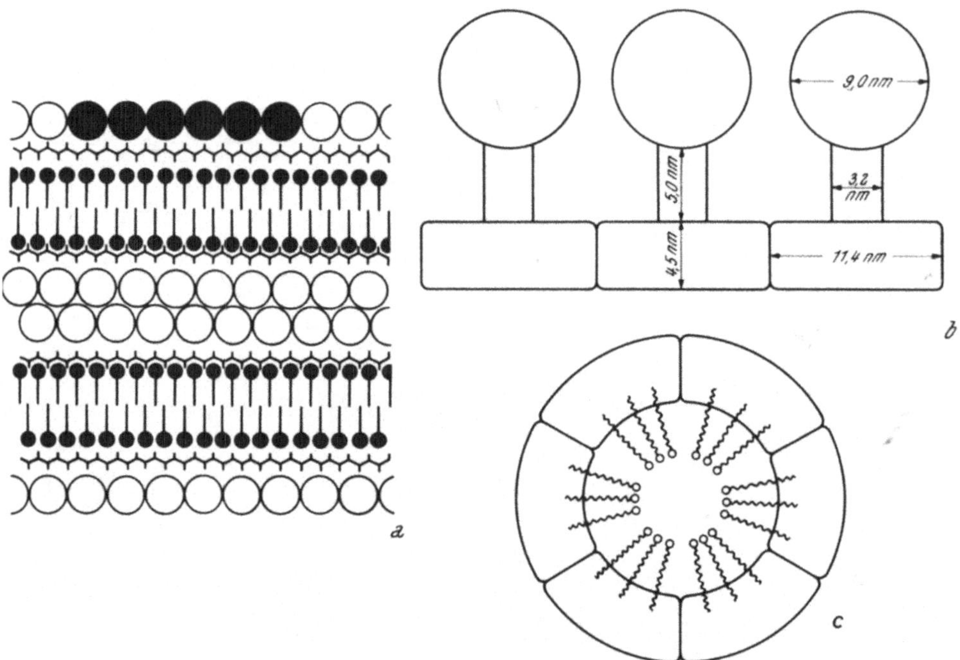


Abb. 4. *a* Mitochondrienmembran aus LEHNINGER (1964). Die Lipiddoppelfilme (—● = Lipidmolekül) sind von Protein bedeckt: Weiße Kreise = Strukturprotein, schwarze Kreise = spezifisches Protein, das die Atmungseinheiten bildet. *b* Mitochondrienmembran aus GREEN et al. (1964). Elementarpartikel, die aus Kopfstück, Stiel und Grundstück bestehen. *c* Funktioneller Komplex der Elektronenübertragungskette der Cristae aus GREEN et al. (1964), Lipide im Zentrum.

Reaktionen an diesen Strukturen ablaufen, die in Lösung, etwa im Reagenzglas, nicht möglich wären, entsprechende Anordnungen können vielmehr auch bei Transportvorgängen eine Rolle spielen (s. S. 52 u. 84).

Die gleiche Membran stellen sich GREEN et al. (1964) anders vor. Sie ziehen die oben erwähnten Arbeiten von FERNÁNDEZ-MORÁN und Mitarb. (s. auch FERNÁNDEZ-MORÁN 1963) zu ihrer Hypothese heran und schildern die innere Mitochondrienmembran und die Cristae-Membranen als aus „elementary particles" (EP) aufgebaut, wie es in Abb. 4 *b* dargestellt ist. Die Elementarpartikel bestehen aus einem Kopfstück, einem Stiel und einem Grundstück. Das EP kann auch in rein sphärischer Form gefunden werden, und es ist ungewiß, ob es sich um zwei verschiedene Zustände oder zwei verschiedene Fixierungsartefakte handelt. Die Wände der Cristae sollen von polymeren Anordnungen von Elementarpartikeln gebildet werden. Der funktionelle Komplex der Elektronenübertragungskette wird nach diesen Autoren von einer Proteinhülle gebildet, in deren Zentrum die

Lipide in Form einer uni- oder bimolekularen Micelle vorliegen. Die funktionellen Gruppen des Proteins sind nach innen orientiert. Im Inneren dieser Anordnung finden sich hydrophile Kanäle (Abb. 4 *c*).

Abb. 5 *a* zeigt zum Vergleich eine andere Membran, der ganz bestimmte biochemische Funktionen zugeschrieben werden müssen: das aus röntgenologischen Untersuchungen durch MENKE (1964) entwickelte Modell eines Chloroplasten-Thylakoids, in dem die einzelnen Lipidmoleküle durch maßgerechte Umrisse von Kalottenmodellen wiedergegeben sind. Im Inneren der Membran befindet sich eine hydrophile Phase, die durch die hydrophilen Gruppen der Lipide gebildet

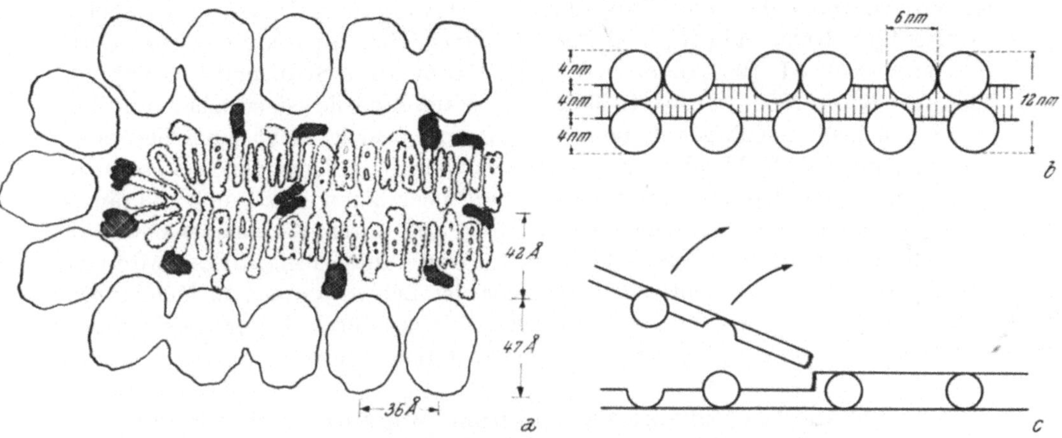


Abb. 5. *a* Thylakoidmembran (aus MENKE 1964). Die Lipide, nach den Umrissen von Kalottenmodellen gezeichnet, bilden einen doppelten Film, der außen von Protein umgeben wird. Porphyringruppierungen des Chlorophylls schraffiert. *b* Thylakoidmembran aus MÜHLETHALER (1966 b): globuläre Proteinpartikel in der Lipidmembran. *c* Thylakoidmembran nach BRANTON aufgrund der von der Ansicht MÜHLETHALERS abweichenden Auffassung über die Präparationsresultate beim Gefrierätzen gezeichnet. Die Pfeile deuten das Spalten der Membran beim Gefrierätzen an. (Die Abbildung wurde von Dr. D. BRANTON dankenswerterweise zur Verfügung gestellt.)

wird (MENKE 1964, KREUTZ 1966). Die Porphyrinreste des Chlorophylls liegen in zwei verschiedenen Zonen. Die hydrophoben Gruppen der Lipide sind gegen eine doppelschichtige Proteinlage gerichtet, die sich außen an die Lipidschichten anlagert (KREUTZ 1966).

Ein von MÜHLETHALER et al. (1965, cf. auch MÜHLETHALER 1966 a, 1966 b) aufgrund von elektronenmikroskopischen Untersuchungen mit der Gefrierätztechnik entworfenes Modell der Thylakoidmembran fußt insofern auf dem DANIELLI-DAVSON-Schema, als das Zentrum der Membran hier durch einen 4,0 nm dicken, doppelten Lipidfilm gebildet werden soll (Abb. 5 *b*). Hinsichtlich der Anordnung des Proteins weicht es von diesem und von der Elementarmembran von J. D. ROBERTSON stark ab. MÜHLETHALER und Mitarbeiter fanden nach dem Gefrierätzen das Protein in Form von globulären Partikeln mit einem Durchmesser von 6,0 nm, die etwa zu einem Drittel (2,0 nm) in den Lipiddoppelfilm der Membran eindringen. Die Gesamtdicke der Membran ergibt sich dadurch als 12,0 nm. Die auf beiden Seiten in der Membran liegenden Proteinglobuli können durch die Membran miteinander Kontakt haben; nach ihrer Entfernung erscheint die Membran porös. Dieser Kontakt der Proteinmoleküle durch die Membran hindurch wäre für den Stoffdurchtritt von großer Bedeutung (s. S. 58 f.). Die bei chemischer Fixierung ($OsO_4$, $KMnO_4$) erhaltenen Bilder kommen nach MÜHLETHALER et al. nicht durch Schrumpfen des Proteins, sondern durch artefizielle Ausbreitung des Proteins aus den Globuli in Form eines dünnen Films an der Membranoberfläche zustande. Die Interpretation von MÜHLETHALER et al. wird allerdings nicht allgemein anerkannt. BRANTON (1966) glaubt nicht, daß man bei den, nach Gefrierätzung erhaltenen elektronenmikroskopischen Bildern Aufsichten auf die Membranoberfläche erhält. Er nimmt vielmehr an, daß bei der Präparation die Membran gespalten wird und man nur innere Flächen sieht (Abb. 5 *c*). Die globulären Einheiten lägen demnach ganz in der Membran eingebettet.

Die in Abb. 1—5 aus dem umfangreichen Schrifttum über biologische Membranen (zusammenfassende Darstellungen: DAVSON und DANIELLI ed. 1952, FINEAN 1961, BELL und GRANT ed. 1963, MENG ed. 1964, BRADY und TRAMS 1964, DANIELLI et al. ed. 1964, LOCKE ed. 1964, PAULY 1964, SENO und COWDRY ed. 1964, KAVANAU 1965, MADDY 1966) ausgewählten Modelle zeigen nicht nur, daß sich ein allgemein gültiges Membranmodell gegenwärtig nicht aufstellen läßt, sondern auch, daß die Membranen Gebilde von hoher Mannigfaltigkeit sein können, die zustandekommt durch Variationen in der molekularen Anordnung und räumlichen Verteilung ihrer einzelnen Bestandteile und durch Verschiedenheiten im chemischen Aufbau der Proteine und Lipide. Durch diese Vielseitigkeit wird erst möglich, daß sich alle wichtigen Reaktionen des Lebens an oder in Membranen abspielen (R. N. ROBERTSON 1962). In gleicher Weise dürfen Unterschiede in den Permeabilitätseigenschaften verschiedener Membranen nicht verwundern.

## b) Physikalisch-chemische Untersuchungen an natürlichen und künstlichen Lipidmembranen

Untersuchungen von PLOWE (1931 a, 1931 b), die mit dem Mikromanipulator an Zellen der Zwiebelschuppenepidermis durchgeführt wurden, geben ein lebendiges Bild von den physikalischen Eigenschaften des Plasmalemmas, des Tonoplasten und der Kernmembran. Das Vorhandensein physiologischer Barrieren an der Grenze zwischen Vacuole und Cytoplasma und an der äußeren Oberfläche der Zellen wurde zunächst dadurch nachgewiesen, daß Farbstoffe, die nicht in die Zellen aufgenommen werden, sich nach Injektion in das Plasma und in die Vacuole innerhalb dieser Kompartimente sofort ausbreiteten, aber nicht durch deren Grenzflächen transportiert wurden.

Durch Ausziehen mit der Mikromanipulatornadel konnte die Elastizität des Plasmalemmas direkt demonstriert werden. Das Cytoplasma selbst ist längst nicht so dehnbar, es rundet sich zu kleinen, vom Plasmalemma umhüllten Tröpfchen ab (Abb. 6 *a*). Beim Durchstechen einer ganzen Zelle wird die Mikromanipulatornadel von Plasma und Plasmalemma umgeben. Bei diesem Versuch kann auch die Vacuole angestochen werden. Die Öffnung vergrößert sich dann rasch, der Vacuoleninhalt fließt aus, und das Protoplasma bildet einen zum Teil vom ehemaligen Plasmalemma, zum Teil vom Tonoplasten umgebenen kleinen Ball, der den Kern enthält, aber keine Vacuole besitzt. Das Protoplasma erscheint normal, die Plasmaströmung dauert an. Der Kern kann im Cytoplasma mit der Nadel herumgestoßen werden, er erweist sich als außerordentlich elastisch.

Es gelingt mit dieser Technik auch, Vacuolen zu isolieren. Nach der Zerstörung des Plasmalemmas quillt das Plasma weg und kann mit der Nadel vollkommen entfernt werden, so daß die Vacuole als transparenter, vom Tonoplasten umgebener, mit Zellsaft gefüllter Sack zurückbleibt (Abb. 6 *b*). Die Membran behält dabei ihre semipermeablen Eigenschaften. Die isolierten Vacuolen werden in verdünnter Lösung größer, in konzentrierter kleiner.

Harvey (1954) beschreibt an anderer Stelle in diesem Handbuch die Membranen als „semi-solid", als Flüssigkeit mit hoher Plastizität, die geringeren Eingriffen widerstehen kann und erst durch stärkere Kräfte, z. B. durch Zentrifugieren, beeinflußt wird. Auch bei künstlichen Lipidfilmen wurde der flüssige Charakter der Membranen nachgewiesen (Mueller et al. 1964, Thompson 1964). Filmische Darstellungen von lebenden Pflanzenzellen (Girbardt; Hongladarom

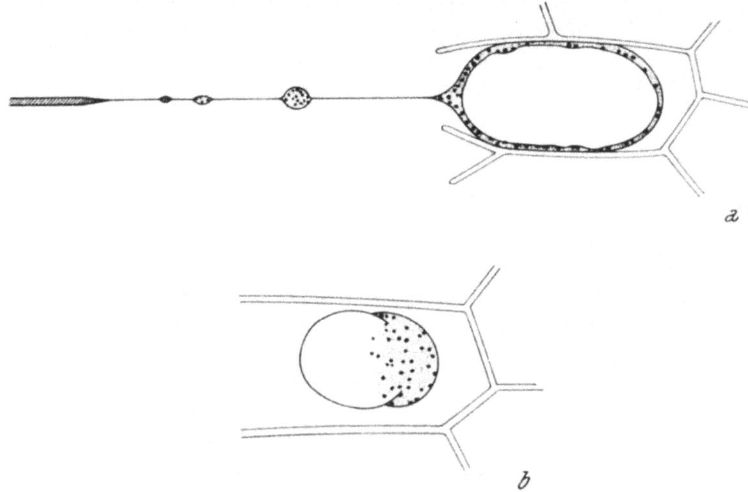


Abb. 6. *a* Demonstration der Elastizität des Plasmalemmas von Zellen der Zwiebelschuppenepidermis durch Ausziehen mit einer Mikromanipulatornadel nach Plowe (1931). *b* Isolierung einer Vacuole.

et al.) zeigen nicht nur die hohe Elastizität, sondern auch die große Dynamik der Membranen.

In Tab. 1 sind einige physikalisch-chemische Größen künstlicher Lipidfilme und lebender Membranen zusammengestellt. Über die Dicke der Membranen und ihre Oberflächenspannung wurde oben schon gesprochen. Die künstlichen Lipidfilme und die lebenden Membranen entsprechen einander weitgehend, was die mechanische Beschaffenheit, den flüssigen Charakter, die Dicke und den elektrischen Widerstand betrifft. Bangham et al. (1965 a) fanden, daß die Diffusion univalenter Kationen und Anionen durch künstliche Lecithinfilme und biologische Membranen sehr ähnlich ist. Unterschiede, die sich vor allem in der Oberflächenspannung äußern, sind durch das Fehlen des Proteins bei den künstlichen Lipidfilmen bedingt. Mueller et al. (1964) konnten durch Anlagerung von Proteinen an künstliche Lipidmembranen deren Oberflächenspannung stark herabsetzen. Durch viele der untersuchten Proteine wurde der Membranwiderstand nicht erniedrigt, was nicht bedeuten muß, daß sie nicht an die Lipidfilme adsorbiert werden und mit den Lipiden eine Bindung eingehen. Die Autoren haben jedoch in rohen Präparaten von Arylsulfatase und Leberrhodanase einen Faktor gefunden, der den Membranwiderstand stark herabsetzt. Diese Substanz ging beim Reinigen der Enzympräparate verloren.

Der physikalisch-chemische Zustand der Membranen ist für ihre Permeabilitätseigenschaften von außerordentlicher Bedeutung. Oberflächenaktive Substanzen, hämolytische Stoffe, die den Membranaufbau beeinflussen („membranaktive“ Substanzen nach Lucy 1964), haben starken Einfluß auf den Kurzstreckentransport an den Membranen (Willmer 1961, Lyons und Pratt 1964, Parr und Norman 1964, Siegel und Halpren 1964, Bangham et al. 1965 b). *In vivo* kann die Zelle selbst offenbar die physikalischen Eigenschaften der Membran regulieren und an veränderte Bedingungen anpassen. Lyons et al. (1964) fanden, daß die Mitochondrienmembranen kälteresistenter Pflanzen einen erhöhten Prozentsatz ungesättigter Fettsäuren enthalten und dadurch flexibler sind.

Tab. 1. *Physikalisch-chemische Größen künstlicher Lipidfilme und biologischer Membranen.*

| | Künstliche Lipidfilme | Autor | Biologische Membranen | Autor |
|---|---|---|---|---|
| Dicke | 6,1 nm<br><br><br>6,0–9,0 nm | Thompson 1964<br>Huang und Thompson 1965<br>Mueller et al. 1964 | 7,5 nm | J. D. Robertson 1964 |
| Oberflächenspannung | 7–10 dyn/cm | s. S. 4 | 0,2–0,8 dyn/cm | s. S. 4 |
| Elektrischer Widerstand | 0,5–1,0 × $10^8$ Ω/cm²<br><br>0,2– 4 × $10^6$ Ω/cm² | Mueller et al. 1964<br>Thompson 1964 | $10^3$–$10^5$ Ω/cm²<br><br>Plasmalemma:<br>5–50 × $10^3$ Ω/cm²<br>Tonoplast:<br>3 × $10^3$ Ω/cm² | Cole 1940 (zit. nach Thompson 1964)<br><br>Walker 1960<br><br>Walker 1960 |

## c) Die Bedeutung des $Ca^{++}$ für die Membranintegrität und den Membrantransport

Obwohl in ihrem Mechanismus noch weitgehend ungeklärt, soll in diesem Zusammenhang noch die Bedeutung des Ca-Ions für den Membrantransport, die mit dem Einfluß des $Ca^{++}$ auf die Membranintegrität in Zusammenhang gebracht wird, diskutiert werden.

Danielli und Davson (1935) haben darauf hingewiesen, daß der Hydratationsgrad und damit auch die Permeabilität der Membranen wesentlich davon abhängen, ob einwertige Ionen oder $Ca^{++}$ als Gegenion der in den Membranen enthaltenen Phosphatide vorliegen. Außer durch direkte Einwirkung auf die Membran kann das $Ca^{++}$ den Ionentransport auch durch seine Teilnahme an metabolischen Vorgängen beeinflussen (Handley et al. 1965, Kleinzeller 1961). Hier soll zunächst nur der erste Vorgang betrachtet werden.

Eine stimulierende Wirkung des $Ca^{++}$ und verwandter Kationen auf die Ionenaufnahme durch Wurzeln wurde zuerst von VIETS (1944) beschrieben. Dieser Effekt konnte inzwischen in zahlreichen weiteren Untersuchungen generell oder doch in modifizierter Weise bestätigt werden. $Ca^{++}$ fördert die Aufnahme zahlreicher Anionen und Kationen durch pflanzliche (SWANBACK 1939, LEGGETT und EPSTEIN 1956, TANADA 1956, KAHN und HANSON 1957, JACOBSON et al. 1960, EPSTEIN 1961, ELGABALY 1962, MARCHWORDT 1963, WELTE und MARCHWORDT 1963, FOOTE und HANSON 1964, HOOYMANS 1964, PITMAN 1964, COOIL et al. 1965, LEGGETT et al. 1965) und tierische Gewebe (z. B. GARDOS 1961). Das Natrium nimmt eine Ausnahmestellung ein, seine Aufnahme wird durch das $Ca^{++}$ gehemmt (EPSTEIN 1961). Über eine Hemmung der Mg-Aufnahme durch $Ca^{++}$ berichten MOORE et al. (1961). Ca-Mangel wurde in diesen Untersuchungen meist durch Anzucht des Pflanzenmaterials in $Ca^{++}$-freien Lösungen oder durch Behandlung mit Chelatbildnern wie Oxalat oder Äthylendiamintetraessigsäure (EDTA) hervorgerufen.

Die Ca-Mangelerscheinungen lassen sich durch Zugabe von $Ca^{++}$ selbst oder durch andere divalente Kationen wie $Mg^{++}$, $Ba^{++}$, $Sr^{++}$ (TANADA 1955, FOOTE und HANSON 1964, HERMANN 1964, OERTLI 1964 b, ELZAM und EPSTEIN 1965, LEGGETT et al. 1965, VAN STEVENINCK 1965), $Zn^{++}$ (EPSTEIN 1961), $Mn^{++}$ (EPSTEIN 1961, VAN STEVENINCK 1965), durch $Al^{+++}$ (Hermann 1964) und in geringerem Maße auch durch $Na^{+}$, $K^{+}$ und $Li^{+}$ (HOOYMANS 1964) aufheben.

Der Einfluß des Ca-Mangels auf die Membranbarrieren äußert sich nicht nur in Permeabilitätsveränderungen, sondern auch in einer Wirkung auf die elektrischen Eigenschaften der Membranen (KLEINZELLER 1961, FINDLAY 1962, 1964, FINDLAY und HOPE 1964 a, 1964 b, FRANKENHAEUSER und HODGKIN 1957, SHANES 1958, HIGINBOTHAM et al. 1964, KISHIMOTO et al. 1965, SPANSWICK et al. 1967). Beides hängt eng zusammen. Ist z. B. die Anionenaufnahme durch eine negativ geladene Membran beschränkt, so kann diese Grenzfläche für Anionen in höherem Maße permeabel werden, wenn zweiwertige statt einwertiger Kationen als Gegenionen vorhanden sind (PITMAN 1964).

TOBIAS et al. (1962) fanden, daß der elektrische Widerstand einer Cephalin-Cholesterol-Modellmembran durch $CaCl_2$ gesteigert und durch KCl oder NaCl herabgesetzt wird. Die Untersuchung der pH-Abhängigkeit dieses Effektes zeigte, daß er durch die Kombination der Kationen mit den sauren Gruppen der Phospholipide hervorgerufen wird. KAVANAU (1965) versucht, dadurch die Ca-Wirkung auf die Membranen zu erklären. Durch Verbindung des $Ca^{++}$ mit Phosphat- und Carboxylgruppen der Lipide entstehen Brücken zwischen den einzelnen Lipidmolekülen, was eine Verringerung des Membrandurchmessers zur Folge hat. Durch diese Schrumpfung verbreitern sich die Lipidmicelle, wodurch in den Membranen liegende Poren enger werden. Eine passive Permeabilität der Poren muß dadurch erniedrigt, das Membranpotential, der elektrische Widerstand und die Fähigkeit zur Ionenakkumulation müssen erhöht werden.

HERMANN (1964) demonstrierte die schädigende Wirkung des Ca-Entzuges auf die Membranintegrität in Versuchen, bei denen die Plasmolyse zur Vitalprüfung herangezogen wurde.

Die Beschädigung der Membran durch Ca-Mangel kann so drastisch sein, daß sie sich in elektronenmikroskopischen Untersuchungen nachweisen läßt. MARINOS

(1962) schildert eine Desorganisation der Membranen und Organelle in Gersten-Sproßspitzen. MARSCHNER und GÜNTHER (1964) beschreiben Zellen von Wurzeln, die in $Ca^{++}$-armer Nährlösung angezogen wurden, als strukturlos, Cytoplasma und Vacuoleninhalt sollen sich vermengen, da keine intakten Membranen ausgebildet seien. 6—24 Stunden nach Zugabe von $Ca^{++}$ sollen sich Zellsaft und Cytoplasma trennen, Mitochondrien und andere Organelle sichtbar und gleichzeitig die Fähigkeit zur Ionenakkumulation zurückgewonnen werden. Es ist dabei allerdings sehr fraglich, ob die Ca-Mangelzellen *in vivo* tatsächlich nicht kompartimentiert sind; wahrscheinlich sind ihre Membranen lediglich anfälliger für eine Zerstörung beim Fixieren. MARSCHNER et al. (1966) konnten eine durch bestimmte Bedingungen (niedriger pH-Wert, Anaerobiose) hervorgerufene $K^+$-Abgabe durch Maiswurzeln mit strukturellen Veränderungen des Cytoplasmas korrelieren, die durch Zugabe sehr niedriger Ca-Mengen (0,01 meq/l) weitgehend vermieden wurden.

Eingehende Analysen zeigen, daß der Ca-Mangel sich nicht unmittelbar auf die einzelnen Ionentransportprozesse auswirkt, sondern daß komplizierte Abhängigkeiten vorliegen. Nach Untersuchungen von MARSCHNER (1964, cf. auch MARSCHNER und MENGEL 1966) erniedrigt in der Außenlösung vorhandenes $Ca^{++}$ den $K^+$-Efflux aus Wurzelgewebe und bedingt dadurch die Aufrechterhaltung einer hohen $K^+$-Innenkonzentration. Gleichzeitig hemmt $Ca^{++}$ die $Na^+$-Aufnahme in indirekter Weise über die reduzierte $K^+$-Abgabe. Alle Versuchsbedingungen, die zu einem hohen $K^+$-Gehalt des Gewebes führen, vermindern die $Na^+$-Aufnahme. $Ca^{++}$ setzt nach MARSCHNER die Membranpermeabilität herab, stabilisiert die Membran und hemmt so die passiven Ionenwanderungen durch die Membran. Auch OERTLI (1964 b) vertritt die Ansicht, daß der VIETS-Effekt (VIETS 1944) durch eine Verminderung des Ionenverlustes der Zellen zustande kommt. Nach WAISEL (1962) erhöht $Ca^{++}$ dagegen die Permeabilität des Plasmalemmas für $K^+$ oder $Rb^+$ und erniedrigt sie für $Na^+$ und $Li^+$. EPSTEIN (1961) erklärt die gleichzeitige entgegengesetzte Wirkung des $Ca^{++}$ auf den $Na^+$- und den $K^+$- (oder $Rb^+$-) Transport durch die Membran in der Terminologie der Trägerhypothese (s. S. 60 ff.). Am $K^+$- und $Rb^+$-Transport sollen zwei verschiedene Trägerorte beteiligt sein, ein Trägerort A mit niedriger Affinität für $K^+$ ($Rb^+$), an dem $Na^+$ interferiert, und ein Trägerort B mit hoher Affinität für $K^+$ ($Rb^+$), der bei Anwesenheit, aber nicht bei Abwesenheit von $Ca^{++}$, durch $Na^+$ unbeeinflußt bleibt. In gleicher Weise wird der $Na^+$-Transport durch zwei Träger oder aktive Trägerorte vermittelt; einen Träger C, der in Abwesenheit von $Ca^{++}$ eine niedrige Affinität für $Na^+$ hat und bei Anwesenheit von $Ca^{++}$ hauptsächlich durch $K^+$ ($Rb^+$) besetzt wird, und der eventuell mit dem Träger A identisch ist; und einen Träger D, der hohe Affinität für $Na^+$ hat und in Gegenwart von $Ca^{++}$ indifferent gegen $K^+$ ist. $Ca^{++}$ beeinflußt nach dieser Theorie die Selektionsfähigkeit der in der Membran angenommenen Träger.

LEGGETT et al. (1965) beschreiben eine ähnlich differenzierte Ca-Wirkung auf den $PO_4^{---}$-Influx, der mit Hilfe von zwei verschiedenen Mechanismen ablaufen kann, die der Michaelis-Menten-Kinetik gehorchen und Michaelis-Konstanten von $K_m = 10^{-6}$ und $10^{-4}$ M haben. $Ca^{++}$ wirkt nur auf den Mechanismus mit niedriger $K_m$ und außerdem — im Gegensatz zur Interpretation des Ca-Einflusses auf die Alkaliionen-Fluxe durch MARSCHNER (1964) und OERTLI (1964 b) — nur auf den Influx, da unter den Versuchsbedingungen kein Efflux beobachtet werden konnte. LEGGETT und Mitarbeiter nehmen an, daß der Turnover des Membrantransportmechanismus durch $Ca^{++}$ erhöht wird, da $V_{max}$ durch Ca-Zugabe stark ansteigt, während $K_m$ sich gegenüber Ca-Mangel-Pflanzen nur geringfügig ändert.

HOOYMANS (1964) setzt sich kritisch mit einer Reihe von Theorien der Ca-Wirkung auf den Ionentransport durch Membranen auseinander. Ähnlich wie LEGGETT und Mitarbeiter findet er zwei verschiedene Mechanismen der Anionen-Aufnahme (hier $Br^-$) in Gerstenwurzeln, von denen einer bei niedriger Außenkonzentration (0.05 meq/l) und einer bei hoher Konzentration (5 meq/l) wirksam ist. Während der erste Mechanismus durch $Ca^{++}$ stark beeinflußt wird, ist der zweite von $Ca^{++}$ ziemlich unabhängig. Auch HOOYMANS beobachtet bei seinen Versuchen keinen Br-Efflux, so daß eine Ca-Wirkung auf den Influx angenommen werden muß. HOOYMANS vermutet, daß ein Teil der Br-Trägerorte wegen des Vorhandenseins negativer Ladungen in der Membran für die Br-Ionen unzugänglich sein kann, und daß $Ca^{++}$ und andere Kationen dem entgegenwirken und damit die Anzahl der beim Transport wirksamen Trägerorte erhöhen würden. Der Ca-Effekt auf den Kationentransport muß nach HOOYMANS auf andere Weise, durch direkte Beeinflussung der Membranpermeabilität erklärt werden. Da aber die negativen Ladungen, die bei der Anionenaufnahme eine Rolle spielen, vermutlich in der Membran liegen, spricht er zusammenfassend von einem Einfluß des $Ca^{++}$ auf die Membran, und zwar auf das Plasmalemma.

Die im Vorstehenden geschilderten experimentellen Befunde und theoretischen Überlegungen über die Wirkung des $Ca^{++}$ auf die Membranen und auf den Kurzstreckentransport zeigen, wie sehr die Transportphänomene an die Membranen gebunden sind. Die Diskussion der verschiedenen Mechanismen des Kurzstreckentransportes wird die enge Verflechtung zwischen den Theorien des Membranaufbaus und des Transportes weiter veranschaulichen.

# II. Mechanismen des Kurzstreckentransportes

## a) Grundbegriffe und Definitionen

Die Mechanismen des Kurzstreckentransportes lassen sich grob in passive und aktive Vorgänge einteilen. Obwohl hier in der Hauptsache der aktive Transport diskutiert werden soll, erscheint es doch notwendig, einen kurzen Überblick auch über die passiven Prozesse zu gewinnen. Eine Unterscheidung von aktiven und passiven Transportvorgängen ist in den komplexen biologischen Systemen zudem schwierig. Thermodynamische Formulierungen bieten meist keine technisch mögliche Arbeitsgrundlage. Wie noch diskutiert werden wird (s. S. 27 ff.), ist es deshalb häufig eine Sache der Definition, ob und wann bei lebenden Systemen von aktivem Transport gesprochen wird. Obwohl sie gelegentlich als „unglücklich" bezeichnet wurde, erscheint die HÖBERsche (1914, 1926) Unterscheidung zwischen physikalischer und physiologischer Membranpermeabilität, also zwischen den passiven Durchlässigkeitseigenschaften einer Membran und Permeationserscheinungen, die in irgendeiner Weise an den Stoffwechsel gebunden sind, zunächst als brauchbar. Sie bedarf der weiteren Erläuterung.

## 1. Der „apparent free space“

Ein rein passiver Diffusionsvorgang ist das Eindringen von Stoffen aus einer Außenlösung in den „apparent free space“ (AFS) eines Gewebes (HOPE und STEVENS 1952, BRIGGS 1957, BRIGGS und ROBERTSON 1957). Man kann diese Erscheinung besonders einfach beobachten, wenn man ein Pflanzengewebe aus einer bestimmten Lösung in eine andere unterschiedlicher Zusammensetzung bringt (bei vielen Versuchen meist aus einer nicht radioaktiven Lösung in eine markierte Lösung) und die Stoffaufnahme in Abhängigkeit von der Zeit untersucht. Man findet eine erste Phase rascher Stoffaufnahme, die nach kurzer Zeit abgeschlossen ist, und eine zweite Phase langsamerer und konstanter eigentlicher

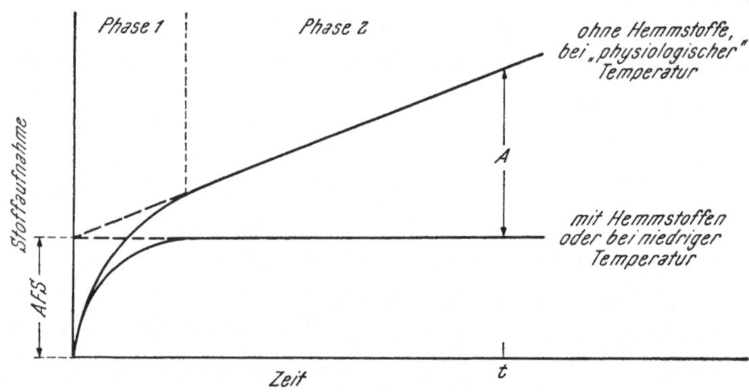


**Abb. 7. Stoffaufnahme durch pflanzliches Gewebe. Phase 1: Eindringen der Stoffe in den „apparent free space“ (AFS). Phase 2: Akkumulation. Phase 2 ist metabolisch und kann durch niedrige Temperaturen und Inhibitoren gehemmt werden. A = zur Zeit *t* akkumulierte Stoffmenge. ------ = Bestimmung des AFS durch Extrapolation. Nach BRIGGS et al. (1961), verändert.**

Akkumulation (Abb. 7). Nur die zweite Phase wird durch niedrige Temperaturen und Inhibitoren beeinflußt; der in der ersten Phase von den in das Gewebe eindringenden Stoffen eingenommene Raum erscheint für die Außenlösung frei zugänglich. Die gleiche Zweiphasigkeit findet man bei Untersuchungen der Stoffabgabe (zuletzt KRICHBAUM et al. 1967). Die Halbwertszeit für den Austausch des AFS mit der Außenlösung wird mit wenigen Minuten angegeben (s. auch S. 73).

Betrachtet man die Aufnahme geladener Stoffe (Ionenaufnahme), so findet man, daß der „apparent free space“ sich zusammensetzt aus dem „water free space“ (WFS), in dem sich die Ionen in wäßriger Lösung befinden, und dem „Donnan free space“ (DFS), wo die Ionen an strukturgebundenen Ladungen ausgetauscht werden (cf. zusammenfassende Darstellungen: R. N. ROBERTSON 1958, BRIGGS et al. 1961, JENNINGS 1963, MENGEL 1966). Bei diesen Ladungen handelt es sich vor allem um negative Gruppen in den Zellwänden (DAINTY und HOPE 1959, HOPE und DAINTY 1959, DAINTY et al. 1960, WINTER 1961, NAGAI und KISHIMOTO 1964, PITMAN 1965 c), und zwar meist um freie Carboxylgruppen des Pektins (KELLER und DEUEL 1957), so daß der DFS für Kationen beträchtlich größer ist als für Anionen. Der WFS ist hauptsächlich in den intermicellaren und interfibrillaren Räumen der Zellwand lokalisiert. Man kann also bei der Stoffverschiebung im AFS auch von einem „Zellwandtransport“ sprechen (SCHUMACHER 1936, STRUGGER 1949, GAFF et al. 1964, SALIAEV 1964).

Die Größe des „apparent free space“ ist experimentell nicht ganz einfach zu bestimmen. LEVITT (1957) hat zuerst darauf hingewiesen, daß den in den Versuchen verwandten Geweben meist ein schwer zu entfernender Flüssigkeitsfilm oberflächlich anliegt („Oberflächenfilm“), was zu zu hohen Größenangaben des AFS führt. Je nach der experimentellen Methode und der Art der Korrektur für den Oberflächenfilm (cf. auch INGELSTEN und HYLMÖ 1961, VAKHMISTROV 1965, KRICHBAUM et al. 1967) wurden für den AFS 8—25% des Gewebevolumens angegeben (cf. BURSTRÖM 1960). Das Volumen des DFS wurde bei roten Rüben als 2—3% (BRIGGS et al. 1958) bestimmt.

Die Frage der Lokalisation des WFS und DFS ist für den metabolischen oder aktiven Membrantransport von Bedeutung, da die metabolisch akkumulierten Stoffe direkt aus dem AFS entnommen werden. Eine Reihe von Autoren war früher der Meinung, daß das Cytoplasma in den freien Raum einbezogen sei (BRIGGS 1957, BRIGGS und ROBERTSON 1957, BRIGGS et al. 1958), während andere das Plasmalemma als die äußerste Barriere für den freien Raum angesehen haben (LEVITT 1957, WALKER 1957, MACROBBIE und DAINTY 1958 b, DAINTY und HOPE 1959, s. auch S. 75). PITMAN (1965 c) konnte zeigen, daß sich 95% der DFS-Ladungen, an denen Kationen ausgetauscht werden, in der Zellwand, also außerhalb des Plasmalemmas befinden, während 5—10% dieser Ladungen cytoplasmatischer Natur sind. Diese 5—10% wurden nur bei hohen Konzentrationen in der Außenlösung gefunden (10—20 meq/l). Bei Außenkonzentrationen unter 5 meq/l ist diese Fraktion zu vernachlässigen. Die Tatsache, daß sie erst bei höheren Konzentrationen deutlich nachweisbar ist, läßt das Plasmalemma bei niedrigen Konzentrationen als sehr wirksame Barriere erscheinen, während es bei höheren Konzentrationen offenbar größere Durchlässigkeit erlangt und negative Ladungen im Cytoplasma für den passiven Kationenaustausch zugänglich werden (s. S. 66 ff.).

## 2. Der physikalische Transport durch Membranen

Ältere Theorien der Permeabilität fußen in der Hauptsache auf den physikalischen Gegebenheiten des Membranaufbaues und den physikalisch-chemischen Eigenschaften der permeierenden Stoffe (zusammenfassende Darstellung in diesem Handbuch: WARTIOVAARA und COLLANDER 1960). *Die Lipidtheorie der Permeabilität* (OVERTON 1899) gründet sich auf dem NERNSTschen Verteilungsgesetz, also der Lipidlöslichkeit eines Stoffes im Verhältnis zu seiner Wasserlöslichkeit. Man hatte gefunden, daß Alkohole um so besser permeieren, je länger die Kohlenstoffkette, je hydrophober also das Molekül ist, und schloß daraus, daß die Permeationsfähigkeit eines Stoffes von seiner Löslichkeit in der Lipidphase der Barriere abhänge.

In dieses Bild passen sich Befunde über die Permeation verschiedener Stoffe, insbesondere des Wassers, nicht ein. Das Wasser kann biologische Membranen besonders leicht queren. Nach HÖFLER (1930) und HUBER und HÖFLER (1930) setzt das Plasmalemma dem Wasser zwar noch einen deutlichen Widerstand entgegen, bei den subepidermalen Stengelzellen von *Majanthemum* ist nach diesen Autoren die Harnstoff- und Glycerinpermeabilität jedoch um 100- bis 300mal, die Rohrzuckerpermeabilität um 1000mal geringer als die Wasserpermeabilität. MUELLER et al. (1964) fanden bei Versuchen mit künstlichen Lipidmembranen, daß die Wasserpermeabilität $10^9$—$10^{10}$mal so groß ist wie der Ionendurchtritt.

Auch Thompson (1964) konnte durch Untersuchungen mit THO eine hohe Wasserpermeabilität künstlicher Lipidfilme demonstrieren.

Da die lipophilen Eigenschaften bei der Permeation einer ganzen Reihe von Substanzen offenbar eine untergeordnete Rolle spielen und die Molekülgröße, oder besser das von den Molekülen eingenommene Volumen, häufig viel entscheidender zu sein scheint, entwickelte Ruhland (Ruhland 1912, Ruhland und Hoffmann 1925, cf. auch Wartiovaara und Collander 1960) *die „Ultrafiltertheorie" der Permeabilität*, die eine Sieb- oder Porenwirkung der Membran annimmt.

Über *das Vorhandensein von Poren in den Membranen* ist viel diskutiert worden. Da die Elektronenmikroskopie niemals in den Membranen Poren im herkömmlichen Sinne als feine durchgehende Kanäle abbilden konnte, und wegen des flüssigkeitsähnlichen Zustandes der Membranen (s. S. 15), erscheint es heute „naiv" (Dainty auf dem X. Intern. Botan. Congr. Edinburgh 1964), das Vorkommen von großen, die Membran durchsetzenden Poren anzunehmen. Auch der vielfach an künstlichen und biologischen Membranen nachgewiesene hohe elektrische Widerstand spricht gegen eine solche Annahme (s. S. 16, Tab. 1).

Allerdings hat Solomon (vgl. Solomon 1961) in neuerer Zeit die Ansicht vertreten, daß die Zellmembranen von wassererfüllten Poren durchsetzt sind, und daß unter der Voraussetzung, daß beim passiven Transport durch diese Poren allein die Molekülgröße ausschlaggebend ist und andere Kräfte keine wesentliche Rolle spielen, die Radien der idealisiert zylindrisch angenommenen Poren gemessen werden können. Passow (1963), der der Frage der Permeation durch Poren eine eingehende Analyse widmet, kommt zu dem Schluß, daß sich eine „Fülle verschiedenartiger Beobachtungen zwanglos und relativ einfach durch die Annahme sehr enger, wassergefüllter Kanäle, welche die Membran durchsetzen, erklären lassen", deren Gestalt und Abmessungen gegenwärtig jedoch nicht bestimmbar wären. Ferner läßt Passow offen, ob es sich um permanente Strukturen oder um zufällige Gebilde handelt. Auch Mengel (1966) machte sich kürzlich die Vorstellung von einer „‚porösen' Membranstruktur" weitgehend zu eigen. Er diskutiert (s. auch Passow 1963) einige Gründe, die für die Annahme von Poren in der Membran angeführt werden können: vor allem den Siebeffekt, d. h. die bei hydrophilen Molekülen zu beobachtende Abhängigkeit der Permeationsfähigkeit eines Stoffes von der Molekülgröße (s. o.), und den „solvent-drag-Effekt", also die Verlangsamung der Teilchenpermeation durch einen der Bewegung der permeierenden Teilchen entgegengesetzten Wasserstrom, welcher durch einen bei eingeschränkter Semipermeabilität (schnelle Wasserpermeation, langsame Teilchenpermeation) auftretenden Druckunterschied zustande kommt. Hinzu käme noch das Phänomen der unterschiedlichen Geschwindigkeit der Wasserbewegung durch die Membran bei Anwesenheit oder Abwesenheit eines osmotischen Druckgradienten. Diese Erscheinung kann dadurch erklärt werden, daß die Selbstdiffusion des Wassers in der Membran anders verläuft als die Wasserdiffusion unter einem osmotischen Druckgefälle, das zur Entstehung einer laminaren Strömung führen muß, wenn Poren in der Membran vorhanden sind (Passow 1963). Alle diese Phänomene sind aber nach Passow zwar „ein notwendiges Kriterium für die Existenz von Poren", können aber nicht umgekehrt als einwandfreier Beweis für das Vorhandensein von Poren angesehen werden.

Das Problem der Poren wird auch durch einige der oben diskutierten Membranschemata angeschnitten. BRIGGS et al. (1961) zeigen ein modifiziertes DANIELLI-DAVSON-Membranmodell mit wäßrigen Poren, die durch Protein ausgekleidet sind. Aber auch die moderneren Membranschemata deuten an, daß die Membranen von hydrophilen Kanälen durchsetzt sein können (Abb. 1 *e*, 2 *b* und *c*, 3 *b*, 5 *b* und *c*). Diese müssen nicht unbedingt aus Wassersäulen bestehen. Sie könnten auch von den hydrophilen Bestandteilen der Proteine und Lipide eingenommen werden. Derartige Gebilde würden von der herkömmlichen Vorstellung der Poren insofern abweichen, als sie eine Eigenstruktur besitzen und nicht einfach von freien Wassermolekülen besetzt werden.

THOMPSON (1964) diskutiert die Möglichkeit, daß das merkwürdige Phänomen der Kombination eines hohen elektrischen Widerstandes mit einer großen Permeabilität für Wasser, das für künstliche Lipidfilme und biologische Membranen gleichermaßen charakteristisch ist, auf der Beteiligung strukturgebundenen Wassers am Membranaufbau beruht. Zum gleichen Schluß kommt WEIGL (1967 a) durch Messungen der *Aktivierungsenergie der Wasserpermeation* bei Maiswurzel-Zellen. Während die Aktivierungsenergie für den Austausch von Oberflächenwasser 4,4 Kcal/Mol beträgt, liegt die Aktivierungsenergie für die Permeation des Wassers aus dem Cytoplasma und aus der Vacuole mit 6,3 Kcal/Mol deutlich höher. WEIGL nimmt an, daß bei der Wasserpermeation zunächst die tertiäre Struktur des Wassers weitgehend gestört werden muß, was eine höhere Energie erfordert. Die Störung der Membranstruktur durch die Einlagerung von Alkenylsuccinaten in die Lipidzone kann die Wasserpermeabilität bis auf 800% des normalen Wertes erhöhen (KUIPER 1964). PASSOW (1963) zitiert dagegen einen Befund von JACOBS et al. (1936, zit. nach PASSOW 1963), nachdem die Aktivierungsenergie für den durch ein osmotisches Gefälle bedingten Wassertransport in das Innere von Erythrocyten 3,9 Kcal beträgt. Da dieser Wert genau der Größe der Aktivierungsenergie für die Viskosität des Wassers entspricht, müsse dieser Befund als Stütze für die Annahme von Poren-ähnlichen Strukturen in der Membran angesehen werden. Wie die WEIGLschen Untersuchungen zeigen, scheint dieses Argument nicht allgemein zu gelten.

Wegen seines großen Permeationsvermögens ist es wahrscheinlich, daß das Wasser rein passiv durch die Membranen durchtritt. Dennoch wird in der Literatur nicht nur von passivem, sondern auch von aktivem Wassertransport gesprochen. KRAMER (1959) unterscheidet eine „*passive Wasseraufnahme*“, bei der die Diffusion, vor allem aber der transpirationsbedingte Saugspannungsgradient („diffusion pressure deficit“) die treibende Kraft darstellen, von einer „*aktiven Wasseraufnahme*“, die durch osmotische oder nichtosmotische Kräfte zustande kommen könne. Beim osmotisch bedingten Wassertransport handelt es sich im strengen Sinne nicht um einen „aktiven Transport“, da hier kaum mit dem Stoffwechsel gekoppelte Mechanismen direkt an den einzelnen Wassermolekülen angreifen (zur Definition des aktiven Transportes s. S. 27 ff.). Der osmotische Wassertransport kommt sekundär, als Folge eines aktiven Transportes von gelösten Substanzen (PAPPIUS 1964) oder einer metabolischen Stoffumsetzung zustande, also durch Vorgänge, die den osmotischen Druck (O) und bei gegebenem Wanddruck (W) die Saugspannung (S) verändern (S = O — W). Die Theorien des nichtosmotischen Wassertransportes nehmen eine unmittelbare metabolische

Koppelung der Wassertranslokation an („Wassersekretion"). KRAMER (1959) vermutet, daß derartige Vorgänge im Pflanzenorganismus kaum eine bedeutende Rolle spielen [s. auch Antwort von LEVITT (1967) auf OERTLI (1966)]. Über die interessanten Verhältnisse bei der Wasserausscheidung „gegen ein Konzentrationsgefälle" durch die pulsierenden Vacuolen zahlreicher Protophyten berichtet SCHNEPF (1968) in einem anderen Beitrag dieses Handbuches. Auch hier scheint es nicht absolut ausgeschlossen zu sein, daß der Wassertransport mit einem Transport gelöster Substanzen gekoppelt ist.

HÜBNER und WETZEL (1961) erwähnen, daß die Eindringungsgeschwindigkeit des Wassers in die Zellen durch Vergiftung gehemmt werden kann. Nach HACKETT und THIMAN (1950) hemmen Azid, Dinitrophenol, Arsenit und Fluoroacetat die Wasserpermeation. HACKETT et al. (1953) haben gezeigt, daß die Wasseraufnahme durch CO und $CN^-$ gehemmt wird, und nehmen an, daß die Cytochromoxydase den Wassertransport durch die Membran kontrolliert. Nach Resultaten von GLINKA und REINHOLD (1964) wirkt Azid hemmend auf die Wasserpermeabilität, während BURSTRÖM (1962) keinen Einfluß von Azid nachweisen konnte. BOGEN und Mitarbeiter (BOGEN 1953, 1956, BOGEN und PRELL 1953) haben das Phänomen der nichtosmotischen Wasseraufnahme mit Hilfe der Plasmolysetechnik untersucht und fanden Hemmwirkungen mit Azid, Arsenit und Dinitrophenol, nicht aber durch $CN^-$. Der letztere Befund wird auch von LEVITT (1948) beschrieben. Man schloß daraus, daß der Wassertransport mit dem allgemeinen Energiestoffwechsel der Zelle und nicht direkt mit der Atmung verbunden sei (BOGEN 1953).

Bei allen diesen Untersuchungen ist nicht völlig zweifelsfrei klargestellt, ob das Wasser selbst aktiv durch die Membran transportiert wird oder, was viel wahrscheinlicher ist, indirekt einem auf andere Weise zustande gekommenen Saugspannungsgradienten folgt. In jedem Falle müssen wir annehmen, daß die für die Wasserpermeation erforderliche Energie nicht nur aus der thermischen Bewegung, sondern auch in irgendeiner Form aus dem Stoffwechsel stammen kann. Die ganze Problematik der biologischen Definition des „aktiven Transportes" wird hierbei deutlich.

Da für die beiden verschiedenen Prinzipien der Lipidlöslichkeit und der Porendurchlässigkeit der Permeation experimentelle Resultate geltend gemacht werden können, verband sie COLLANDER (cf. WARTIOVAARA und COLLANDER 1960) in seiner „*Lipoid-Filter-Theorie*", die später von HÖFLER übernommen und als „Zweiweg-Theorie" interpretiert wurde. Die lipidlöslichen und die wasserlöslichen Substanzen nehmen demnach verschiedene Wege durch die Membran (HÖFLER 1958, 1959, 1960, 1961, cf. ARISZ 1963).

Im Gegensatz zu der freien Hydrodiffusion z. B. im „water free space", die einen $Q_{10}$ (Temperaturkoeffizient) von 1,2—1,5 hat, zeigt die Diffusion gelöster Stoffe durch Membranen $Q_{10}$-Werte zwischen 2 und 3. Die Membranen setzen den permeierenden Stoffen auf jeden Fall einen Widerstand entgegen. Wie oben bereits beim Beispiel des Wassers selbst erwähnt wurde, benötigen die diffundierten Teilchen zur Querung der Membran eine gewisse Aktivierungsenergie. Nach DANIELLI (1952) können Widerstände an drei Stellen liegen, nämlich an der Grenze Außenlösung—Membran, im Innern der Membran und an der Grenze Membran—Innenlösung (Abb. 8). Die zur Überwindung dieser Energiebarrieren erforderliche Aktivierungsenergie hängt von der Natur des permeierenden Stoffes ab. Beim Übertritt in die Lipidphase der Membran benötigt ein hydrophiler Stoff (Abb. 8 *a*) eine höhere Aktivierungsenergie ($\mu_a$) als eine weniger hydrophile Substanz (Abb. 8 *b*). Die Energieschwellen innerhalb der Lipidregion ($\mu_e$) sind verhältnismäßig niedrig. Die Größe der beim Austritt aus der Membran zu überwindenden Energieschwelle ($\mu_b$) hängt wiederum von der Lipidlöslichkeit ab.

Derartige Diffusionsprozesse werden auch als „*aktivierte Diffusion*" bezeichnet. Dabei ist die Transportgeschwindigkeit definitionsgemäß von der Konzentration des diffundierenden Stoffes linear abhängig (cf. JENNINGS 1963).

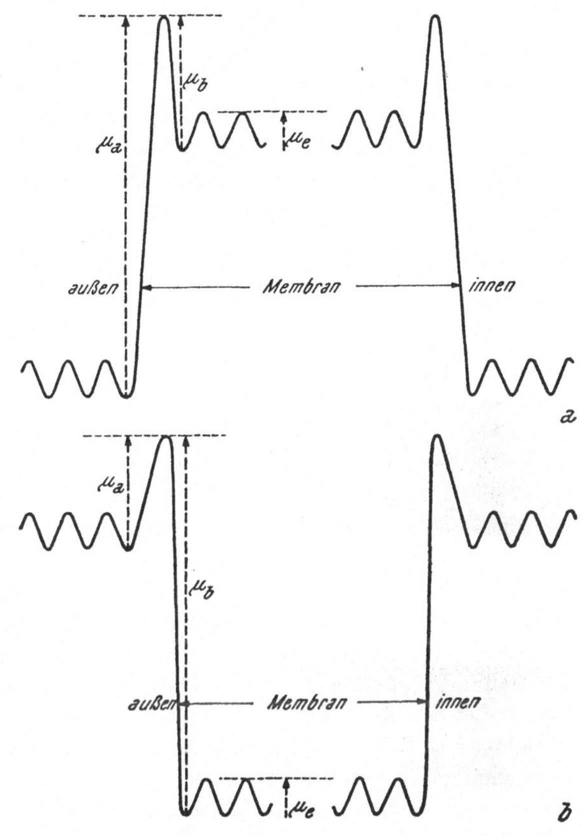


Abb. 8. Bei der Wanderung eines Stoffes durch eine Lipidmembran zu überwindende Barrieren nach DANIELLI (aus JENNINGS 1963) *a* für einen relativ hydrophilen, *b* für einen weniger hydrophilen Stoff. $\mu$ = zur Überwindung der einzelnen Barrieren erforderliche Aktivierungsenergie: $\mu_a$ für den Übertritt in die Lipidphase der Membran, $\mu_b$ für den Austritt aus dieser Phase und $\mu_e$ für die Diffusion innerhalb der Lipidphase.

### 3. Die katalysierte Diffusion

Andere Vorgänge, die thermodynamisch ebenfalls noch unter die passiven Prozesse einzureihen sind, gehorchen der einfachen linearen Beziehung zwischen Konzentration und Transportgeschwindigkeit nicht mehr und sind oftmals schwer als passive Vorgänge zu erkennen. Diese Mechanismen sollen deshalb gesondert als „*katalysierte Diffusion*" kurz erwähnt werden.

JENNINGS (1963) hat einige Kriteria der katalysierten Diffusion zusammengestellt. Die Transportgeschwindigkeit steigt mit wachsender Konzentration der Außenlösung nicht proportional an; die katalysierte Diffusion führt wie die Hydrodiffusion und die aktivierte Diffusion nie zu einer Akkumulation, sondern immer nur zu einem Konzentrationsausgleich zwischen innen und außen; sie ist spezifisch, d. h. strukturell ähnliche Stoffe werden oft nicht mit derselben Geschwindigkeit transportiert und können sich beim Transport gegenseitig kompetitiv hemmen; Stoffwechselinhibitoren hemmen im allgemeinen nicht, spezielle Hemmstoffe können aber unter Umständen wirksam sein.

Als Vermittler („Katalysatoren") der katalysierten Diffusion werden Träger („carrier") angenommen (LE FEVRE 1954). Die Kinetik des Trägertransportes läßt sich analog der Kinetik biochemischer Katalysatoren (Enzyme) nach MICHAELIS und MENTEN (1913) und BRIGGS und HALDANE (1925) formulieren (Abb. 9). Wenn S der zu transportierende Stoff, T der Träger und ST die Träger-Substrat-Verbindung (vgl. BANGE 1962) ist, ergibt sich nach der üblichen kinetischen Behandlung für die Transport- wie für die Enzymkinetik:

$$\frac{v}{V_{max}} = \frac{[S]}{[S] + K_m}, \tag{1}$$

wobei v die bei der Konzentration [S] tatsächlich gemessene Geschwindigkeit und $V_{max}$ die Maximalgeschwindigkeit bezeichnen. Es muß nun an den Hinweis von NETTER (1959) erinnert werden, daß die Formulierung (1) die gleiche Form wie die LANGMUIRsche Adsorptionsisotherme hat:

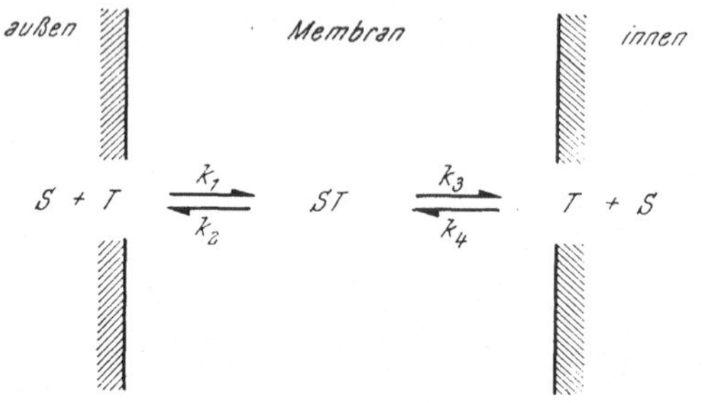

außen | Membran | innen

$$S + T \underset{k_2}{\overset{k_1}{\rightleftharpoons}} ST \underset{k_4}{\overset{k_3}{\rightleftharpoons}} T + S$$

Abb. 9. Durch einen Träger (T) unter Bildung eines Träger-Substrat-Komplexes (TS) katalysierter Transport eines Substrates (S) durch eine Membran.

$$\frac{\Gamma}{B} = \frac{c}{c + a}, \tag{2}$$

welche das Verhältnis der Menge eines an eine aktive Oberfläche adsorbierten Stoffes ($\Gamma$ [Mol/cm$^2$]) zu der Anzahl der insgesamt vorhandenen Adsorptionsorte (B [Mol/cm$^2$]) in Abhängigkeit von der Außenkonzentration (c) des betreffenden Stoffes angibt. Wie NETTER ausführt, wird „durch diesen Vergleich die Interpretation nahegelegt, daß die Zahl der an bestimmten Grenzen adsorbierten Molekeln der Umsatzgeschwindigkeit proportional und daß die Maximalgeschwindigkeit bei der Besetzung aller entscheidenden Fermentorte durch das Substrat erreicht sei". Damit soll natürlich nicht gemeint sein, daß sich die Sättigungsgeschwindigkeit von Träger- oder Enzymkatalysen einfach aus der Anzahl der aktiven Orte ergibt. Dies ist bekanntlich nicht der Fall. Immerhin zeigt aber der Vergleich von Gl. (1) und (2), daß wir in einem Transport, der formal mit der Michaelis-Menten-Gleichung (1) übereinstimmt, nicht *eo ipso* einen aktiven Transport zu sehen haben (OERTLI 1964 a). Der Trägertransport kann aktiv sein, wenn der Trägerzyklus an irgendeiner Stelle mit dem Stoffwechsel gekoppelt ist.

Auch *der Gegentransport („Counter Transport") und die Austauschdiffusion („Exchange diffusion")*, bei denen ein Stofftransportprozeß durch Koppelung mit einem andern, gegenläufigen, zustande kommt, sind zu den Vorgängen der katalysierten Diffusion zu rechnen. Analog der Trägertheorie spielt hier eine Membrankomponente (C) eine den Transport vermittelnde Rolle. Experimentelle Untersuchungen über diese Mechanismen des Membrantransportes liegen vor allem an tierischen Objekten vor (Erythrocyten u. a., cf. STEIN 1964).

*Der Gegentransport* kommt nach STEIN (1964) folgendermaßen zustande (s. auch Abb. 10). Befindet sich ein System, in dem die Membrankomponente C den katalysierten Transport des Substrates S vermittelt, im Gleichgewicht, dann ist die Konzentration von S außen und innen gleich groß (Abb. 10 *a*). Gibt man nun zu diesem System außen einen Stoff R zu, der ebenso wie S für C als Substrat in Frage kommt, dann konkurrieren $S_a$ und $R_a$ um die aktiven Stellen von C, beide werden nach innen transportiert. Da aber anfangs innen sehr wenig R vorhanden ist ($[S_i] \gg [R_i]$), wird als Ausgleich für den Influx von R nur S nach außen gebracht. Dies hat zur Folge, daß der Efflux von S sehr viel größer als der Efflux von R ist ($S_{efflux} \gg R_{efflux}$), während gleichzeitig der Influx von S und R in vergleichbaren Größenordnungen liegen ($S_{influx} \cong R_{influx}$). Wenn die Außenkonzentration von S und R gleich groß wäre und C die gleiche Affinität für S und R hätte, wäre $S_{influx} = R_{influx}$, was in der idealisierten Figur (Abb. 10 *b*) angenommen ist, wo die Pfeildicken den relativen Transportgeschwindigkeiten entsprechen sollen. Daraus ergibt sich, daß zu Beginn der Efflux von S größer ist als der Influx, man also nach Zugabe von R einen negativen Nettoflux von S beobachtet, obwohl kein Konzentrationsgradient von innen nach außen vorliegt. Nach einiger Zeit geht dieses System in einen neuen Gleichgewichtszustand über, in dem alle Fluxe gleich groß und die Nettofluxe gleich Null sind.

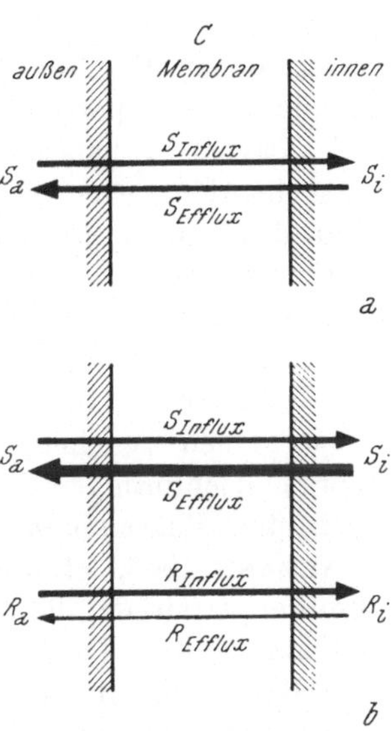


Abb. 10. Gegentransport nach STEIN (1964). *a* Gleichgewichtszustand als Ausgangspunkt, *b* Fluxe nach der Zugabe von R auf der Außenseite. Unter der hypothetischen Voraussetzung, daß die „aktive Membrankomponente“ C für die beiden Substrate S und R die gleiche Affinität hat und daß die Außenkonzentrationen von S und R gleich groß sind, geben die Pfeildicken die relativen Größen der Fluxe an.

Hinsichtlich C sind dabei einige Voraussetzungen nötig. Die Kombination von R und S mit C auf der Außenseite darf die Menge von C, die auf der Innenseite zur Verfügung steht, nicht beeinflussen und auch nicht die Affinität von C für S auf der Innenseite der Membran.

*Die Austauschdiffusion* beruht auf einem sehr ähnlichen Prinzip. Wieder konkurrieren $S_a$ und $R_a$ um die aktive Membrankomponente C. In diesem Falle wird R jedoch nicht zu einem im Gleichgewicht befindlichen System zugegeben, sondern zu einem gleichgewichtsfernen System, in dem $S_a$ und $S_i$ im Verhältnis zur Michaeliskonstanten ($K_m$) des durch C katalysierten Vorgangs groß sind, wo also C nahezu gesättigt ist. Der Efflux von S wird durch die Zugabe von R anfangs nicht beeinflußt, während der Influx von S durch R gehemmt wird. Da unter den Bedingungen der Sättigung von C vor der Zugabe von R der Nettoflux sehr klein ist, ergibt sich nach der Zugabe von R wie beim „counter transport“ ein negativer Nettoflux von S.

## 4. Der aktive Transport

In den vorangegangenen Kapiteln wurde versucht, einige der wichtigsten Mechanismen des passiven Transportes kurz zu skizzieren. Eine erste Analyse der verschiedenen physikalischen Kräfte, die unter isothermen Bedingungen einen Teilchentransport im Organismus bewirken können, zeigt, daß ihre Zahl relativ klein ist. Es kommen hauptsächlich vier Arten von treibenden Kräften in Frage: (1) Teilchen werden durch ein strömendes Medium mitgeführt (Konvektion); (2) durch Diffusion wandern Teilchen von Stellen erhöhter Konzentration zu Stellen niedrigerer Konzentration; (3) Ionen werden durch elektrische Felder transportiert; (4) Teilchen können nur im Verband mit einer anderen Teilchensorte transportiert werden, z. B. Substratteilchen mit Trägerteilchen (Trägertransport).

Unter passivem Membrantransport versteht man demnach jeden Stofftransport durch Membranen, der nicht durch die Beteiligung metabolischer Reaktionen (Stoffwechselvorgänge) beeinflußt wird. Damit ist aber noch keine Abgrenzung zum aktiven Transport erreicht. Ein Überblick über die hierzu unternommenen verschiedenen Bemühungen zeigt, daß die Definition des aktiven Transportes und die exakte experimentelle und theoretische Unterscheidung zwischen passivem und aktivem Transport ein gewisses Problem darstellt. Es ist für die einzelnen Versuche, den Begriff des aktiven Transportes zu definieren, besonders bezeichnend, daß man immer mehr Effekte feststellte, die in älteren Definitionen noch nicht berücksichtigt waren, aber dennoch für das Phänomen nicht unwesentlich sein konnten. Das führte zu einer immer schärferen Fassung des Begriffes (Schlögl 1957).

Zunächst verstand man unter aktivem Transport einen Transport gegen ein Konzentrationsgefälle („uphill transport"). Diese Definition versagt bei geladenen Teilchen, da es unter dem Einfluß eines Membranpotentials zu einer ungleichförmigen Konzentrationsverteilung zwischen den durch die Membran getrennten Phasen kommt (Teorell 1935, 1937, Woermann und Spei 1964, Woermann 1966, cf. auch Ussing 1961, Dainty 1962). Zur Entstehung der Membranpotentiale, die für die Analyse aktiver Ionentransporte von Bedeutung sind, können nach Dainty (1962) verschiedene Ursachen führen. Die unterschiedliche Beweglichkeit passiv wandernder Ionen und ihre Selektion in den Membranen kann ihre asymmetrische Verteilung hervorrufen und schließlich können aktive Transportvorgänge selbst für die Entstehung der elektrischen Potentialgradienten verantwortlich sein. Messungen der Potentiale mittels Mikroelektroden sind vor allem bei den großen Internodialzellen von Characeen am Plasmalemma und am Tonoplasten möglich (s. S. 73). An Zellen aus Geweben höherer Pflanzen werden sie u. a. von Higinbotham und Mitarbeitern durchgeführt (Etherton und Higinbotham 1960, Etherton 1963, Higinbotham et al. 1964). Neben elektrischen Feldern kann ferner die lokale Wechselwirkung der gelösten Teilchen mit dem umgebenden Medium zu einer ungleichförmigen Verteilung führen. Solche Effekte treten in Systemen mit örtlichen Änderungen des Aktivitätskoeffizienten auf (Strathmann 1966).

Man erweiterte daher die Definition des aktiven Transportes auf: Transport gegen ein Gefälle des elektro-chemischen Potentials. Nach dieser Definition wären die Erscheinungen der „negativen Osmose", des „inkongruenten Salztransportes" und des Transportes in „Deviationssystemen" als aktiver Transport zu bezeichnen. Diese Phänomene sind an nicht biologischen Modellsystemen eingehend untersucht worden (Schlögl 1964, Schönborn und Woermann 1967). Bei der negativen Osmose, dem inkongruenten Salztransport und dem Transport in Deviationsgebieten erreichen die Systeme aber streng genommen keinen stationären Zustand*, wie er für die biologischen Membranen charakteristisch

* Unter dem stationären Zustand eines Systems versteht man den Zustand, in dem die Zeit-Ableitungen aller intensiven Zustandsvariablen, wie Konzentrationen aller Teilchensorten, Druck und Temperatur verschwinden.

ist. Die Systeme verlieren bei diesen Vorgängen dauernd freie Enthalpie, und ohne Nachlieferung dieser Energieverluste durch den Stoffwechsel kommt es allmählich zu einem Konzentrationsausgleich zwischen den beiden durch die Membran getrennten Kompartimenten.

Schlögl (1957) hat versucht, zu einer Definition des aktiven Transportes zu gelangen, die gleichzeitig eine experimentelle Methode festlegt, mit deren Hilfe man feststellen kann, ob aktiver Transport stattfindet. Nach Schlögl ist an der Einstellung des Konzentrationsverhältnisses einer Partikelsorte, deren Fluß im stationären Zustand verschwindet, dann aktiver Transport beteiligt, wenn bei unterdrücktem integralen Volumenfluß die Differenz des elektrochemischen Potentials nicht gegen Null geht. Im Experiment variiert man bei unterdrücktem Volumenfluß die Differenz des elektrochemischen Potentials der betreffenden Teilchensorte. Durchlaufen diese Differenz und der Teilchenfluß nicht zugleich den Wert Null, so liegt aktiver Transport vor.

Zweifellos können die an biologischen Membranen auftretenden stationären Zustände nur unter Beteiligung eines Vorgangs entstehen, bei dem dauernd freie Energie (oder freie Enthalpie) verbraucht wird. Andere Definitionen des aktiven Transportes versuchen deshalb, als wesentliches Moment den Energie-liefernden Beitrag des Stoffwechsels einzubeziehen. Danach soll aktiver Transport entgegen dem elektrochemischen Potential unter Ausnutzung der Energie der Stoffwechselprozesse erfolgen. Diese Seite des Problems hat die Biologen meist am stärksten interessiert.

Der Stoffwechsel ist bereits nötig, um die Zelle vor strukturellen Zerstörungen zu schützen. Manche Biologen sind der Meinung, daß man auch dann von einem aktiven (oder metabolischen, s. u.) Transport sprechen sollte, wenn die metabolische Aufrechterhaltung bestimmter Zellstrukturen für die Teilchenbewegung Voraussetzung ist. Dies ist aber keine Ausnutzung des Stoffwechsels für den Transport selbst. Transportprozesse, die nur auf diese sehr indirekte Weise mit dem Stoffwechsel zu tun haben, z. B. der symplasmatische Transport (s. S. 91 ff.), sollten daher als nicht-metabolisch angesehen werden. Von einer Ausnutzung des Stoffwechsels für den Transport kann erst dann gesprochen werden, wenn man etwas aussagen kann über den Anteil der freien Energie, die dafür verwandt wird. Dies verlangt, daß man etwas über die Art dieser Beteiligung weiß.

Ein viel benutztes Kriterium bei Versuchen mit biologischen Objekten war seit jeher die Frage nach der Hemmbarkeit eines Transportprozesses durch Stoffwechselinhibitoren, durch Temperaturen nahe dem Gefrierpunkt oder durch Anaerobiose. Damit läßt sich, wie auch die obigen Bemerkungen erkennen lassen, noch nicht beweisen, daß aktiver Transport im thermodynamischen Sinne vorliegt, und die Definitionen, die sich auf dieser Basis entwickelt haben, können vom thermodynamischen Standpunkt nicht befriedigen.

Arisz (1953 a) diskutiert z. B. eine Aktivierung der passiven Diffusion, die er als Anteil des Sauerstoff-abhängigen Transportes am gesamten Transport in Prozent angibt, entsprechend der Beziehung

$$\text{Aktivierung} = \frac{\text{Sauerstoff-abhängiger Transport}}{\text{gesamter Transport}} \times 100\ . \tag{3}$$

Den aktiven Transport definiert Arisz dann ganz formal als eine Aktivierung von

100%. Dies liegt z. B. bei seinen Untersuchungen der Aufnahme von $PO_4^{---}$, Aminosäuren, Asparagin, Glutamin und dem $NH_4$-Ion aus $NH_4Cl$ durch die Tentakeln der Carnivore *Drosera capensis* vor. Für Harnstoff beträgt die Aktivierung hier 76%, für Thioharnstoff 52%, für Coffein und Ammoniumcarbonat 20%.

JENNINGS (1963) stellt 5 Kriteria zusammen, bei deren Erfüllung man mit großer Sicherheit von einem aktiven Transport sprechen könne:

(1) Aktive Transportvorgänge haben einen hohen Temperaturkoeffizienten ($Q_{10}$), der in der gleichen Größenordnung liegt, wie der $Q_{10}$ von Enzymreaktionen;

(2) die Kinetik der aktiven Transportvorgänge entspricht der Enzymkinetik; die Transportgeschwindigkeit ist von der Außenkonzentration des transportierten Stoffes nicht-linear abhängig, sie gehorcht der Michaelis-Mentenschen Beziehung; Darstellungen nach LINEWEAVER-BURK oder HOFSTEE (1952) ergeben entsprechende Geraden;

(3) die Transportgeschwindigkeit ist für einzelne strukturell ähnliche Stoffe mit der gleichen Molekülgröße und Lipidlöslichkeit verschieden;

(4) der aktive Transport kann durch eine Anzahl Enzymgifte gehemmt werden;

(5) der aktive Transport einer Substanz kann durch strukturell ähnliche Stoffe kompetitiv gehemmt werden.

Es darf nicht verkannt werden, daß mit solchen Hilfsmitteln durchgeführte Untersuchungen zu wichtigen Ergebnissen geführt haben. Unsere Kenntnisse über die energetischen Zusammenhänge des Stoffwechsels werden ständig ausgeweitet, und es muß zunächst das Ziel biologischer Untersuchungen sein, die Orte und Mechanismen der Koppelung zwischen dem Energiestoffwechsel und dem Stofftransport kennenzulernen. Wenn es gelingt, in den einzelnen Fällen die kausalen Zusammenhänge lückenlos zu erfassen, etwa von den zahlreichen Einzelschritten der Energie-bereitstellenden Stoffwechselreaktionen zu der wahrscheinlich wieder in eine Anzahl von Schritten zerfallenden Nutzbarmachung dieser Energie, die schließlich im Transport von bestimmten Teilchen resultiert, wird das biologische System ausreichend beschrieben.

Diese ideale Forderung nach der genauen Kenntnis der Einzelschritte der metabolisch-energetischen Koppelung des Stofftransportes ist bis heute nicht erfüllt. Die folgenden Kapitel werden zeigen, wie weit die Anstrengungen in dieser Richtung gediehen sind und lassen erkennen, daß man hier bereits weitgehende Aussagen zu machen versucht. Es ist klar, daß diese Denkweise in der Theorie und im Experiment von einem anderen Ausgangspunkt herkommt als die thermodynamische Definition des aktiven Transportes, wie sie z. B. von SCHLÖGL gegeben wird. Es ist deshalb wohl zweckmäßig, im Folgenden meist nicht von „aktivem Transport", sondern von „metabolischem Transport" zu sprechen, soweit an die Koppelung von Transport und Stoffwechsel gedacht ist. (S. auch die Diskussion dieses Definitionsproblems bei WILBRANDT 1961, SOLOMON 1962).

Ein wichtiger Versuch zu einer eindeutigen Definition des aktiven Transportes unter Berücksichtigung der Rolle des Stoffwechsels sollte zum Schluß jedoch nicht unerwähnt bleiben. Mit Hilfe der Thermodynamik irreversibler Prozesse ist eine allgemeine phänomenologische Beschreibung des Stofftransportes durch Membranen für Systeme in Gleichgewichtsnähe möglich. In neuerer Zeit hat KEDEM (1961) versucht, mit Hilfe dieses Formalismus den aktiven Transport zu analysieren. KEDEM nimmt an, daß der aktive Transport auf stoffwechselabhängigen chemischen Reaktionen beruht, die im Innern der Membran ablaufen, und daß alle Materieflüsse durch die Membran sich gegenseitig beeinflussen (z. B. durch Impulsaustausch). Es zeigt sich, daß eine Koppelung von chemischen Reaktionen und Materieflüssen in unsymmetrischen Membranen möglich ist. Aktiver Transport liegt nach KEDEM dann vor, wenn es zu einem Transport von Komponenten durch die Membran kommt, die an den chemischen Reaktionen nicht beteiligt sind. Beim experimentellen Modell müssen dabei die Bedingungen so gewählt werden, daß für alle übrigen Komponenten keine chemische bzw. elektrochemische Potentialdifferenz zwischen den Außenlösungen besteht (KEDEM 1961, KATCHALSKY und CURRAN 1965).

## b) Die Energiequellen des metabolischen Transportes

### 1. Die Theorie von der Koppelung des Ionentransportes mit der Elektronenübertragung durch die Atmungskette

Eine der ältesten und zugleich bekanntesten Theorien über die Herkunft der bei der metabolischen Akkumulation verbrauchten Energie ist die der direkten Koppelung des Anionentransportes mit der Elektronenübertragung durch das Cytochromsystem. Die Abhängigkeit der Ionenaufnahme von der Atmung wurde zunächst durch STEWARD (1932) bekannt. LUNDEGÅRDH und BURSTRÖM (1933, 1935) fanden gleichzeitig, daß sich die Atmung von Pflanzengewebe erhöht, wenn es in eine Salzlösung überführt wird. Diese Atmungserhöhung, die sogenannte Anionen- oder Salzatmung, läßt sich durch $CN^-$ ($10^{-4}$ M HCN) hemmen, und zwar so, daß die Gesamtatmung wieder auf den Wert der sogenannten Grundatmung, wie sie vor der Salzzugabe gemessen wurde, absinkt (Abb. 11). Dieses Ergebnis wurde später von R. N. ROBERTSON und Mitarbeitern bestätigt (cf. BRIGGS et al. 1961). LUNDEGÅRDH und BURSTRÖM (1933) nahmen eine exakte quantitative Beziehung zwischen der Salzatmung und der Ionenaufnahme an, da sie eine lineare Abhängigkeit der Menge der aufgenommenen Anionen von der Größe des $O_2$-Verbrauches nachweisen konnten (später auch LUNDEGÅRDH 1949).

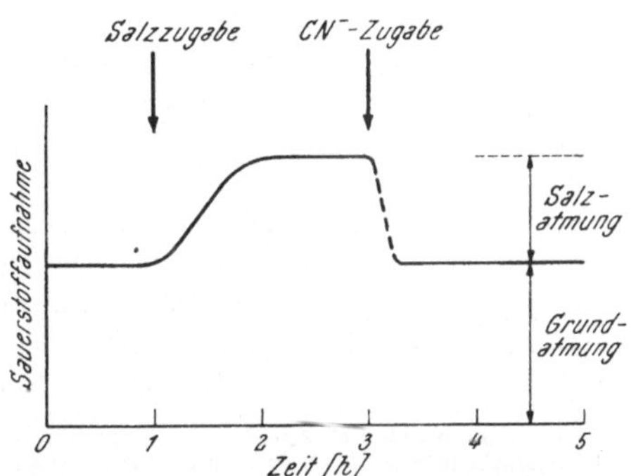


Abb. 11. Salzatmung nach LUNDEGÅRDH und BURSTRÖM (1933, 1935) aus SUTCLIFFE (1962).

1939 entwickelte LUNDEGÅRDH seine Theorie, nach der die metabolische Anionenaufnahme durch unmittelbare Koppelung mit der Elektronenübertragung durch das Cytochromsystem energetisch möglich wird. Die Cytochrome dienen in diesem Modell beim Anionentransport gleichzeitig als Träger. Sie sind in der von den Anionen zu passierenden Grenzfläche so angeordnet, daß ein Redoxpotentialgradient quer durch die Membran aufrechterhalten wird, indem die Cytochrome an der Außenseite oxidiert und an der Innenseite reduziert werden (Abb. 12). Die Anionen queren die Grenzfläche entlang der Cytochromkette

(„Elektronenleiter“) in der dem Strom der Elektronen entgegengesetzten Richtung, also von außen nach innen, da jedes Cytochrom im oxidierten Zustand ein univalentes Anion mehr zu binden vermag als im reduzierten. Die Kationen folgen wegen des so geschaffenen elektrochemischen Potentialunterschiedes entlang einer cytoplasmatischen Adsorptionskette passiv nach (Abb. 12, LUNDEGÅRDH 1950).

Der ursprünglichen Theorie von LUNDEGÅRDH liegt die Annahme zugrunde,

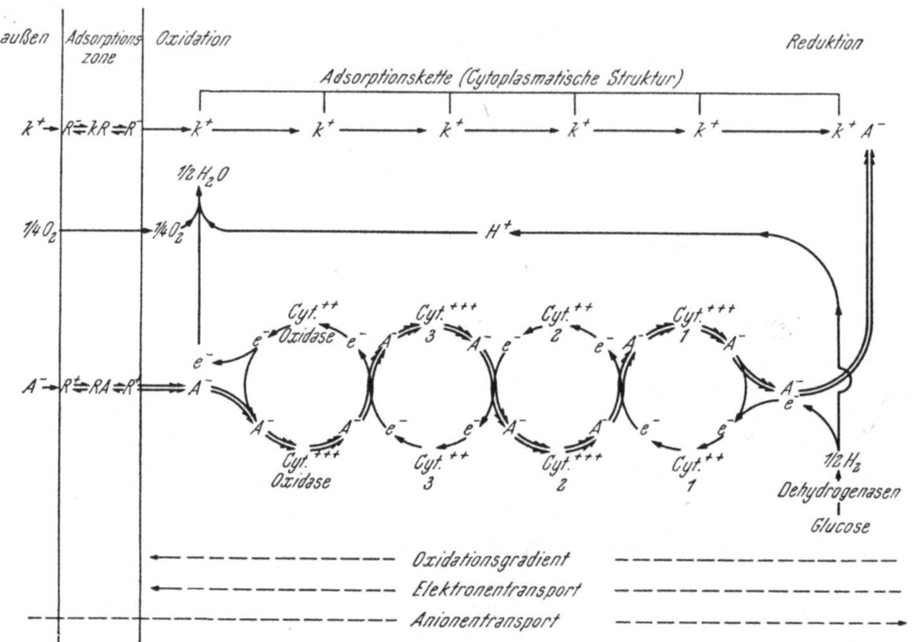


Abb. 12. Zusammenhang zwischen dem Elektronentransport entlang der Cytochromkette und der Anionen- und Kationenaufnahme nach LUNDEGÅRDH (1950), verändert. $K^+$ = Kation, $A^-$ = Anion, $R^-$ und $R^+$ = Kationen- bzw. Anionenträger, $e^-$ = Elektron, Cyt. = Cytochrom. In der Cytochromkette bedeuten ⇛ = Anionen- und ⟶ = Elektronentransport.

daß die Cytochrome entsprechend dem Schema (Abb. 12) polar angeordnet im Cytoplasma vorliegen und die eigentliche Akkumulation der Ionen im Inneren des Cytoplasmas und beim Transport in die Vacuole hinein erfolgt. Einwände gegen seine Hypothese mußten laut werden, als man die Struktur der Zelle besser kennen lernte und sobald klar wurde, daß die Cytochrome in besonderen Organellen innerhalb des Plasmas, in den Mitochondrien, lokalisiert sind. LUNDEGÅRDH hat in zahlreichen weiteren Untersuchungen und Diskussionen versucht, seine Hypothese diesen modernen Erkenntnissen anzupassen (zusammenfassend: LUNDEGÅRDH 1955). Er nahm positiv und negativ geladene Träger an, die an der Oberfläche zunächst die Einschleusung der Anionen und Kationen in das Cytoplasma vermitteln sollen (LUNDEGÅRDH 1958 a, 1958 b, 1958 c). Der Anionenträger ist danach direkt mit dem Cytochromsystem verbunden, das die Anionen von dem Träger abnimmt, um sie dann in die Vacuole zu akkumulieren (LUNDEGÅRDH 1958 a). Die passiv verlaufende Kationenakkumulation ist indirekt vom Stoffwechsel abhängig. Die für den Kationentransport erforderliche Trägerfunktion der

Plasmagrenzfläche und die die Adsorptionskette liefernde Struktur des Protoplasmas müssen durch den Stoffwechsel (ATP) aufrechterhalten werden (LUNDEGÅRDH 1958 c).

Der gerichtete metabolische Transport von Anionen muß nach den neueren Vorstellungen von LUNDEGÅRDH nicht unbedingt von der polaren Anordnung der Cytochrome im Cytoplasma abhängen, sondern kann auch als „statistical result of a more irregular distribution of elementary structural particles, carrying electron ladders, between two oxydation levels" zustande kommen. Dabei kann man an die Mitochondrien als „Vehikel" für die Ionenakkumulation in die Vacuolen denken.

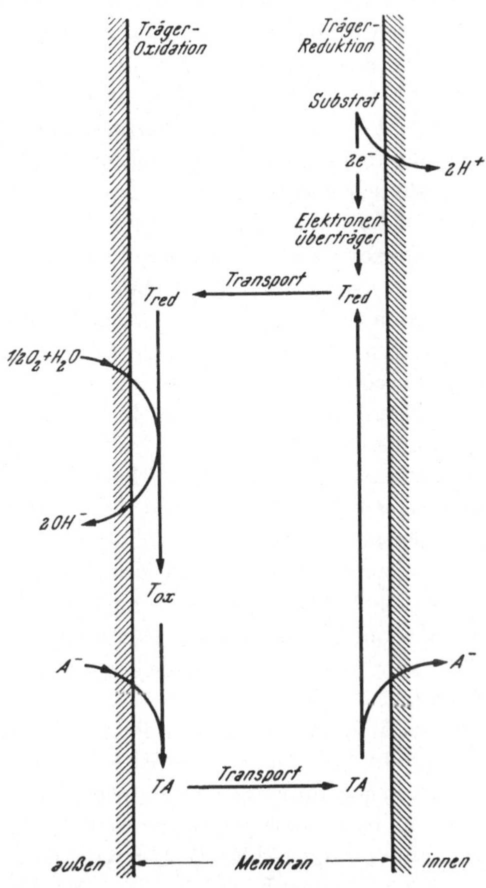


Abb. 13. Zusammenhang zwischen der Elektronenübertragung an der Cytochromkette und der Anionenaufnahme nach R. N. ROBERTSON aus BURSTRÖM (1960). Tred = reduzierter, Tox = oxidierter Träger, $A^-$ = Anion, $e^-$ = Elektron.

Diese Vorstellung erfuhr durch Untersuchungen R. N. ROBERTSONS und seiner Mitarbeiter (ROBERTSON 1958, cf. BRIGGS et al. 1961, ROBERTSON 1964 a) weitere Unterstützung. In isolierten Pflanzenmitochondrien wurden hohe Ionenkonzentrationen gefunden, die nur durch metabolische Aufnahme in die Organelle hineingelangt sein konnten, da die Mitochondrien z. B. in Chloridlösungen mehr Chlorid enthielten, als bei einer Donnan-Verteilung zu erwarten gewesen wäre. Diese Ionenaufnahme durch Mitochondrien ist ein sauerstoffabhängiger Prozeß, und die Salzatmung kann durchaus mit dieser Aktivität der Mitochondrien zusammenhängen, da Salzzugabe zu Mitochondrienpräparaten die Oxidation von NADH und Cytochrom c stimuliert.

Nach einem von ROBERTSON (1960, zit. nach BURSTRÖM 1960) aufgestellten Schema (Abb. 13) ist die Anionenaufnahme wie bei der LUNDEGÅRDHschen Hypothese unmittelbar an die Elektronenübertragung durch die Cytochromkette gebunden. Die Anionen wandern hier aber nicht entlang des Redoxpotentialgradienten in entgegengesetzter Richtung zum Fluß der Elektronen, sondern in Form von Träger-Ionen Verbindungen als Moleküle in der nicht-wäßrigen Phase der Membran. Die Elektronen reduzieren auf der Membraninnenseite einen in der Membran frei beweglichen Träger T, der auf der Membranaußenseite durch Sauerstoff oxidiert und, nachdem er ein Anion von außen nach innen gebracht hat, erneut reduziert wird und wieder in den Zyklus eintritt. Die Kationen wandern auch in diesem Schema entlang den Potentialgradienten.

Auch wenn man postuliert, daß diese Vorgänge sich in den Mitochondrien abspielen und diese gewissermaßen als Trägerfahrzeuge dem Ionentransport dienen, ergeben sich erhebliche cytomorphologische Schwierigkeiten, falls man gleichzeitig das Plasmalemma als äußerste von den Ionen metabolisch zu querende Barriere annehmen muß. Letzteres wurde allerdings von ROBERTSON lange Zeit bestritten (siehe Diskussion über die Lokalisation des AFS, S. 21). Da die Wirksamkeit des Plasmalemmas als Barriere für den passiven Ionentransport in hohem Maße von der Konzentration der Außenlösung abhängt (s. S. 66 ff.), kann unter bestimmten experimentellen Bedingungen ein Zustand herrschen, in dem die Ionen passiv in das Cytoplasma einströmen und die Mitochondrien *in vivo* sich ähnlich verhalten wie die in den Untersuchungen von R. N. ROBERTSON und Mitarbeitern benutzten isolierten Organelle.

JACKSON et al. (1962) berichten über eine weitgehende Übereinstimmung der Charakteristika der Phosphataufnahme durch aus Gerstenwurzeln isolierte Mitochondrien und durch die intakten Wurzeln. Die Wirkungen von Entkopplern der oxidativen Phosphorylierung, Atmungsinhibitoren, Substanzen, die als Elektronenacceptoren dienen können usw., auf die beiden Vorgänge gleichen sich so weitgehend, daß JACKSON et al. ihre Identität annehmen. Der geschwindigkeitsbestimmende Schritt bei der Phosphataufnahme durch die Wurzeln soll die Veresterung des anorganischen Phosphates in den Mitochondrien, also die Bildung energiereicher Bindungen und ihre Ausnutzung sein. Die Mitochondrien seien die Orte der metabolischen Phosphataufnahme. Das Phosphat soll durch „Poren" im Plasmalemma passiv zu den Mitochondrien gelangen.

Sowohl bei ROBERTSON als auch bei JACKSON et al. bleibt dann aber noch offen, wie die Ionen in die Vacuole gebracht werden, die nach Ansicht von LUNDEGÅRDH und zahlreicher anderer Forscher die Hauptmenge der akkumulierten Ionen aufnimmt.

Das Modell einer Redox-Pumpe für den Kationentransport (CONWAY 1953, 1955) sieht dem Schema von R. N. ROBERTSON sehr ähnlich, mit dem Unterschied (der auch gegenüber der Hypothese von LUNDEGÅRDH besteht), daß der Transport hier von der reduzierenden zur weniger reduzierenden oder oxidierenden Seite der Membran erfolgt (Abb. 14). Der reduzierte Träger $T^-$ verbindet sich mit dem Kation $K^+$ zu einem Komplex TK; der Träger-Substrat-Komplex diffundiert auf die andere Seite der Membran, wo der Träger durch Abgabe eines Elektrons an einen Elektronenacceptor A (unter aeroben Bedingungen = Sauerstoff) oxidiert wird, dabei das Kation frei gibt, als oxidierter Träger T wieder zurück durch die Membran wandert, dort reduziert wird und erneut in den Zyklus eintritt. Nimmt man analog den Modellen von LUNDEGÅRDH und ROBERTSON an, daß sich der Redoxgradient von innen nach außen durch die Membran erstreckt, ergibt sich, daß das Modell von CONWAY besonders für den Kationentransport aus der Zelle heraus geeignet ist. Auf diese Weise wird von einigen Autoren für tierische, aber auch für pflanzliche Objekte, die hohe K—Na-Selektivität erklärt. Die metabolische Abgabe eines bestimmten Kations, für das der Träger T spezifisch ist, wird dabei von der passiven oder metabolischen Aufnahme eines anderen Kations begleitet (s. S. 61).

Neben den oben diskutierten cytomorphologischen Bedenken gegen die Hypothese von LUNDEGÅRDH zählt SUTCLIFFE (1962) eine Reihe anderer Befunde auf, die zu ihr in Widerspruch stehen. Aus der Aufstellung von SUTCLIFFE seien folgende Einwände zitiert:

(1) Das Schema von LUNDEGÅRDH sieht einen einzigen Träger, nämlich die Cytochromkette, für den Anionentransport vor. Aus diesem Grunde müßten alle Anionen ihre metabolische Aufnahme gegenseitig hemmen, da sie um diesen Träger konkurrieren. Es gibt aber zahlreiche Befunde dafür, daß eine Konkurrenzhemmung nur bei nahe verwandten Anionen, z. B. bei $Cl^-$ und $Br^-$ (ELZAM und EPSTEIN 1965, TORII und LATIES 1966 a, LÜTTGE und LATIES 1966) vorkommt, während chemisch nicht verwandte Anionen unabhängig voneinander transportiert werden. Das gleiche gilt für die Kationen, deren metabolische Aufnahme sehr spezifisch ist, denken wir z. B. an die Na—K-Selektion, während die LUNDEGÅRDHsche Hypothese einen passiven Vorgang annimmt.

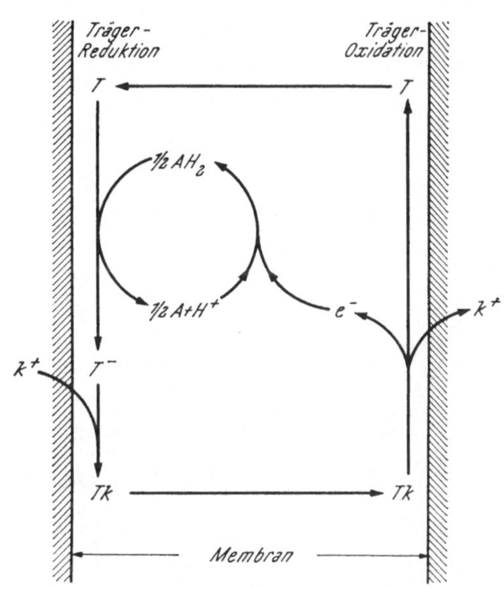


Abb. 14. Redoxpumpe für Kationen nach CONWAY (1953, 1955). T = Träger, $K^+$ = Kation, $e^-$ = Elektron, A = Elektronenacceptor.

(2) Es ist nicht bewiesen, daß die durch Salze hervorgerufene Atmungserhöhung nur auf die Gegenwart der Anionen zurückzuführen ist. EPSTEIN (1954) zeigte, daß eine Salzatmung auch durch die Kationenaufnahme von einem Kationenaustauscherharz, von dem keine Anionen aufgenommen werden können, hervorgerufen wird. HOAGLAND und STEWARD (1939) fanden die stärkste Beeinflussung der Atmung durch N-haltige Ionen, und zwar sowohl durch Anionen ($NO_3^-$) als auch durch Kationen ($NH_4^+$).

(3) Auf Grund der LUNDEGÅRDHschen Hypothese können pro Mol $O_2$-Verbrauch 4 Äquivalente Anionen transportiert werden. SUTCLIFFE und HACKETT (1957) und SUTCLIFFE (1962) fanden jedoch vielfach höhere Werte. LUNDEGÅRDH (1958 a) hält dem allerdings entgegen, daß bei diesen Versuchen die Aufnahme in den freien Raum nicht genügend berücksichtigt wurde.

## 2. Die Abhängigkeit der Stoffaufnahme vom allgemeinen Stoffwechsel der Zelle und der Bereitstellung von energiereichem Phosphat

Befunde, die eine Abhängigkeit der metabolischen Transportvorgänge von der Bereitstellung von Stoffwechselenergie in Form von energiereichen Phosphaten zeigen, führen zu den stärksten Einwänden gegen die Hypothese von LUNDEGÅRDH und ihre einzelnen Modifikationen. Sie lassen eine andere Möglichkeit der Koppelung von Stofftransport und Stoffwechsel erkennen.

Die hemmende Wirkung von Arsenat auf die metabolische Ionenaufnahme, die bereits durch Untersuchungen von ARISZ (1958), HIGINBOTHAM (1959) und MENGEL (1963) bekannt war, hat WEIGL zu eingehenderen Experimenten mit diesem Inhibitor veranlaßt. Er fand zunächst (WEIGL 1963, 1964 b), daß die Arsenathemmung der Aufnahme von $PO_4^{---}$-, $SO_4^{--}$- und $Cl^-$-Ionen aus 0,01 mM Lösungen durch Maiswurzeln der Unterdrückung des Einbaues von $PO_4^{---}$ in ATP und des Umsatzes der energiereichen Phosphate in der Zelle parallel verläuft (Abb. 15). Da die Atmung der Wurzeln gleichzeitig gesteigert wird, kann die Ionenaufnahme nicht unmittelbar von den Elektronenübertragungen an der Atmungskette abhängen.

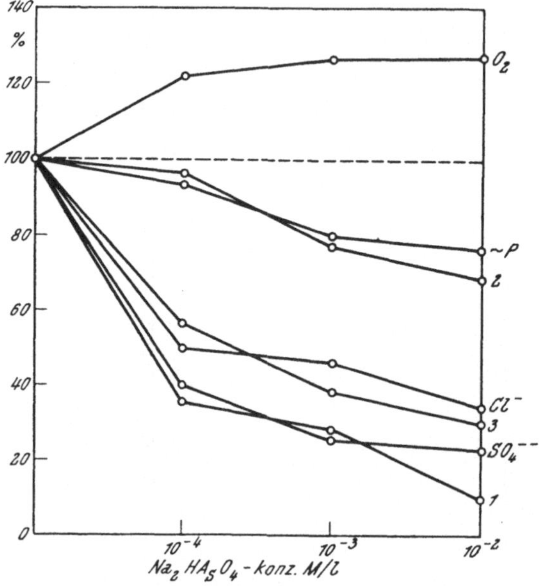


Abb. 15. Der Einfluß verschiedener $AsO_4^{---}$-Konzentrationen auf die Aufnahme von $O_2$, $Cl^-$ und $SO_4^{--}$ und die Bildung von energiereichem Phosphat (~ P) und einiger anderer organischer Phosphatverbindungen durch Maiswurzeln. [1 = unbekannt, 2 = UDPG (Uridindiphosphatglucose), ATP, UTP (Uridintriphosphat) und Diphosphate, 3 = Hexosephosphat, UMP (Uridinmonophosphat) und AMP (Adenosinmonophosphat)]. Aus WEIGL 1964 b.

WEIGL erklärt die durch kompetitive Verdrängung des Phosphats zustande gekommene Wirkung des Arsenats auf die oxidative Phosphorylierung an Hand eines Schemas (Abb. 16). A, B und C seien Glieder der Atmungskette. Die Indizes red und ox geben deren Redoxzustand an. Eine unbekannte Substanz X geht mit $A_{red}$ bei einer Elektronenübertragungsreaktion eine intermediäre, energiereiche Bindung $A_{ox} \sim X$ ein. Die in dieser Bindung enthaltene Energie dient zur Überführung von anorganischem Phosphat in eine energiereiche Bindung, während $A_{ox}$ reduziert wird und zusammen mit X wieder in den Zyklus eintritt. $AsO_4^{---}$ kann an Stelle von $PO_4^{---}$ mit $A_{ox} \sim X$ reagieren. Auf diese Weise wird bei Zugabe von $AsO_4^{---}$ zusätzlich $A_{ox} \sim X$ verbraucht und der Elektronenfluß über die Atmungskette beschleunigt, während die energiereiche Bindung $A_{ox} \sim X$ für die Bildung von ATP und von anderen energiereichen Phosphatverbindungen verlorengeht. Der hemmende Einfluß von Arsenat auf die Ionenakkumulation, der nur durch die kompetitive Verdrängung des $PO_4^{---}$ bei der Reaktion mit $A_{ox} \sim X$ erklärt werden kann, ist deshalb als eindeutiger Hinweis für die Bedeutung energiereicher Phosphatverbindungen beim metabolischen Ionentransport anzusehen und spricht gegen die direkte Koppelung dieses Vorgangs mit der Elektronenübertragung.

Dasselbe gilt für Befunde der Hemmung des Ionentransportes durch Entkoppler der oxidativen Phosphorylierung wie DNP bei gleichzeitiger Steigerung der $CN^-$-empfindlichen Atmung (R. N. ROBERTSON et al. 1951, R. N. ROBERTSON

1960). Es war lange Zeit unklar, an welcher Stelle DNP in den Zyklus eingreift, und LUNDEGÅRDH (1954) hat seinen hemmenden Effekt auf die Ionenaufnahme dadurch zu erklären versucht, daß nur das Cytochrom b bei der Salzaufnahme eine Rolle spiele und daß dieses durch DNP gehemmt würde, während die Cyanid-empfindliche Atmung über die anderen Cytochrome weiterlaufe. HEMKER (1964) hat aber dargelegt, daß die Entkopplung durch DNP auf der Spaltung einer energiereichen Intermediärverbindung von der Natur $A_{ox} \sim X$ (vgl. Abb. 16) beruht, welche an der Übertragung von Energie aus dem Elektronentransport in phosphorylierte Verbindungen (ATP) beteiligt ist. Demnach wirkt DNP an der gleichen Stelle wie Arsenat auf die oxidative Phosphorylierung.

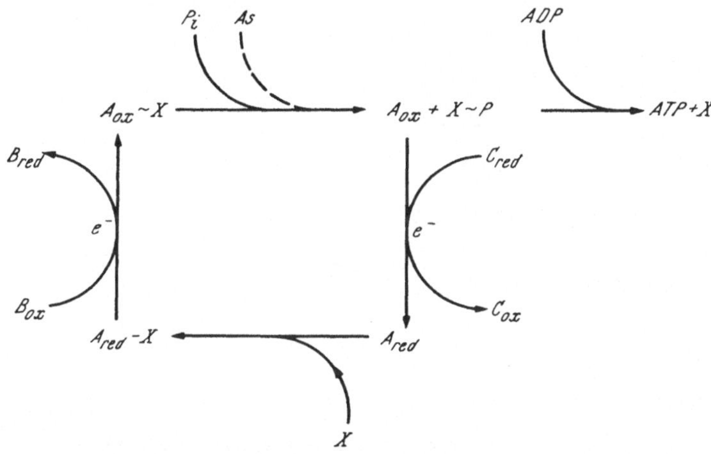


Abb. 16. Schematische Darstellung der entkoppelnden Wirkung des Arsenats auf die oxidative Phosphorylierung. As = Arsenat, $P_i$ = anorganisches Phosphat, A, B, C = Glieder der Atmungskette, deren Indizes red und ox ihren Redoxzustand angeben, $e^-$ = Elektron, X = unbekannte Substanz. Aus WEIGL 1964 b.

Durch Untersuchung des Umsatzes energiereicher Phosphatverbindungen in Maiswurzeln fand WEIGL (1963) eine weitere Stütze für seine Theorie. Der ATP-Umsatz (turnover) ist in KCl akkumulierenden Wurzeln höher als in nicht akkumulierenden, während der Gesamtgehalt der Zellen an ATP unverändert bleibt.

Das Vorkommen von ATPasen in den Membranen (s. zusammenfassende Übersicht: JÄRNEFELT 1964; POST et al. 1960, POST und ALBRIGHT 1960) gibt weitere Hinweise auf die Bedeutung des ATP für membrangebundene Stofftransportprozesse. Oligomycin scheint die metabolische Aufnahme von $K^+$, $Cl^-$ und $PO_4^{---}$ aus 1 mM Lösungen durch Haferwurzeln über die Blockierung der ATP-Verwertung am Plasmalemma zu beeinflussen, während die Atmung gleichzeitig nicht beeinträchtigt wird (HODGES 1966).

ELLIS et al. (1964) fanden, daß D-Serin die Ionenaufnahme hemmt, ohne die Grundatmung oder die erhöhte Atmung in einer Salzlösung zu beeinflussen. Sie schließen aus ihren Versuchen, daß der Energie-verbrauchende Ionentransport nicht entsprechend der LUNDEGÅRDH-Hypothese ablaufen könne.

Einen wichtigen Hinweis dafür, daß der metabolische Salztransport an die oxidative Phosphorylierung (Bereitstellung von ATP) und nicht an die Elektronenübertragung durch die Atmungskette als solche gebunden ist, haben BUDD und LATIES (1964) durch Untersuchungen mit Ferricyanid bei Maiswurzeln gefunden.

Ferricyanid kann bei isolierten Mitochondrien und in intaktem Gewebe als Elektronenacceptor dienen (Estabrook 1961, Hochster und Quastel 1952, Laties 1954), wodurch die Atmungskette stark verkürzt wird. In Abb. 17 sind die Stellen, an denen Ferricyanid eingreifen kann, angegeben (*): Die Bernsteinsäuredehydrogenase, die NADH-Dehydrogenase und das Cytochrom c geben Elektronen an das Ferricyanid ab. Diese verkürzte Elektronenübertragung wird von einer oxidativen Phosphorylierung (ATP-Bildung) begleitet.

Ferricyanid fördert nun den $Cl^-$-Transport unter anaeroben Bedingungen. Der so durch Ferricyanid vermittelte Transport läßt sich durch Amytal hemmen,

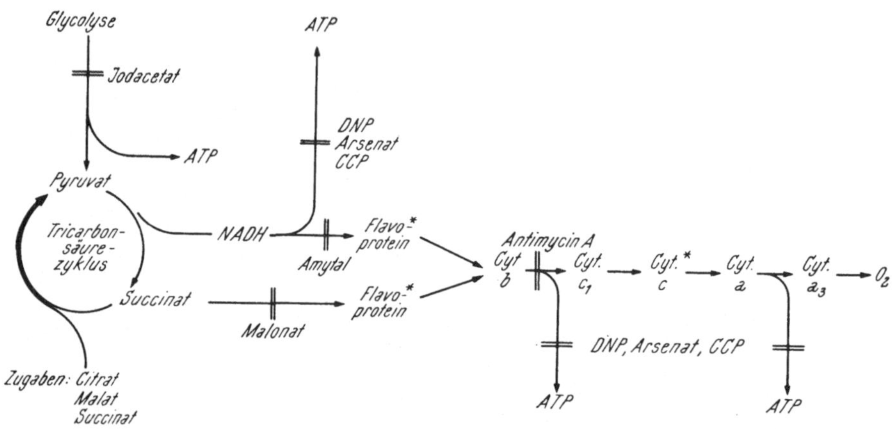


Abb. 17. Energieliefernde Prozesse, die unter aeroben oder bei Gegenwart von Ferricyanid und anaeroben Bedingungen zur metabolischen Aufnahme von $Cl^-$ führen, und Wirkungsorte einiger Inhibitoren. * mögliche Orte der Reaktion mit Ferricyanid. DNP = Dinitrophenol, CCP = Carbonyl-cyanid-m-chloro-phenylhydrazon. Aus Budd und Laties (1964).

das zwischen dem NADH und dem Flavoprotein eingreift, nicht aber durch Antimycin A, das in der Cytochromkette wirksam ist (vgl. Abb. 17). Es ist deshalb zu vermuten, daß eines oder beide Flavoproteine die wichtigsten Elektronendonatoren für das Ferricyanid sind und nicht das Cytochrom c. Inhibitoren wie Jodacetat, Malonat, Arsenat, Dinitrophenol und CCP (Carbonylcyanid-m-chlorophenylhydrazon) hemmen die durch Ferricyanid vermittelte Ionenaufnahme. Es ist anzunehmen, daß sowohl die Glykolyse, als auch der Tricarbonsäurezyklus in Wurzeln aktiv sind. Zugegebene Säuren des Krebszyklus wie Succinat, Malat und Citrat (10 mM/l, pH 4,6) erhöhen den durch Ferricyanid vermittelten Transport beträchtlich (um 33—81%). Diese Befunde demonstrieren die primäre Bedeutung der ATP-Bildung für den metabolischen Ionentransport (cf. auch Scholefield 1964).

An Orten starker metabolischer Stoffverschiebungen finden sich häufig zahlreiche Mitochondrien, z. B. in den Nierentubuli (vgl. Lehninger 1964) oder in den Zellen pflanzlicher Drüsen (Wrischer 1962, Schnepf 1964, vgl. Lüttge 1966c). Dieser Befund muß nicht unbedingt ein Hinweis für die Gültigkeit der Lundegårdhschen Hypothese sein, er kann auch durch eine indirekte Rolle der Mitochondrien beim metabolischen Transport, nämlich durch die Bildung von ATP bei der oxidativen Phosphorylierung, erklärt werden (s. auch S. 117).

Die Koppelung eines Trägerzyklus mit der ATP-Energie kann theoretisch an verschiedenen Stellen stattfinden: Bei der Bildung oder Spaltung der Träger-Substrat-Verbindung, beim Transport der Träger-Substrat-Verbindung oder des freien Trägers durch die Membran oder bei der Überführung des Trägers in einen aktiven Zustand. In verschiedenen Modellen und Hypothesen über Trägermechanismen wurde von diesen Möglichkeiten in unterschiedlicher Weise Gebrauch gemacht.

## 3. Die Abhängigkeit der Stoffaufnahme vom Licht

Die Abhängigkeit der Stoffaufnahme und Stoffabgabe durch grüne Pflanzenzellen vom Licht ist seit langem bekannt (Hoagland und Davis 1923, Hoagland et al. 1927, Jaques und Osterhout 1934, Årens 1936, Ingold 1936, cf. Brauner 1956, cf. Briggs et al. 1961). Prinzipiell kann Belichtung den Membrantransport auf zweierlei Weise beeinflussen, nämlich entweder durch direkte Einwirkung auf die Struktur der Membranen, wodurch deren Permeabilitätseigenschaften verändert und hauptsächlich physikalische Transportvorgänge betroffen würden, oder durch die Bereitstellung von photosynthetischer Energie für metabolische Transportvorgänge.

Obwohl uns in diesem Zusammenhang vor allen Dingen der zweite Mechanismus interessiert, soll doch auf die Versuche von L. und M. Brauner (1937, 1938, vgl. Brauner 1956) hingewiesen werden, durch die mit Hilfe von Modell-„Membranen" aus Pergamentpapier demonstriert wurde, daß Belichtung drastische *Veränderungen der elektrischen Eigenschaften und der Potentiale an Membranen* und somit der Permeabilität hervorrufen kann. Die Pergamentpapier-„Membranen" wurden mit Chlorophyll, Carotinoiden, Methylenblau und Graphit „sensibilisiert". Durch Abtrennung von Photoelektronen erniedrigt die Belichtung die negative Eigenladung solcher „Membranen", wodurch die Beweglichkeit der Kationen durch die Membran verlangsamt und die Anionenbeweglichkeit erhöht wird. Neben diesem „primären Photoeffekt" lassen sich auch sekundäre Effekte beobachten. Durch die Ladungsveränderung der Membran wird nämlich auch ihre Quellbarkeit beeinflußt, was sich je nach den Bedingungen auf die Kationen- und Anionenbeweglichkeit unterschiedlich auswirkt, so daß die schließlich resultierende Veränderung des Membranpotentials eine Potentialsteigerung oder eine Potentialverringerung sein kann.

Eine *fördernde Wirkung des Lichtes auf die metabolische Ionenaufnahme* durch *Nitella*-Zellen glauben Hoagland und Davis (1923, 1924) und Hoagland et al. (1927) gefunden zu haben. Die Ionenaufnahmegeschwindigkeit ist im Licht nicht nur rascher als im Dunkeln, sondern es wird bei Belichtung auch eine Innenkonzentration erreicht, die über der Ionenkonzentration des Milieus liegt, während im Dunkeln keine Akkumulation gegen ein anscheinendes Konzentrationsgefälle beobachtet werden kann. In einer neueren Arbeit bestätigt Tazawa (1961) durch Untersuchungen der Osmoregulation, die für ihn ein Schattenbild der Ionenregulation ist, diesen Befund. Der osmotische Wert von *Nitella*-Zellen hängt von der Salzkonzentration der Außenlösung und der Lichtintensität ab. Bei gegebener Salzkonzentration des Milieus ist die Gleichgewichtskonzentration des Zellsaftes im Licht höher als im Dunkeln.

Nagai und Tazawa (1962) versuchen zu zeigen, daß dies nicht allein durch die Beteiligung der lichtabhängigen Stoffwechselreaktionen an der Ionenaufnahme erklärt zu werden braucht, sondern auch durch bioelektrische Phänomene zustande kommen kann, die durch Belichtung beeinflußt werden, eine Möglichkeit, auf die die oben zitierten Arbeiten von BRAUNER hinzielen. NAGAI und TAZAWA haben mit Hilfe von Mikroelektroden, die in *Nitella*-Zellen eingebracht wurden, festgestellt, daß das Ruhepotential der Zellen in 0,1 mM KCl-Lösung in hohem Maße von der Belichtung abhängt (Abb. 18 *a*). Ferner fanden sie eine strenge Korrelation zwischen der lichtabhängigen Erhöhung des Ruhepotentials der Zellen und der lichtinduzierten Ionenaufnahme (Abb. 18 *b*). Eine starke Zunahme der Salzkonzentration im Innern der *Nitella*-Zellen ist nur im Licht zu beobachten, während im Dunkeln ein Verlust von Ionen eintritt.

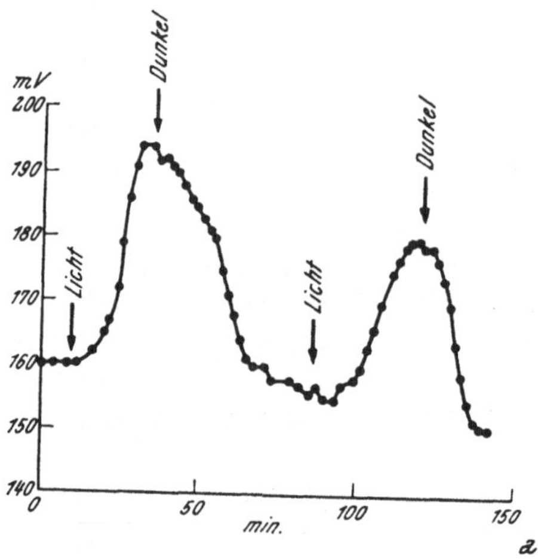


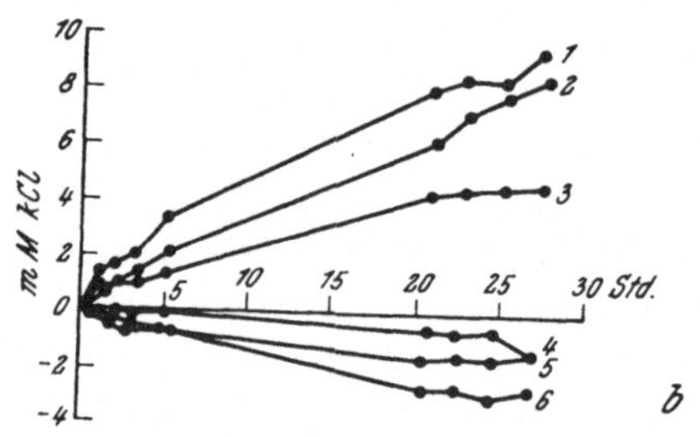


Abb. 18. *a* Ruhepotential einer in $10^{-4}$ M KCl inkubierten *Nitella*-Zelle im Wechsel von Licht und Dunkel. *b* Veränderung der Salzkonzentration im Inneren von in $10^{-4}$ M KCl inkubierten *Nitella*-Zellen bei Licht (Kurve 1—3) und Dunkelheit (Kurve 4—6). Aus NAGAI und TAZAWA (1962).

Die durch das Licht induzierte Ionenaufnahme kann durch den Anstieg des elektrochemischen Potentialgradienten zwischen innen und außen hervorgerufen werden. Die umgekehrte Erklärung, daß die erhöhte Ionenaufnahme die Veränderung des Potentialgradienten bewirkt, ist nach diesen Autoren nicht vertretbar, da die Menge der aufgenommenen Ionen nicht ausreicht, um die beobachtete Verschiebung des Potentialgradienten in vollem Umfang zu erklären. Die lichtinduzierte Erhöhung des osmotischen Wertes von *Nitella*-Zellen wird andererseits durch Phenylurethan ($2,5 \times 10^{-2}$ M) nahezu vollständig gehemmt und kann bei Abwesenheit von $CO_2$ oder $HCO_3^-$ ebenfalls nicht beobachtet werden. Phenylurethan beeinflußt die Ruhepotentialunterschiede im Licht und im Dunkeln jedoch nicht. Die Autoren schließen daraus, daß die lichtinduzierte Ionenaufnahme nicht nur auf dem veränderten Ruhepotential beruht, sondern auch von der photosynthetischen Aktivität der Zellen abhängt. Sie nehmen an, daß der Transport durch das Plasmalemma in das Plasma durch das elektrische Potential und der Transport in die Vacuole durch die Photosynthese bedingt sind. Zu entsprechenden Ergebnissen über die Bedeutung des Lichtes für den Ionentransport sowohl durch Änderung der Membranpotentiale als auch durch den Stoffwechsel kommen BARR und BROYER (1964).

Ähnlich wie NAGAI und TAZAWA fand HOPE (1965), daß das Potential zwischen der Vacuole von *Chara australis*-Zellen und der Außenlösung im Licht negativer wird, wenn das Milieu geringe Mengen $HCO_3^-$ enthält. Das Membranpotential beträgt im Licht ohne $HCO_3^-$ im Milieu —150 bis —160 mV, mit $HCO_3^-$ —200 bis —220 mV. Bei Anwesenheit von Bicarbonat ruft der Wechsel dunkel-hell auch starke Veränderungen des Zellwiderstandes hervor. Bei Abwesenheit von Bicarbonat und mit Chlorid als einzigem Anion ist der Lichteffekt stark verringert. Die Wirkung des Lichtes auf die elektrischen Phänomene ist mit der Photosynthese gekoppelt, sie wird durch o-Phenanthrolin, Monuron und Hydroxylamin gehemmt. HOPE nimmt, anders als NAGAI und TAZAWA, an, daß in Gegenwart von $HCO_3^-$ ein metabolisches Transportsystem $HCO_3^-$- oder $Cl^-$-Ionen in die Zellen hineinpumpt. Es soll sich dabei um eine „elektrogene Pumpe" handeln, deren Tätigkeit die Erhöhung des Membranpotentials am Plasmalemma hervorruft, derzufolge Kationen ($K^+$, $Na^+$) passiv nachfolgen können.

KANDLER (1954) zeigte, daß verarmte *Chlorella*-Zellen im Licht bis zu 25% mehr Glucose aufnehmen als im Dunkeln. Er nahm an, daß die Glucoseaufnahme vom ATP-Spiegel der Zellen abhängt, der bei verarmten Zellen besonders niedrig ist und deshalb durch ATP-Bildung bei der Photosynthese drastisch gesteigert werden kann. Durch Hemmstoffversuche (KANDLER 1955) wurde diese Deutung bestätigt. Arsenat und o-Phenanthrolin hemmten die Glucoseaufnahme bei Licht und Dunkelheit gleich stark, während Entkoppler und Inhibitoren des Cytochromsystems im Licht eine geringere Wirkung hatten als im Dunkeln. Diese Befunde legten die Vermutung nahe, daß unmittelbar mit den Primärreaktionen der Photosynthese gekoppelte Phosphorylierungen die Glucoseaufnahme durch *Chlorella*-Zellen anzutreiben vermögen und führten unabhängig von der späteren Entdeckung der beiden Lichtreaktionen der Photosynthese (s. Abb. 20) zur Annahme einer cyclischen Photophosphorylierung *in vivo*. TANNER et al. (1965, 1966) fanden später, daß die lichtabhängige Glucoseaufnahme und -assimilation in $N_2$-Atmosphäre bei Abwesenheit von $CO_2$ und $O_2$ von der cyclischen Photophosphorylierung abhängt. Die Glucoseaufnahme ist sehr viel weniger empfindlich gegen DCMU [3-(3,4-Dichlorophenyl)-1,1-dimethylharnstoff] als die photosynthetische $O_2$-Abgabe. Untersuchungen mit zwei *Scenedesmus*-Mutanten, die jeweils einer der beiden Lichtreaktionen verlustig gegangen sind, und mit Licht verschiedener Wellenlängen, wodurch die beiden Lichtreaktionen sich experimentell trennen lassen (s. auch S. 44), bestätigen diese Resultate (KANDLER und TANNER 1966).

Die *Steuerung der Glucoseaufnahme durch photosynthetische ATP* greift hier also wohl hauptsächlich am Glucosestoffwechsel im Inneren der Zelle, und zwar zunächst an der Glucosephosphorylierung, an und beruht vermutlich nicht so sehr auf einem unmittelbar durch die Photosynthese angetriebenen, metabolischen Transport von Glucose in die Zelle. SMITH (1967) ist allerdings der Ansicht, daß bei *Nitella* die metabolische Kontrolle der Glucoseaufnahme beim Transport durch das Plasmalemma und weniger durch den Glucosestoffwechsel ausgeübt wird. Beide Mechanismen lassen sich häufig schwer auseinanderhalten (s. auch S. 118 ff.). Zu diesem Schluß kommt auch KYLIN (1960, 1964 a) bei der Untersuchung der lichtabhängigen Sulfataufnahme. Verschiedene Mechanismen können dabei eine Rolle spielen, unter anderem die Bildung eines energiereichen Zwischenproduktes: Adenosin-3'-phospho-5'-phospho-sulfat („aktives Sulfat").

Ähnlich ist auch bei den Untersuchungen von Simonis et al. (1962), Ullrich et al. (1965) und Jeschke und Simonis (1965) nicht völlig klar, ob die fördernde Wirkung des Lichtes auf die Phosphat- und Sulfationenaufnahme auf einem vom Licht gesteuerten Transportprozeß oder auf den Einbau dieser Ionen in Stoffwechselprodukte beruht.

Verschiedene Autoren fanden, daß nicht nur die meist beobachtete Nettobilanz von Stoffaufnahme und Stoffabgabe vom Licht abhängt, sondern daß *einzelne Fluxe selektiv beeinflußt* werden. Die Resultate sind allerdings widersprüchlich. Nach Hope und Walker (1960) soll der $Na^+$-Influx und -Efflux am Tonoplasten durch das Licht reguliert werden. Der $Cl^-$-Influx in *Nitella-* und *Chara*-Zellen soll durch das Licht erhöht und der $Cl^-$-Efflux erniedrigt werden (Hope et al. 1966). Dies soll dadurch zustande kommen, daß Licht die passive Membranpermeabilität für $Cl^-$-Ionen reduziert, und zwar in Zusammenhang mit dem Elektronentransport durch die Photosynthese nach dem Schema von Macrobbie (s. S. 44 ff. und 86 ff.). Scott und Hayward (1953, 1954, 1955) nehmen bei *Ulva lactuca* und *Valonia macrophysa* verschiedene Mechanismen des $Na^+$- und $K^+$-Transportes an. Eine $Na^+$-Efflux-Pumpe soll hier unmittelbar an lichtabhängige Vorgänge gekoppelt sein. Im Gegensatz dazu sind Macrobbie und Dainty (1958 a) der Ansicht, daß Licht den Influx und Efflux von $K^+$ beeinflußt, während die $Na^+$-Fluxe nur geringfügig vom Licht abhängen. Tazawa und Nagai (1966) fanden bei *Nitella* eine Regulation des K:Na-Verhältnisses durch das Licht. Die $K^+$-Aufnahme soll hier sehr empfindlich gegen Belichtung sein. Eppley (1958) zeigte den Einfluß des Lichtes auf $Na^+$- und $K^+$-Transporte in *Porphyra perforata*. Auch bei Ionenfluxen in *Chorella* spielt das Licht eine bedeutende Rolle (Schaedle und Jacobson 1965).

Sieht man von der oben erwähnten Möglichkeit ab, daß Licht die Aufnahme von bestimmten Substanzen durch deren *Beteiligung an lichtabhängigen Stoffwechselreaktionen* beschleunigt, ergeben sich *drei Mechanismen für eine energetische Steuerung der metabolischen Stoffaufnahme durch das Licht*. Zunächst wäre erstens an die *photosynthetische Substratproduktion* und damit an eine sehr indirekte Bereitstellung von Energie zu denken. Die Transportprozesse können aber direkt mit den *photosynthetischen Primärreaktionen* gekoppelt sein, und zwar zweitens mit der *Photophosphorylierung* oder drittens mit dem *Elektronentransport bei den photosynthetischen Lichtreaktionen*.

Eine Folge systematischer Untersuchungen stammt aus dem Laboratorium von Arisz. Zunächst wurde gefunden, daß Licht die Aufnahme von $Cl^-$ durch *Vallisneria*blätter fördert, unabhängig davon, ob gleichzeitig $CO_2$ vorhanden ist oder nicht (Arisz 1947 a, 1947 b, 1948, Arisz und Sol 1956). Die Bildung von Kohlenhydraten durch $CO_2$-Fixierung kann also bei der lichtinduzierten Chloridaufnahme keine Rolle spielen. Allerdings zeigen andere Versuche, daß Saccharosezugabe zur Außenlösung die $Cl^-$-Aufnahme ebenfalls beschleunigt (Arisz und Sol 1956). Zwischen dem Kohlenhydrat- und dem Lichteffekt bestehen jedoch prinzipielle Unterschiede, die nahelegen, daß beiden verschiedene Mechanismen zugrunde liegen. Dies zeigt sich schon dadurch, daß bei lichtgesättigter $Cl^-$-Akkumulation die Zugabe von Saccharose zum Milieu die $Cl^-$-Aufnahme noch weiter erhöht.

Die Versuchstechnik von Arisz und Mitarbeitern gestattet es, daß zwei Teile eines *Vallisneria*-Blattes unterschiedlich behandelt und die Effekte in beiden Teilen analysiert werden. Die Wirkung der Saccharose ist örtlich begrenzt. Sie kann nur beobachtet werden, wenn der Zucker dem Ionen-aufnehmenden Teil des Blattes gegeben wird, und zwar entweder in einer Vorbehandlungsperiode oder gleichzeitig mit der Ionenaufnahme. Belichtung ruft dagegen auch einen Effekt hervor, wenn ihr Blatteile exponiert werden, die selbst keine Ionen aufnehmen können, da sie sich in einer feuchten Kammer und nicht in der Ionenlösung befinden. Dieser Befund zeigt auch, daß der durch Belichtung gebildete Faktor im Gewebe von der Zone seiner Bildung in die Zone der Ionenaufnahme verschoben werden kann. Außerdem scheint er in begrenztem Maße speicherbar zu sein, denn ARISZ und SOL konnten nachweisen, daß Vorbehandlung im Licht in einer anschließenden Periode der Ionenaufnahme ebenfalls steigernd auf die $Cl^-$-Akkumulation wirkt. Ist bei der Vorbehandlung $CO_2$ zugegen, ergibt sich ein Effekt, der mit dem der Saccharosezugabe vergleichbar ist. In Abwesenheit von $CO_2$ muß die Belichtung nach einem von der Bildung von Kohlenhydraten unabhängigen Mechanismus wirken (vgl. auch ARISZ 1960 a).

Befindet sich die Ionen-aufnehmende Blattzone im Licht und die nichtabsorbierende Zone im Dunkeln, gelangt sehr wenig $Cl^-$ in die zweite Zone. Die Hauptmenge der aufgenommenen Ionen wird in der belichteten Aufnahmezone in die Vacuolen transportiert und dort gespeichert. Im umgekehrten Fall, bei Belichtung der nichtabsorbierenden und Verdunkelung der absorbierenden Zone, werden die meisten der in der verdunkelten Zonen aufgenommenen Ionen in die Vacuolen der belichteten Zone sezerniert. Dies legt den Schluß nahe, daß die lichtabhängigen Prozesse hauptsächlich die Sekretion der im Cytoplasma frei verschiebbaren Ionen („symplasmatischer Transport" s. S. 91 ff.) in die Vacuolen vermitteln. Wird die Belichtung gewechselt, nachdem in einer belichteten Blattzone $Cl^-$ in die Vacuolen aufgenommen wurde, tritt eine „Neuverteilung" der $Cl^-$Ionen ein. Die Ionen treten aus den Vacuolen der zuerst belichteten aber nun verdunkelten Zone aus und werden in die Vacuolen der zuerst verdunkelten, aber nun belichteten Zone transportiert (ARISZ 1956, 1958).

Weitere Anhaltspunkte für einen Zusammenhang zwischen der Ionenaufnahme und den photosynthetischen Lichtreaktionen fand VAN LOOKEREN-CAMPAGNE (1957). Er zeigte, daß das Aktionsspektrum der lichtinduzierten $Cl^-$-Aufnahme durch *Vallisneria*-Blätter genau mit dem Aktionsspektrum der Photosynthese dieser Blätter übereinstimmt. Beide decken sich weitgehend mit dem durch Messung der Lichtdurchlässigkeit der Blätter (Transmissionsspektrum) ermittelten Absorptionsspektrum (Abb. 19).

Auch Hemmstoffversuche wurden von VAN LOOKEREN-CAMPAGNE durchgeführt. Cyanid hemmt die Photosynthese, und es ergeben sich dann keine Unterschiede zwischen der $Cl^-$-Aufnahme im Dunkeln und im Licht. CO hemmt nur die atmungsabhängige $Cl^-$-Aufnahme; es hat in rotem Licht, wo es die Atmung noch hemmt, keinen Einfluß auf die Photosynthese und auf die lichtabhängige $Cl^-$-Akkumulation. In ähnlicher Weise blockiert der Entzug von $O_2$ ($N_2$-Atmosphäre) nur einen Teil der $Cl^-$-Aufnahme durch *Vallisneria*-Blätter.

Es ist deshalb denkbar, daß die photosynthetischen Lichtreaktionen einen unmittelbaren Beitrag zu der zum metabolischen Transport erforderlichen Energie leisten. Durch Photophosphorylierung gebildete ATP könnte wie die aus der oxidativen Phosphorylierung stammende ATP (s. S. 35 ff.) eine metabolische

Stoffaufnahme vermitteln (WEIGL 1964 c, 1967 b). WEIGL fand mit *Limnophila*-Blättern bei Untersuchungen in Stickstoffatmosphäre einen ATP-Gehalt von 0,068 μM/g Fr. Gew. im Licht und 0,012 μM/g Fr. Gew. im Dunkeln. Die Sulfationenaufnahme war im Licht etwa doppelt so groß wie im Dunkeln.

R. N. ROBERTSON (in BRIGGS et al. 1961) hält es dagegen für möglich, daß der lichtinduzierte Kurzstreckentransport von Ionen auf der Trennung von negativen und positiven Ladungen beruht. Dies würde dem für die atmungsabhängige Ionenaufnahme durch die LUNDEGÅRDH-Hypothese angenommenen Mechanismus entsprechen (s. S. 31 ff. und S. 84 ff.).

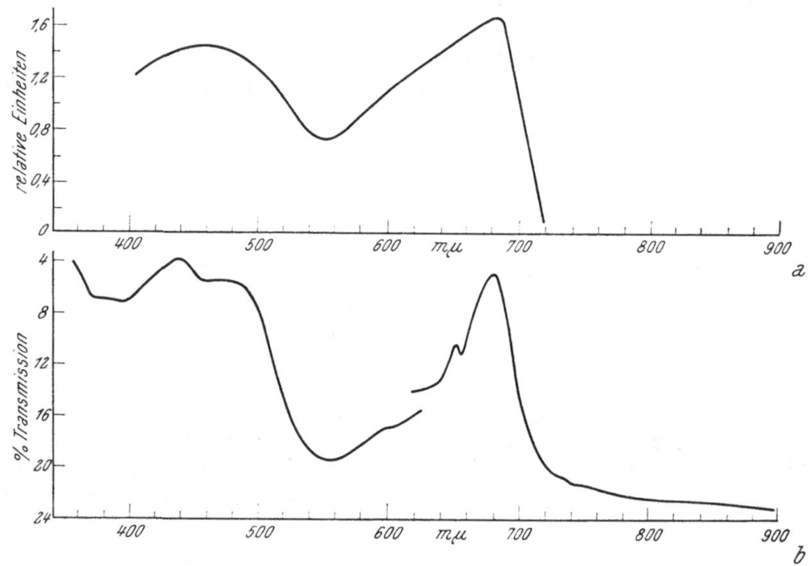


Abb. 19. *a* Aktionsspektrum der lichtgetriebenen Chloridaufnahme und der Photosynthese in *Vallisneria*-Blättern. *b* Transmissionsspektrum eines *Vallisneria*-Blattes. Aus VAN LOOKEREN-CAMPAGNE (1957).

Nach Untersuchungen von MACROBBIE (1965) ist es wahrscheinlich, daß die Zelle beide Prinzipien auszunützen vermag, die unmittelbare Koppelung des Transportes an die Elektronenübertragungsreaktionen und die indirekte Ausnutzung der in der ATP gespeicherten Energie. Das von MACROBBIE benutzte Schema (Abb. 20) des gegenwärtig angenommenen Mechanismus der photosynthetischen Lichtreaktionen macht deutlich, wie experimentell zwischen den beiden Möglichkeiten unterschieden werden kann. Die Elektronenübertragung in den Chloroplasten, die mit der Bildung von ATP gekoppelt ist, wird von zwei verschiedenen Lichtreaktionen angetrieben, die sich im langwelligen Teil ihrer Aktionsspektren und hinsichtlich ihrer Empfindlichkeit gegen Inhibitoren unterscheiden. Lichtreaktion II (Chlorophyllsystem II, $h\nu_{II}$) wird durch Wellenlängen über 705 nm nicht angeregt, während System I (Chlorophyllsystem I, $h\nu_{I}$) bis 730 nm aktiv ist. DCMU hemmt bei niedrigen Konzentrationen System II selektiv. Nach selektiver Hemmung von System II durch Licht zwischen 705 und 730 nm Wellenlänge oder durch DCMU ist die Zelle nicht mehr in der Lage, Wasser zu spalten und $O_2$ zu entwickeln, NADP zu reduzieren und $CO_2$ zu fixieren. Die Bildung von ATP durch die zyklische Phosphorylierung ist aber nicht unterbunden.

Untersuchungen mit der Characee *Nitella translucens*, bei der die zur metabolischen $Cl^-$-Aufnahme erforderliche Energie hauptsächlich aus lichtabhängigen Mechanismen stammt (MACROBBIE 1962), haben ergeben, daß gefiltertes Licht, das unter 705 nm und zwischen 705 und 730 nm ungefähr gleiche Quantenmengen enthält, sowohl die $K^+$- als auch die $Cl^-$-Aufnahme unterhält. Wird durch Benutzung eines anderen Filters das Licht unter 705 nm eliminiert und somit ein

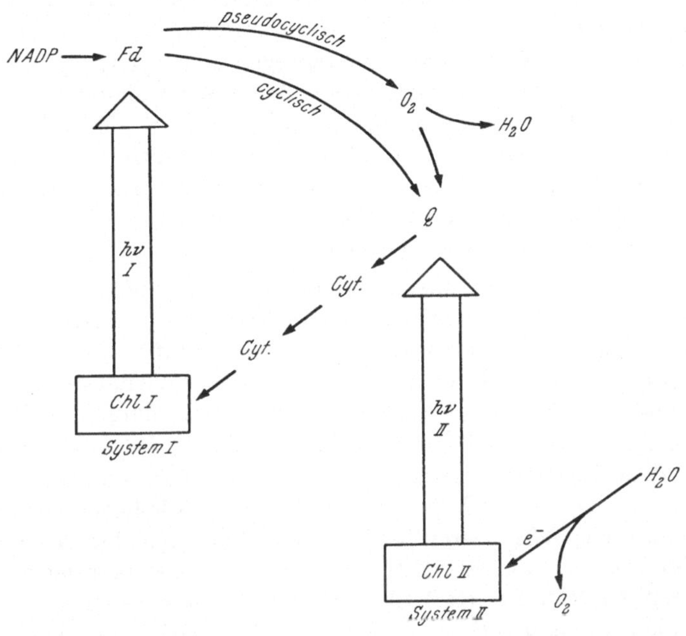


Abb. 20. System der photosynthetischen Lichtreaktionen. Fd = Ferredoxin, Q = Plastochinon, Cyt. = Cytochrom, Chl. = Pigmentsystem, $e^-$ = Elektron. Nach MACROBBIE (1965).

Übergang von der nichtcyclischen zur cyclischen Phosphorylierung erzwungen, erscheint der $Cl^-$-Influx gehemmt, während der $K^+$-Influx unbeeinflußt bleibt. Dies deutet daraufhin, daß die $K^+$-Aufnahme ausschließlich von der Bereitstellung von ATP, die ja auch in der cyclischen Phosphorylierung gebildet werden kann, abhängt, während die $Cl^-$-Aufnahme an das Funktionieren der zweiten Lichtreaktion gebunden ist. Das Ergebnis wird durch Versuche mit DCMU bestätigt: der $Cl^-$-Transport ist gegen niedrige Inhibitorkonzentrationen viel empfindlicher als der $K^+$-Transport. Die Entkopplung der Phosphorylierung vom Elektronentransport durch Ammoniumionen, Imidazol oder Carbonyl-cyanid-m-chlorophenylhydrazon hemmt dagegen den $K^+$-Influx und hat auf die $Cl^-$-Aufnahme keinen oder einen stimulierenden Effekt. Auch dies ist ein Hinweis für einen Zusammenhang zwischen Elektronentransport und $Cl^-$-Influx (MACROBBIE 1966 a).

Die Untersuchungen MACROBBIES zeigen also, daß die Ionenaufnahme nicht allein durch ATP angetrieben wird (hier die $K^+$-Aufnahme), sondern möglicherweise auch direkt von der Elektronenübertragung abhängig sein kann. Ihre weitere Interpretation ihrer Versuche, nach der die initiale Aufnahme von $Cl^-$ in eine Phase des Cytoplasmas unmittelbar an die Elektronenübertragung gebunden ist, während der metabolische Transport von Ionen in die Vacuole auch durch ATP energetisch ermöglicht werden soll, stößt auf ähnliche cytomorphologische Schwierigkeiten wie die Modifikation der Lundegårdhschen Hypothese durch R. N. Robertson (s. S. 33 f.). ATP steht überall in der Zelle zur Verfügung. Die Elektronenübertragung ist dagegen an die Organelle gebunden, und es ist schwer zu verstehen, daß sie den Stofftransport durch Membranen kontrollieren soll, in denen keine Redoxkatalysatoren lokalisiert sind. Eine Funktion der Chloroplasten als mobile Trägerfahrzeuge kann man sich hier noch viel weniger vorstellen als eine entsprechende Rolle der Mitochondrien, da die Chloroplasten bei *Nitella* sich nicht in der Plasmaströmung bewegen und entfernt vom Tonoplasten an der Zellwand eine stationäre Lage bilden. Macrobbie glaubt, die Bildung von kleinen Vacuolen im Cytoplasma annehmen zu dürfen (s. S. 90), die zwischen dem ursprünglichen Akkumulationsort und der Vacuole vermitteln, also die Funktion übernehmen, die R. N. Robertson den Mitochondrien zuschreibt, welche die Ionen zunächst akkumulieren und bei Gelegenheit eines Zusammenstoßes mit dem Tonoplasten in die Vacuole abgeben sollen (cf. auch Dodd et al. 1966).

Eine andere Deutung der Ionenaufnahme durch Organelle wie die Mitochondrien und die Chloroplasten und die jüngste Kritik an den Arbeiten von Macrobbie sollen weiter unten besprochen werden (S. 85 ff.). Es sei aber hier bereits darauf hingewiesen, daß die Konzentration der Außenlösung eine entscheidende Rolle dabei spielt, ob die Ionen aktiv oder passiv durch das Plasmalemma in das Plasma eintreten, und damit ob die Organelle die Ionen primär metabolisch aus dem Plasma aufnehmen können oder nur sekundär nach einem metabolischen Transport durch das Plasmalemma. Dies läßt Macrobbie bei ihrer Interpretation außer acht, obwohl es bei ihrem Vergleich der $Cl^-$- und $K^+$-Aufnahme besonders ins Gewicht fällt, da ihre radioaktiv markierte Aufnahmelösung 1.0 mM NaCl + 0.1 mM KCl + 0.1 mM $CaCl_2$ enthielt, die $Cl^-$-Konzentration (1.3 meq/l) und die $K^+$-Konzentration (0.1 meq/l) also sehr verschieden waren.

Smith (1966) untersuchte in Anlehnung an die Versuche von Macrobbie die Abhängigkeit der Phosphataufnahme durch *Nitella translucens* von den beiden Photosystemen, um zu prüfen, ob die für das $Cl^-$ gefundenen Verhältnisse allgemein für Anionen gelten. Es stellte sich heraus, daß die Phosphatakkumulation weder durch DCMU noch durch Filter, die die Lichtreaktion II hemmen, beeinträchtigt wird, während Entkoppler wie Carbonyl-cyanid-m-chlorophenylhydrazon die Phosphataufnahme stark erniedrigen. Es muß daraus geschlossen werden, daß die lichtabhängige Phosphataufnahme bei der für die meisten von Smith berichteten Versuche benutzten Konzentration von 0.2 mM $NaH_2PO_4$/l durch Energie aus der in der cyclischen Phosphorylierung gebildeten ATP angetrieben wird. Beim Vergleich mit den für $Cl^-$ erhaltenen Ergebnissen stellen sich wiederum Bedenken wegen der Konzentrationen ein. Smith zeigte zwar, daß bis zu Phosphatkonzentrationen von 3.0 mM keine Erhöhung der Geschwindigkeit der Phosphataufnahme über den bei 0.1 mM erreichten Wert hinaus zu beobachten ist, erst noch höhere Konzentrationen (bis 10 oder 20 mM) hätten aber zeigen können, ob nicht (ähnlich wie bei anderen Geweben) bei höheren Konzentrationen doch ein anderes

Transportsystem für die Ionenaufnahme geschwindigkeitsbestimmend wird (s. S. 66 ff.).

## c) Die Natur der Träger

In den vorhergehenden Kapiteln über die katalysierte Diffusion und über die Koppelung der Energie-liefernden Reaktionen mit den Transportprozessen wurde wiederholt der Begriff des Trägers als eines Katalysators des Transportes gebraucht. Eine derartige Katalyse kann dadurch zustande kommen, daß die Träger in der Membran frei beweglich sind und zwischen ihrer Innen- und Außenseite hin- und herdiffundieren, wobei sie bei der Bewegung in einer Richtung mit dem zu transportierenden Stoff verbunden sind (Abb. 21 *a*). Es ist aber auch möglich,

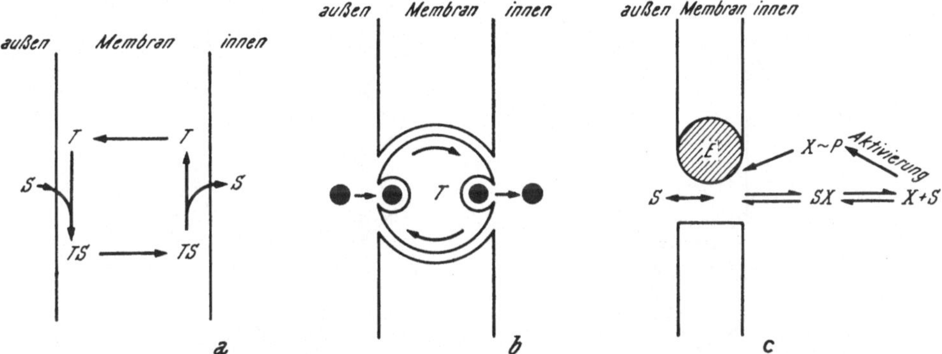


Abb. 21. Trägermechanismen. *a* In der Membran frei beweglicher Träger (T). S = Substrat, TS = Träger-Substrat-Verbindung. *b* In der Membran rotierender Träger, hier der „Drehtürmechanismus". Aus SUTCLIFFE (1962). Eine Rotation wäre auch auf andere Weise möglich, z. B. nicht in der Zeichenebene, sondern senkrecht zu ihr. *c* Translocasemechanismus. E = Translocase (Enzym), S = Substrat, X = Akzeptor, X ~ P = aktivierter Akzeptor. Aus HEINZ (1961).

daß die Träger in der Membran auf irgendeine Weise rotieren, so daß ihre aktiven Orte abwechselnd auf der Membranseite der Bildung des Träger-Substrat-Komplexes und auf der Seite seiner Lösung liegen (Abb. 21 *b*). Beide Möglichkeiten entsprächen dem mit dem Wort „Träger" (oder „carrier") angedeuteten Bild. Durch kinetische Untersuchungen der Phosphatabgabe durch *Elodea*-Blätter, insbesondere durch den Befund einer mit wachsender $PO_4^{---}$-Außenkonzentration ansteigenden Geschwindigkeit des $PO_4^{---}$-Austritts, glaubt WEIGL (1967 b), Beweise für die beweglichen Träger gefunden zu haben, da der beobachtete Effekt spezifisch ist und nicht durch andere Anionen hervorgerufen werden kann.

Demgegenüber wurde aber auch darauf hingewiesen, daß der Träger in der Membran nicht mobil zu sein braucht. Der Transport kann durch räumliche Verhältnisse, durch Änderungen von räumlichen Konfigurationen und Bindungen in der makromolekularen Struktur der Membran selbst erklärt werden (MITCHELL 1961 b, CHRISTENSEN 1961). Derartige Vorgänge würde man vielleicht besser mit dem von MITCHELL geprägten Begriff der Translocase umschreiben (Abb. 21 *c*).

Lassen wir Theorien, in denen Organelle (LUNDEGÅRDH, R. N. ROBERTSON) oder besondere Tubuli (MACROBBIE 1964 b) die Rolle von großen „Trägerfahrzeugen" haben, außer acht, so muß es sich bei den Trägern um Moleküle handeln, die sich in oder an den Membranen befinden. Nach allem, was wir über den Membranaufbau wissen, kann es sich um Proteine oder/und Lipide handeln. Alle ins einzelne gehenden Annahmen über die chemische Natur der Träger sind jedoch rein hypothetisch, da es bisher nicht gelungen ist, einen Träger zu isolieren, zu reinigen und durch Rekombination mit einer biologischen oder künstlichen Membran in seiner Wirkung zu testen.

## 1. Proteine als Träger

Unter den Modellen, die Proteine als Träger annehmen, ist *die Goldacre-Hypothese* besonders bekannt geworden. Sie läßt sich in ihrer ursprünglichen Form nicht mehr aufrechterhalten, ist aber doch lehrreich genug, um kurz er-

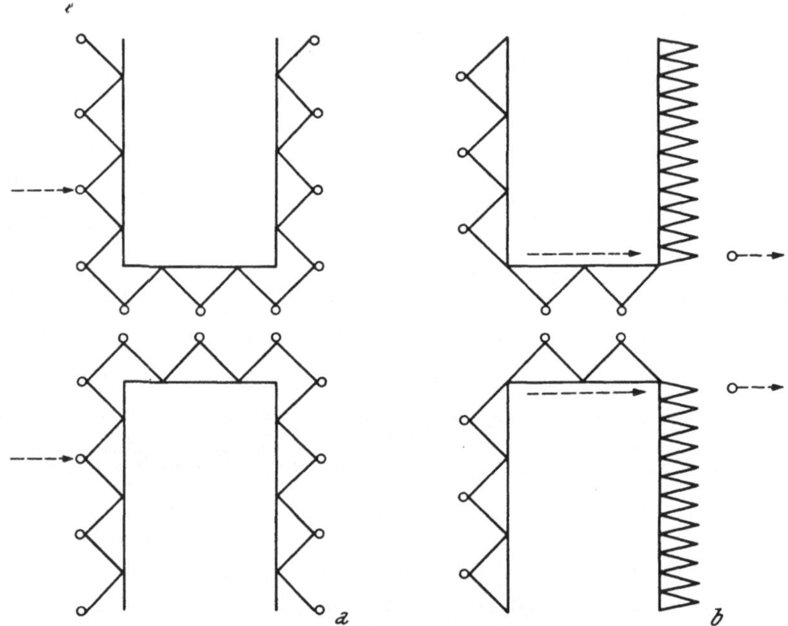


Abb. 22. GOLDACRE-Hypothese. Die zu transportierenden Stoffe werden am nicht kontrahierten Protein gebunden (*a*) und bei der Kontraktion nach Innen freigegeben (*b*). Aus SUTCLIFFE (1962).

wähnt zu werden. Der Transport soll hierbei durch die von Protein ausgekleideten Poren der Membran erfolgen, die nach dem DANIELLI-DAVSON-Modell aufgebaut gedacht ist. Das Protein soll kontraktil sein und bei der Kontraktion gebundene Substanzen freigeben, die auf diese Weise von außen nach innen gelangen könnten (Abb. 22) (GOLDACRE und LORCH 1950). ATP könnte dabei eine ähnliche Rolle wie bei der Muskelkontraktion spielen (cf. auch BENSON 1966). Auch die Bedeutung des $Ca^{++}$ beim Membrantransport würde dadurch erklärt. $Ca^{++}$-Mangel hemmt bekanntlich die ATPase-Wirkung der kontraktilen Proteine im Muskel.

STEWARD (1937), STEWARD und STREET (1947) und STEWARD und MILLAR (1954) fanden Korrelationen zwischen der Salzaufnahme durch Speichergewebe und der Wirkung von Faktoren, die *die Proteinsynthese* beeinflussen. Sie nahmen an, daß Vorstufen des Proteins als Ionenträger dienen. SUTCLIFFE (1960, cf. 1962) zeigte, daß Chloramphenicol, ein bekannter Hemmstoff der Proteinsynthese bei

Bakterien (BROCK 1961, WOLFE und HAHN 1965), aber auch bei höheren Pflanzen (MARGULIES 1964, NOODEN und THIMAN 1965), in bestimmten Konzentrationen die Ionenakkumulation hemmt, aber die Atmung unbeeinflußt läßt. Er schloß daraus, daß der Ionentransport mit der Proteinsynthese eng verbunden sei, und zwar in der Weise, daß die Ionen bei der Synthese gebunden und bei der Hydrolyse der Proteine wieder frei werden. Dadurch versucht SUTCLIFFE (1962) auch den bekannten Alterungseffekt (s. S. 76 ff.) zu erklären, der sich beim Waschen frisch geschnittener Scheiben aus Speichergewebe beobachten läßt. Das frisch präparierte Material resorbiert zunächst überhaupt nicht oder nur sehr langsam und gewinnt die Fähigkeit zur Akkumulation erst nach mehreren Stunden. Spätere Untersuchungen von ELLIS (1964) und ELLIS, JOY und SUTCLIFFE (1964) modifizieren diese Hypothese jedoch. Die Autoren fanden, daß D-Serin ähnlich wirkt wie Chloramphenicol und vermuten nun, daß beide keine spezifischen Hemmstoffe der Proteinsynthese sind, sondern den Einbau von L-Serin in die Trichloressigsäure-unlösliche Fraktion hemmen, und daß die Wirkung von D-Serin und Chloramphenicol indirekt über den L-Serin-Stoffwechsel erfolgt. Diese Überlegungen müssen nicht bedeuten, daß der Stofftransport mit dem gesamten Proteinumsatz korreliert ist. Viel wahrscheinlicher wäre eine Abhängigkeit der Stoffaufnahme von der Synthese eines bestimmten Proteins oder Enzyms (JACOBY und SUTCLIFFE 1962).

Auch andere Arbeitsgruppen fanden durch Untersuchungen mit Chloramphenicol Hinweise für einen Zusammenhang zwischen der Stoffaufnahme und der Proteinsynthese, z. B. PEAUD-LENOEL und GOURMAY-MARGERIE (1962) bei der Glucoseaufnahme durch Maiswurzeln, BRENNER und MAYNARD (1966) bei der $Rb^+$-Aufnahme durch *Euglena gracilis*, PARTHIER (1965) bei der Phosphat- und Methioninaufnahme und deren Einbau in Protein und RNS in Tabakblättern, JYUNG et al. (1965 b) bei der $Rb^+$- und Glycinaufnahme durch isolierte Zellen aus Tabakblättern und BOWLING (1963) bei der Aufnahme verschiedener Ionen durch die Wurzeln intakter *Ricinus communis*-Pflanzen.

Andererseits kann die Hemmwirkung des Chloramphenicols auf den Ionentransport auch auf einer teilweisen Entkoppelung der oxidativen Phosphorylierung und somit auf einer Verringerung der Energiebereitstellung beruhen (HANSON und HODGES 1963). MACROBBIE (1966 b) weist demgegenüber darauf hin, daß dies nicht für Puromycin gelte, dessen einzige bekannte Wirkung eine Hemmung der Proteinsynthese sei. Puromycin hemmt die $PO_4^{---}$-, $Cl^-$- und $K^+$-Aufnahme durch *Nitella translucens*.

Verschiedene Hypothesen nehmen die Beteiligung von Enzymen, also spezifischen Proteinen, an der Katalyse des Membrantransportes an. *Die Translocase-Hypothese* kann als „Sonderfall einer ‚orthodoxen' Gruppenübertragung" (HEINZ 1961) an einem Enzym angesehen werden (Abb. 21 *c*). Die Translocase oder das Enzym (E) wird danach an der Membraninnenseite durch Reaktionen mit einem aktivierten Akzeptor $X \sim P$ in einen Translocase-Akzeptor-Komplex umgewandelt, der nun mit dem von der Außenseite herankommenden Substrat S unter Bildung von SX reagiert. SX löst sich vom Enzym E ab, der Komplex SX wird innerhalb der Zelle gespalten, wodurch es zur Akkumulation von S kommt, während X über eine Aktivierungsreaktion wieder in den Zyklus zurückkehrt.

Auf die Möglichkeit, daß *die Permeasen* der Bakterien die Stoffaufnahme durch enzymatischen Reaktionen entsprechende Prozesse vermitteln, sei hier nur hingewiesen (COHEN und MONOD 1957, KEPES 1961, HORECKER et al. 1961, KOCH 1964, cf. AMBROSE 1964). Es scheint bei Mikroorganismen möglich zu sein, die genetische Kontrolle der Transportvorgänge nachzuweisen (z. B. KESSEL und LUBIN 1963, KLINGMÜLLER und KAUDEWITZ 1965). Man erhält Mutanten, die von den Normalformen dadurch abweichen, daß sie entweder der Fähigkeit zum Stoffwechsel oder zur metabolischen Aufnahme einer bestimmten Substanz verlustig gegangen sind.

Bei höheren Pflanzen gelingt der Nachweis einer genetischen Kontrolle der Stofftransportmechanismen auf indirektem Wege (zusammenfassend: EPSTEIN und JEFFRIES 1964). Die Kapazität verschiedener Varietäten für die Aufnahme eines bestimmten Stoffes kann bei sonst gleichen Bedingungen sehr unterschiedlich sein (PINKAS und SMITH 1967).

Unter den enzymatischen Mechanismen des Membrantransportes wäre auch *die Dimerizer-Hypothese von* STEIN (cf. STEIN 1964) zu erwähnen, nach der Enzyme oder Enzym-ähnliche Verbindungen in der Membran auf beiden Seiten der Lipidbarriere zwei zu transportierende Substratmoleküle durch Bildung von Wasserstoffbrücken zu einem Dimeren verbinden. Das von gebundenem Wasser mehr oder weniger freie Dimere soll in der Lipidphase frei beweglich und auf diese Weise in der Lage sein, sie zu queren. Diese Hypothese beruht auf der Lipidlöslichkeitstheorie des Membrantransportes. Die erforderliche Lipophilie wäre durch die Dimerisation gewährleistet.

Von besonderem Interesse ist in diesem Zusammenhang der von ROTHSTEIN und Mitarbeitern erbrachte Nachweis, daß an den Membranen verschiedene enzymatische Reaktionen ablaufen, durch die auch ein Stofftransport in die Zelle verursacht werden kann. Das Prinzip sei nur angedeutet, da ROTHSTEIN in diesem Handbuch (ROTHSTEIN 1964) ausführlich darüber berichtet.

*Oberflächenenzyme* können am einfachsten nachgewiesen werden, wenn entweder ihr Substrat oder die Produkte der von ihnen katalysierten Reaktionen, oder beide nicht in die Zelle einzudringen vermögen. Diese Fermente wirken exozellulär, nicht intrazellulär, und können deshalb leicht mit intakten Zellen untersucht werden. Hierzu gehören z. B. die an der Oberfläche der Hefezellen lokalisierten Phosphatasen. Organische Phosphate (Glucose-6-ph, Glucose-1-ph) können durch lebende Hefezellen nicht aufgenommen werden. Sie erleiden durch die Oberflächenenzyme eine Spaltung in Glucose und Orthophosphat, die dann von der Zelle resorbiert werden. Durch Reaktionen, die hier nicht zur Diskussion stehen, wird dann im Innern der Hefezellen wieder Glucosephosphat gebildet. Wenn man will, kann man also auch sagen, daß diese Oberflächenphosphatasen den Transport von Zuckerphosphat aus der Außenlösung in das Innere vermitteln, einer Substanz, die als solche nicht die äußere Diffusionsbarriere der Zellen zu queren vermag.

Auch andere Enzyme, z. B. Invertase, wurden an der Oberfläche von Hefezellen gefunden. Die exocellulär wirkende Invertase ist gegen den pH-Wert in der Außenlösung viel empfindlicher als gegen den im Innern der Zelle. Die Saccharosespaltung durch intakte Hefezellen zeigt das gleiche pH-Optimum wie die durch isolierte Invertase. Eine Lokalisation der Invertase unmittelbar hinter der Zellwand von Hefezellen und nicht im Innern des Protoplasten wurde später von BURGER et al. (1961) bestätigt.

ROTHSTEIN und Mitarbeiter haben die Oberflächenenzyme der Hefezellen auch mit Inhibitoren untersucht, die nicht oder nur äußerst langsam in die Zellen einzudringen vermögen, z. B. mit Uranylionen. Die $UO_2$-Ionen werden an der Zelloberfläche gebunden und hemmen die Hexoseaufnahme spezifisch. Sie haben keinen Effekt auf den $O_2$-Verbrauch und Stoffwechselreaktionen, die sich im Innern der Zellen abspielen. Sie wirken auch nicht auf den Metabolismus von einmal aufgenommenen Zuckern. Durch Zugabe von $PO_4^{---}$ zum Milieu kann die $UO_2^{++}$-Hemmung teilweise aufgehoben werden. Dies ist ein weiterer Beweis für die oberflächliche Lokalisation der beschriebenen Enzyme, denn die Hefezelle enthält im Innern große Mengen Phosphat, das aber hier nicht wirksam ist. Kinetische Studien haben gezeigt, daß das Uranylion eine reversible Bindung mit gewissen aktiven Gruppen an der Zelloberfläche eingeht, wobei es sich mit großer Wahrscheinlichkeit um Metaphosphatpolymere handelt. Wir haben hier also ein an der Zelloberfläche lokalisiertes System vor uns, das den Transport von Substanzen, hier von Hexosen, in die Zelle vermittelt.

Andere Befunde über Enzymlokalisationen an Grenzflächen werden von AMBROSE (1964) zitiert: Lactose wurde an der Oberfläche von Hefezellen gefunden (MYRBÄCK und VASSEUR 1943), phosphorylierende Fermente bei Seeigeleiern (LINDBERG 1948), Cholinesterase in den Lamellen des subneuralen Apparates. Bei Tomatenwurzeln kann Saccharose an den Zellgrenzen phosphoryliert, und es können Zuckerphosphate dort umgesetzt werden, ohne in das Zellinnere zu gelangen (DORMER und STREET 1949). Außerhalb der Permeabilitätsbarriere von Maiswurzeln fand man eine Invertase (HELLEBUST und FORWARD 1962, CHANG und BANDURSKI 1964) und Cellobiose-, ATP-, Pyrophosphat-, RNS- und DNS-hydrolisierende Enzyme (CHANG und BANDURSKI 1964). Bei den Muskeln des Rattendiaphragmas sind zwei glycolytische Stoffwechselketten nebeneinander wirksam, von denen eine im Innern und eine außerhalb des Cytoplasmas, vermutlich an seiner Oberfläche, lokalisiert ist (SHAW and STADIE 1957, 1959).

Experimente mit roten Blutkörperchen zeigen besonders deutlich, daß Träger oder Enzyme, die den Membrantransport katalysieren, tatsächlich in der Membran selbst lokalisiert sind. Bei Versuchen mit den leeren Hüllen von Erythrocyten („ghosts") fand man, daß kein löslicher Stoff aus dem Zellinnern für das Ablaufen der katalysierten Diffusion von Glycerin durch die Membran erforderlich ist, das ganze Transportsystem liegt in der Membran selbst (vgl. STEIN 1964).

Auf Grund von Untersuchungen über den $Ca^{++}$-Einfluß und die Wirkung ultravioletter Strahlung von der Wellenlänge 253,7 nm auf die Ionenaufnahme durch Wurzeln kam TANADA (1955) zu der Vermutung, daß *Ribonucleoproteine als Träger* für den Ionentransport durch Membranen in Frage kommen könnten. Zwischen dem durch $Ca^{++}$ beeinflußten System der Ionenaufnahme und dem gegen UV-Strahlen empfindlichen System schienen enge Zusammenhänge zu bestehen. Zudem konnten LANSING und ROSENTHAL (1952) zeigen, daß die Behandlung von *Elodea*-Zellen mit Ribonuclease die Fähigkeit zur $Ca^{++}$-Aufnahme stark herabsetzt. Diese Autoren schlossen daraus, daß RNS an der Zelloberfläche lokalisiert und mit Phospholipiden verbunden sei. Die Hydratation der Nucleoproteidträger hinge vom Vorhandensein polyvalenter Kationen ($Ca^{++}$) ab, wodurch auch der $Ca^{++}$-Effekt auf den Membrantransport erklärt würde. Die Spezifität der Träger könnte durch Unterschiede in der Fähigkeit zum Binden einzelner Ionen durch verschiedene Ribonucleoproteide zustande kommen. TANADA (1955) glaubt, daß der Nucleinsäureanteil die Kationen und das Protein die Anionen bindet. HANSON (1960) hat sich später dieser Ansicht aufgrund eigener Untersuchungen angeschlossen. HIRATA und MITSUI (1965) halten die Beteiligung von Ribonucleoproteiden am Membrantransport jedoch für unwahrscheinlich. (Über die Beteiligung von Ribonucleinsäure am Membranaufbau cf. RUESINK und THIMAN 1965).

Bei räumlich asymmetrischer Anordnung von Enzymen an oder in Membranstrukturen kann *die vektorielle oder räumlich gerichtete enzymatische Reaktion*

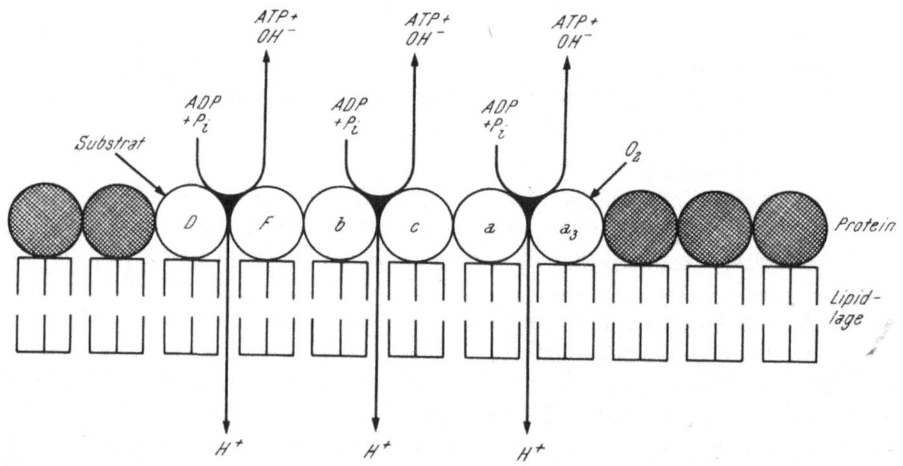


Abb. 23. Oxidative Phosphorylierung und Trennung von $H^+$ und $OH^-$ auf verschiedenen Seiten der Mitochondrienmembran. Aus LEHNINGER (1964). D, F, b, c, a, $a_3$ = Cytochrome, $P_i$ = anorganisches Phosphat.

selbst zu einem Transportprozeß werden. In solchen Fällen könnte man diese Enzyme auch als Träger, Translocasen oder dgl. bezeichnen (MITCHEL 1961 b). Die Reaktion muß dabei nicht nur am aktiven Zentrum, also in Bezug auf das Enzymmolekül, asymmetrisch verlaufen; die einzelnen Fermentmoleküle müssen darüber hinaus strukturell gebunden sein, damit nicht durch freie Bewegung der Enzymmoleküle statistisch eine nicht vektorielle Reaktion resultiert. Derartige Vorgänge spielen sich möglicherweise in der Mitochondrienmembran ab (MITCHELL 1961 a, 1962, R. N. ROBERTSON 1964 b), wo bei der oxidativen Phosphorylierung asymmetrisch ATP gebildet und $H^+$ und $OH^-$ getrennt werden (LEHNINGER 1964, s. S. 84, s. Abb. 23 und 36).

Die Hypothese von BRIERLEY und GREEN (1965) über den Transport einer energiereichen Bindung durch die innere Mitochondrienmembran deutet einen interessanten Sonderfall eines durch ein Enzym katalysierten Transportes an. Die Autoren fanden, daß Atractylosid die Bildung von ATP aus ADP und Orthophosphat durch intakte Mitochondrien, aber nicht durch Mitochondrienbruchstücke hemmt. Da die ATP-Bildung in der inneren Membran erfolgen soll, muß eine durch Atractylosid gehemmte Translocation hierbei eine entscheidende Rolle spielen. Es gibt verschiedene theoretische Möglichkeiten zur Erklärung dieses Phänomens. BRIERLEY und GREEN bevorzugen die Hypothese eines völlig abgeschlossenen Systems der oxidativen Phosphorylierung, das vor allem das Adeninnucleotid nicht mit seiner Umgebung austauschen kann. In der Membran wird ein Enzym, die „Mesomerase“ angenommen, das an der inneren und äußeren Oberfläche der Membran mit ADP und $PO_4^{---}$ (Pi) reagiert (Abb. 24). An der *Mesomerase* spielt sich folgende Reaktion ab:

$$\begin{matrix} ADP & & P \\ & E & \wr \\ P_i & & ADP \end{matrix} \rightleftharpoons \begin{matrix} ADP & & P_i \\ \wr & E & \\ P & & ADP \end{matrix}$$

mit deren Hilfe die im Inneren gebildete energiereiche Bindung durch die Membran nach außen und zur Verfügung extramitochondrialer Reaktionen gelangt.

Kürzlich fanden Pardee und Prestidge (1966) bei Salmonellen eine Komponente, die Sulfat zu binden vermag und offenbar am aktiven Transport von Sulfat beteiligt ist. *Das System des metabolischen Sulfattransportes* kann *bei Salmonella typhimurium* durch einen Repressor unterdrückt sein. Diese mutierten Salmonellen vermögen kein Sulfat mehr zu binden, eine Fähigkeit, die nach Derepression zurückerlangt wird. Zellfreie Extrakte der verschiedenen Mutanten verhalten sich in bezug auf das Binden des $SO_4^{--}$ entsprechend. Die Sulfatbindung ist reversibel. Der Sulfat-bindende Faktor konnte zunächst soweit gereinigt werden, daß er bei der Elektrophorese als einheitliche Bande lief. Die Anzahl der Bindeorte pro mg Protein und das Verhalten an Sephadex deuteten darauf hin, daß es sich um ein Protein vom Molekulargewicht 70.000 handelt, das schließlich (Pardee 1967) kristallisiert werden konnte. Es kann angenommen werden, daß der Vorgang der Bindung von $SO_4^{--}$ an dieses Protein einen Teilschritt beim aktiven Sulfattransport darstellt.

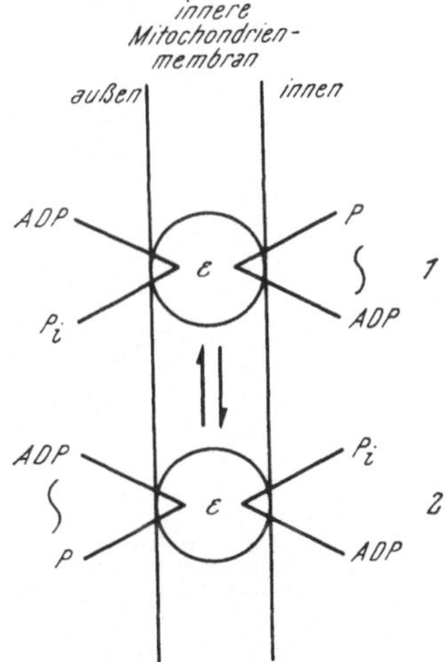


Abb. 24. Wirkung der Mesomerase (E) nach Brierley und Green (1965). $P_i$ = anorganisches Phosphat. ① Bildung der energiereichen Bindung auf der Innenseite der inneren Mitochondrienmembran durch oxidative Phosphorylierung, ② Transport der energiereichen Bindung nach außen durch Mesomerisierung am Enzym (*E*).

## 2. Lipide und Lipoproteine als Träger

Transportmodelle, bei denen Lipide die Rolle von Trägern spielen, wo aber gleichzeitig auf die Mitwirkung von Enzymen, also Proteinen, nicht verzichtet werden kann, wurden vor allem aufgrund von *Untersuchungen an tierischen Geweben* entwickelt. Es wurde oben bereits angedeutet, daß Herzglykoside und verwandte Substanzen die Membranstruktur und -permeabilität stark beeinflussen (cf. Lucy und Glauert 1964, Bangham et al. 1965 b). Schatzmann (1953) entdeckte die spezifische Hemmung des $Na^+$-Transportes aus den Erythrocyten heraus durch derartige Cardiaca. Die hohe Spezifität der Wirkung von Strophantin legte die Vermutung nahe, daß der Träger selbst ein Steroid sein könnte. Keller (1960) hat diese Hypothese an Hand eines Modells geprüft. Bei Zugabe einer Phosphatase auf einer Seite einer aus mit einem Glyceridgemisch getränktem Filtrierpapier bestehenden Barriere wird der Kationentransport (Kation = S in Abb. 25) durch im Glyceridgemisch gelöstes Cholesterin-3'-phosphat (TP in Abb. 25) solange unterhalten, bis der Vorrat an dieser Verbindung in der „Membran“ erschöpft ist. In lebenden Membranen könnte der Zyklus durch immer neue Phosphorylierung des Cholesterins unbegrenzt ablaufen (cf. NETTER 1961). Modellversuche über die Rolle von Kephalin als Träger wurden von ROSANO et al. (1961) durchgeführt.

HOKIN und HOKIN (1959) fanden, daß $^{32}P$ aus ATP besonders rasch in die Phosphatide des Gehirns eingebaut wird. JOSHIDA und NUKADA (1961) zeigten,

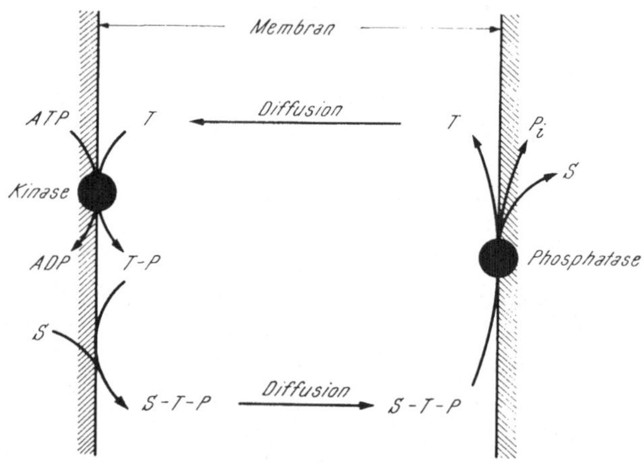


Abb. 25. Transportvermittlung durch lipidlösliche Träger. T = Träger (Cholesterol im Modell von KELLER 1960, Diglycerid bei HOKIN und HOKIN), T—P = phosphorylierter Träger (Cholesterol-3'-phosphat bei KELLER, Phosphatidsäure bei HOKIN und HOKIN), S = Substrat, S—T—P = Träger-Substrat-Komplex, $P_i$ = anorganisches Phosphat.

daß der Umsatz der Phosphatide in Hirngewebe mit der Ionenaufnahme korreliert ist. Die Zugabe von $K^+$-Ionen steigert den „Turnover“ des Phosphats der Phosphatide. Aus diesen und anderen Befunden ergibt sich die Möglichkeit, daß Phosphatide bei Transportprozessen in tierischem Gewebe eine Rolle als Träger spielen (HOKIN und HOKIN 1959, 1961, 1963).

Zu einem ähnlichen Schluß kommt NIKAIDO (1962) durch seine Untersuchungen der β-Galaktosid-Aufnahme durch *Escherichia coli*. Durch Beimischen von Isopropyl-β-D-thiogalaktosid zum Medium kann eine aktive β-Galaktosido-Permease induziert werden. Durch Zugabe von Methyl-β-D-thiogalaktosid wird nun der Einbau von anorganischem Phosphat in die Phospholipidfraktion erhöht.

Abb. 25 zeigt, wie man sich die Funktion eines lipiden Trägers nach HOKIN und HOKIN vorstellen kann. Das als Träger (T) dienende Phosphatidmolekül wird durch eine Kinase-Reaktion unter Verbrauch von ATP phosphoryliert (Diglycerid → Phosphatidsäure, TP in Abb. 25), verbindet sich mit dem Substrat (S), diffundiert als Trägersubstratkomplex (STP) in der Membran auf die andere Seite und wird dort durch eine Phosphatase gespalten, wobei S und anorganisches Phosphat ($P_i$) auf diese Seite der Membran gelangen, während T in den Zyklus zurückkehrt (HOKIN und HOKIN 1959, cf. NETTER 1961).

Die Energiebilanz eines solchen Mechanismus, bei dem das Phosphatid selbst als mobiler Träger dient, würde nach Hokin und Hokin (1963) einen maximalen Transport von 12 univalenten Kationen (z. B. $Na^+$) pro $O_2$-Molekül oder 2 univalenten Kationen pro ATP zulassen. Es ergaben sich aber Befunde, daß auch wesentlich mehr Kationen pro $O_2$- oder ATP-Molekül transportiert werden können. Neuerdings nehmen Hokin und Hokin (1963) deshalb nicht mehr die freie Beweglichkeit des lipiden Trägers in der Membran an. Nach ihren revidierten Vorstellungen ist die wirksame Einheit ein in der Membran fixiertes Lipoprotein mit der Phosphatidsäure als prosthetischer Gruppe. Die Reaktionen des Phosphatidsäurezyklus sollen dabei spezifische Konformationsänderungen an dem Lipoprotein hervorrufen, die es erlauben, daß bei jedem Durchlaufen des Phosphatidsäurezyklus 4—5 univalente Kationen transportiert werden. Konkret stellen sich dies Hokin und Hokin (1963) für einen gekoppelten $Na^+$-$K^+$-Transport folgendermaßen vor: Nimmt man als Ausgangspunkt auf der einen Membranseite ein Trägerlipoprotein mit einer Phosphatidsäure an, die durch die Phosphatasereaktion in das Diglycerid überführt wird, könnten dadurch bei einer Konformationsänderung zunächst spezifische $Na^+$-Bindeorte entstehen. Wenn diese Stellen von $Na^+$ eingenommen werden, soll eine zweite Konformationsänderung und dadurch bedingt eine Drehung um 180° (cf. Abb. 21*b*) erfolgen. Das $Na^+$ würde dabei also in gebundener Form auf die andere Seite transportiert werden. Die dort lokalisierte Diglyceridkinase soll dann das Diglycerid in die Phosphatidsäure überführen, eine damit zusammenhängende Konformationsänderung könnte die $Na^+$-Bindeorte zerstören und $Na^+$ würde frei werden. Gleichzeitig sollen spezifische $K^+$-Bindeorte entstehen, die sich nun mit $K^+$ füllen könnten, wobei eine erneute Konformationsänderung zu einer zweiten Drehung um 180° führen soll. Die Phosphatidsäurephosphatase könnte nun auf den Komplex einwirken und der Zyklus erneut durchlaufen werden. Konformationsänderungen sollen also auf zweierlei Weise zustande kommen: Erstens durch die Reaktionen des Phosphatidsäurezyklus. Diese Konformationsänderungen beeinflussen die Spezifität der Bindeorte. Zweitens durch das Binden der transportierbaren Substrate. Diese Konformationsänderungen resultieren jeweils in einer Drehung der spezifischen Bindeorte in der Membran um 180°. Hokin und Hokin (1963) weisen ausdrücklich darauf hin, daß sie ihr hypothetisches Modell lediglich am Beispiel des gekoppelten $Na^+$-$K^+$-Trägertransportes erläutern. Wenn man annimmt, daß die Phosphatidsäure als prosthetische Gruppe für verschiedene, beim Transport unterschiedlicher Substanzen spezifische Lipoproteine dient, könnte dieser Mechanismus von universeller Bedeutung sein. Das Modell von Hokin und Hokin (1963) hat, wie die Autoren selber sagen, natürlich rein spekulativen Charakter, erklärt aber zwanglos die Nutzung der ATP-Energie beim metabolischen Trägertransport. Die Hypothese gründet sich auf sorgfältige kinetische Studien der $^{32}P$-Inkorporation in Phosphatidsäure in Zusammenhang mit dem Salztransport bei Gewebe der Salzdrüsen von Vögeln und auf Untersuchungen der am Phosphatidsäurezyklus beteiligten Enzyme bei den Vogelsalzdrüsen und anderen $Na^+$ transportierenden Geweben.

Wie Nikaido (1962) arbeiteten Fox und Kennedy (1965) mit *Escherichia coli* und untersuchten den Transport von β-Galaktosiden. Nach ihrer Arbeitshypothese (Abb. 26) vermittelt eine Membrankomponente (M) sowohl die katalysierte Diffusion als auch den metabolischen Transport von β-Galaktosiden in die Zelle. Wenn im Innern eine aktive β-Galaktosidase vorhanden ist, kann eine beträchtliche β-Galaktosid-Aufnahme ohne Verbrauch von Stoffwechselenergie erfolgen, da der transportierte Stoff ständig aus dem Gleichgewicht entfernt wird (oberer Teil des

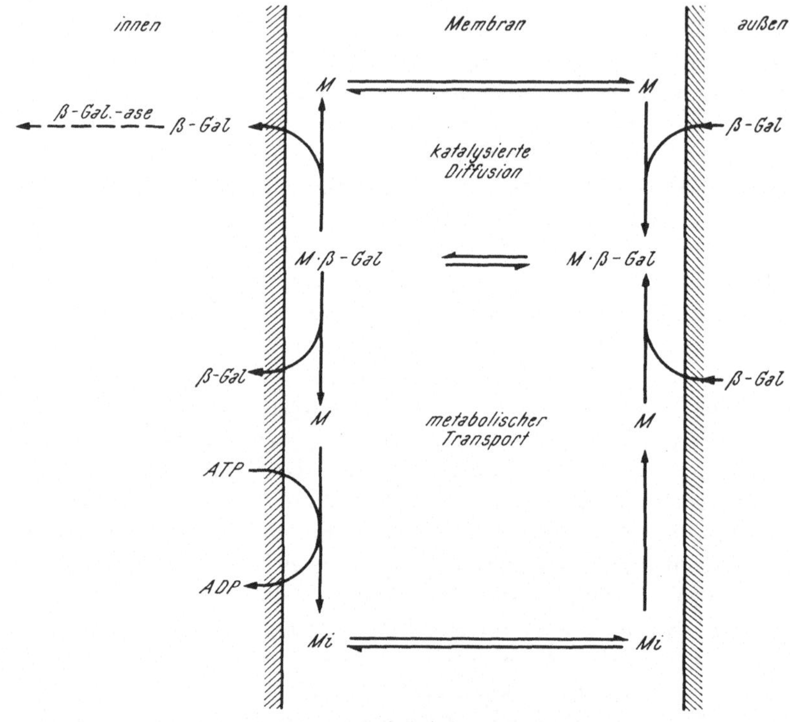


Abb. 26. Transport von β-Galactosiden in *Escherichia coli*-Zellen nach den Vorstellungen von FOX und KENNEDY (1965). Der Träger oder die Membrankomponente M vermittelt die katalysierte Diffusion oder bei Aufwendung von Stoffwechselenergie den metabolischen Transport von β-Galactosiden durch die Zellmembran. M = aktive, Mi = inaktive Form des Trägers.

Diagramms der Abb. 26). Bei der metabolischen β-Galaktosid-Aufnahme soll dagegen unter Aufwendung von energiereichen Phosphatverbindungen der Träger M auf der Innenseite der Membran in eine Form $M_i$ umgewandelt werden, die eine viel geringere Affinität für β-Galaktoside hat. Die inaktive Form des Trägers ($M_i$) soll an der Außenseite der Membran wieder in die aktive Modifikation (M) übergehen. Auf diese Weise würde der Stoffwechsel bewirken, daß die Trägeraffinität innen niedriger ist als außen; dadurch kann es im Inneren zur Substratakkumulation gegen einen Konzentrationsgradienten kommen. FOX und KENNEDY haben versucht, die Membrankomponente M zu isolieren und zu reinigen. Es handelt sich um einen Lipoprotein-Komplex, der hohe Affinität zu β-Galaktosiden hat und von β-Galaktosidase verschieden ist.

Auch *bei Pflanzen* wurden Phospholipide als Träger z. B. für den Ionentransport angenommen (BENNET-CLARK 1956). Die experimentelle Untermauerung der Hypothese von der Trägerfunktion der Lipide in tierischen Geweben beruht hauptsächlich auf Nachweisen des erhöhten Phosphatumsatzes der Phospholipide. Da der Träger in dem Transportzyklus immer von neuem phosphoryliert wird (Abb. 25), muß der „Turnover" bei verstärkter Inanspruchnahme des Systems erhöht sein. Entsprechende Untersuchungen, die WEIGL (1964 a) mit Maiswurzeln durchgeführt hat, haben jedoch ergeben, daß hier keine Korrelation zwischen dem Phosphatumsatz der von ihm geprüften Phosphatide und der KCl-Aufnahme besteht. Dies bedeutet, daß sich das Schema von HOKIN und HOKIN nicht ohne weiteres auf pflanzliches Gewebe übertragen läßt. Das gleiche gilt für die Ionenaufnahme durch *Escherichia coli*, wo LUBOCHINSKY et al. (1966) den Zusammenhang zwischen Phospholipidsynthese und $K^+$-Transport untersucht haben. Allerdings betonen HOKIN und HOKIN (1963), daß bei den Salzdrüsen der Vögel nur ein kleiner Teil der gesamten Phosphatide der Zellen am $Na^+$-Transport teilnehmen kann. Diese am Salztransport beteiligten Phosphatide mischen sich nicht mit den übrigen Phosphatiden. Wenn sie, wie HOKIN und HOKIN annehmen, in der Membran an Lipoproteinkomplexe fixiert sind, ist es sogar nicht einmal wahrscheinlich, daß sie sich untereinander mischen. Die Bestimmung des „Turnover" der beim Transport aktiven Phosphatidfraktion ist deshalb nicht unproblematisch.

Die chemische Natur der Träger ist heute nicht aufgeklärt, die experimentelle Basis der oben diskutierten Hypothesen ist mehr oder weniger mager. Möglicherweise kommen Annahmen, die der komplizierten Struktur der Membran selbst, also Lipoproteinkomplexen und den sich daran abspielenden stoffwechselabhängigen Veränderungen, die transportvermittelnde Wirkung zuschreiben, der Wirklichkeit am nächsten (cf. CHRISTENSEN 1961). Dies würde zumindest erklären, warum Träger bisher nicht isoliert werden konnten. Andererseits führen vielleicht Experimente vom Typ der von FOX und KENNEDY (1965) und KENNEDY et al. (1966) und von PARDEE und Mitarbeitern (s. S. 55 bzw. S. 53) beschriebenen Untersuchungen in Zukunft zu tieferen Erkenntnissen über die molekulare Basis des Trägertransportes.

### 3. Membranstrukturen und Transportphänomene

Alle Hypothesen, mit Ausnahme ganz weniger, nur von Einzelgängern vertretener Annahmen (TROSHIN 1959), stimmen darin überein, daß diese molekulare Basis nur von den Membranen gebildet werden kann. Nach der Diskussion der einzelnen Auffassungen im Zusammenhang der vorangegangenen Kapitel erscheint es abschließend sinnvoll, die verschiedenen Gedanken zusammenzufassen und mit den Vorstellungen über den Bau der Membranen in Zusammenhang zu bringen.

*Das Membranmodell von* DANIELLI *und* DAVSON *und die Elementarmembranhypothese von* J. D. ROBERTSON in ihrer ursprünglichen Form (Abb. 1 *a*—*c*) stehen in Einklang mit den Annahmen der „Lipidtheorie der Permeabilität" (S. 21). Ergänzt man dieses Membranmodell durch das Postulat mit Protein ausgekleideter, die Membran querender, wäßriger Poren, genügt es auch den Vorstellungen der „Ultrafiltertheorie" (S. 22) und der „Lipoid-Filtertheorie" (S. 24) der Permeation. Dabei handelt es sich um Vorgänge des physikalischen Membrantransportes. Eine Membranstruktur nach DANIELLI und DAVSON macht die Erklärung metabolischer oder „aktiver“ Membrantransporte unmöglich, falls man nicht eine metabolische Beeinflussung der Lipidlöslichkeit oder der Permeationsfähigkeit durch Poren annimmt. Ersteres ist z. B. bei der Dimerizer-Hypothese (S. 50) möglich, die aber bestenfalls für den Transport einer beschränkten Anzahl von Stoffen gültig sein kann, oder bei der Annahme von Lipiden als Trägern (S. 53 ff.). Auf die Grenzen der letzteren Theorie wurde oben hingewiesen. Eine metabolische Beeinflussung des Transportes durch Poren läßt sich beim GOLDACRE-Modell vorstellen (S. 48, Abb. 22). Da die Annahme des Vorkommens von Poren in den Membranen, wie sie in Abb. 22 dargestellt sind, nicht sehr viel für sich hat (S. 22 f.), kann die GOLDACRE-Hypothese nur in stark modifizierter Weise zur Erklärung des metabolischen Membrantransportes herangezogen werden.

Das DANIELLI-DAVSON-Modell entspricht also vielen für den Ablauf von Membrantransportprozessen nötigen Bedingungen nicht, was zusätzlich zu den oben besprochenen Befunden (s. S. 6 ff.) seine Modifikation oder Ersetzung nahelegt. Die Weiterentwicklung der „Porenhypothese“ führt von der Vorstellung des doppelten Lipidfilmes als einzig möglicher Konfiguration weg zur Annahme von Lipidmicellen, die sich je nach den Bedingungen mit dem Doppelfilm in der Membran abwechseln oder in ihn übergehen können (S. 10f., Abb. 1 *e*, 2 und 3). Durch solche Vorgänge wäre eine metabolische Kontrolle der Porenpermeabilität denkbar (S. 11). Die Grenzen der Hypothese der Permeabilität durch Poren wurden bereits angedeutet (S. 22 f.). Die hohe Spezifität des metabolischen Membrantransportes spricht besonders deutlich gegen sie.

*Eine Membranstruktur, bei der Proteine eine zentrale Rolle spielen* und nicht wie beim DANIELLI-DAVSON-Modell lediglich als oberflächliche Schichten auf beiden Seiten des Lipiddoppelfilms vorhanden sind, ist deshalb für den metabolischen Membrantransport geradezu eine Voraussetzung. Die Modelle der vektoriellen Enzym- und damit Transportreaktionen in Membranen (Abb. 23 und 36) geben spezifischen Proteinen eine große Bedeutung. Sie sind prinzipiell nach dem DANIELLI-DAVSON-Modell aufgebaut gezeichnet, lassen sich aber auch anders denken. Vermutlich haben ihre Autoren mehr an die schematische Darstellung der gerichteten Enzymreaktionen gedacht, als an die Konzeption eines für den Transport der Produkte dieser Reaktionen nach den verschiedenen Membranseiten möglichst plausiblen Membranmodells.

Die meisten Möglichkeiten für den metabolischen Transport der verschiedensten Substanzen bietet eine Membranstruktur, bei der Proteinbrücken von der einen auf die andere Seite bestehen. Die neueren Untersuchungen der Membranstruktur haben zur Forderung eines solchen Modells geführt (Abb. 1 *d*, 1 *e*, 5 *b*, 5 *c*). Es ist interessant, daß WEIGL (1967 a) ausschließlich aufgrund von Überlegungen zum Transportmechanismus zu einem Membranmodell kommt, das mit dem von MÜHLETHALER et al. (S. 13, Abb. 5 *b*) nach elektronenmikroskopischen Untersuchungen entworfenen nahezu identisch ist, wobei es für die Diskussion der Transportphänomene gleichgültig wäre, ob die MÜHLETHALERsche oder die BRANTONsche Variante (Abb. 5 *c*) zuträfe, und daß BENSON (S. 8) sein Membranmodell nicht nur aufgrund der Ergebnisse der Strukturforschung, sondern gleichzeitig nach den Notwendigkeiten des metabolischen Membrantransportes konzipiert. WALLACH und ZAHLER (1966) halten es für möglich, daß die hydrophoben, also die in $\alpha$-Helix-Form vorliegenden Proteine (s. S. 8f.), Stäbe („rods“) darstellen, die sich senkrecht durch die Membran von der einen zur anderen Oberfläche erstrecken. Diese hauptsächlich aus nicht-ionischen Aminosäuresequenzen bestehenden Proteinbrücken sollen aber ein polares Inneres haben, in dem der Transport von hydrophilen Substanzen durch die Membran erfolgen könnte. Die Steuerung eines solchen Transportes könnte durch eine metabolische Kontrolle der Konfiguration der beteiligten Proteine (Sekundär- und Tertiärstruktur!) und/oder durch eine reversible Aggregation von Untereinheiten (Quartärstruktur!) gewährleistet sein.

Diese letzteren Vorstellungen über die Membranstruktur ermöglichen Permease- oder Translocaseprozesse (Abb. 21 *c*), enzymatischen Reaktionen ähnliche Vorgänge des Transportes, u. a. auch durch vektorielle Enzymreaktionen. Sie machen gleichzeitig den hydrophilen („Poren“!) und den lipophilen Transport (Lipidlöslichkeit) möglich. „Kanäle“ für die passive Permeation und für den aktiven Transport stellen sich Brady und Trams (1964) als aus wenigen, hochspezifischen Proteinen aufgebaut vor, die durch die Membran hindurchtreten. Benson (1966) betont besonders den engen Kontakt zwischen Lipiden und Proteinen in dem von ihm vertretenen Membranmodell, dem eine Lipoproteidmicelle zugrunde liegt. Die geladenen Gruppen der Phospholipide und Sulfolipide könnten dadurch nach Benson z. B. Kationen mit einer durch die benachbarten Peptidketten bestimmten Spezifität binden. Die $UO_2^{++}$-Hemmung des Zuckertransportes (S. 51) erklärt sich dann durch Veränderung der Lipoproteidstruktur bei Bindung von $UO_2^{++}$ an Phosphatgruppen. Diese Vorstellungen lassen es offen, ob die Lipoproteidmicelle oder Teile davon rotierende Träger darstellen, bei denen z. B. ein aktiver Ort abwechselnd auf der einen und auf der anderen Seite der Membran liegen kann (S. 47), ob enzymatische Vorgänge am Protein beim Transport erforderlich sind oder ob beide Mechanismen zusammenwirken und ineinandergreifen.

Die Modelle, bei denen Proteine als am Aufbau des Kerns der Membran beteiligt angenommen werden, und die sich zwar in Details, nicht aber im Prinzip unterscheiden, lassen den weitesten Spielraum für verschiedene Möglichkeiten des Membrantransportes. Beim gegenwärtigen Stand der Diskussion und unserer Vorstellungen erscheint dies als wesentlicher Vorteil.

## Spezieller Teil

Im Anschluß an diesen allgemeinen Überblick über die Grundlagen und Begriffe des Kurzstreckentransportes sollen die sich bei Pflanzen abspielenden Prozesse im Speziellen diskutiert werden. Es sei zunächst versucht, ein Bild unserer Kenntnisse der an und in einer einzelnen Pflanzenzelle ablaufenden Transportvorgänge zu zeichnen, indem zahlreiche an verschiedenen Objekten gewonnene Erkenntnisse zusammengefaßt werden. Die Stoffverschiebungen in mehrzelligen Gebilden, also innerhalb von Geweben, Organen oder ganzen Pflanzen können nicht, wie das bei der (hypothetischen) Einzelzelle noch möglich ist, ausschließlich durch den Kurzstreckentransport bewältigt werden. Es werden uns hier also besonders die „Schaltstellen“ (Ziegler 1956) zu interessieren haben, an denen die meist passiven Ferndistanz-Stoffbewegungen mit metabolischen Kurzstreckentransporten gekoppelt sind.

# III. Vorgänge des Kurzstreckentransportes bei Pflanzenzellen

## a) Die Kinetik der Ionenaufnahme

Kinetische Untersuchungen der Ionenaufnahme durch Pflanzengewebe haben zu der Ansicht geführt, daß Träger eine bedeutende Rolle beim Ionentransport in die Pflanzenzelle spielen und schließlich zu klaren Vorstellungen über die Lokalisation einzelner Transportsysteme in der Zelle beigetragen.

Epstein und Hagen (1952) haben als erste bei Versuchen mit Gerstenwurzeln gefunden, daß zwischen der Geschwindigkeit der metabolischen Aufnahme univalenter Kationen und der Konzentration der Außenlösung eine Beziehung besteht, die mit der *Michaelis-Menten-Kinetik* formal übereinstimmt. Im gleichen Jahr berichtete Helder (1952), daß das Verhältnis zwischen der Phosphataufnahme durch Maiswurzeln und der äußeren Phosphatkonzentration durch eine Freundlich- oder Langmuir-Isotherme (Adsorptionsisotherme) charakterisiert ist, d. h. durch eine Kurve, die formal der Michaelis-Menten-Kinetik entspricht (vgl. S. 26). 1953 zeigte Epstein, daß die mit Alkaliionen erhaltenen Resultate auch für univalente Anionen gelten. Der Konzentrationsbereich, in dem diese kinetischen Untersuchungen durchgeführt wurden, lag zwischen 1 und 50 mM/l. 1954 fanden Epstein und Leggett in einem Konzentrationsbereich von 0,25 bis 1 mM/l die Michaelis-Menten-Kinetik für die Aufnahme von Erdalkaliionen und 1956 (Leggett und Epstein) auch für Sulfat erfüllt. Andere Autoren haben diese Befunde bestätigt. Higinbotham und Hanson (1955) arbeiteten in einem Konzentrationsbereich von 1—25 mM und untersuchten die $Rb^+$-Aufnahme durch Kartoffelgewebe. Hagen und Hopkins (1955) analysierten die Phosphataufnahme durch Gerstenwurzeln im Bereich von 0,001—0,1 mM/l, Kahn und Hanson (1957) die $K^+$-Aufnahme durch Sojabohnen-Wurzeln zwischen 0,4 und 2,0 mM/l.

Neben der Übereinstimmung der Ionenaufnahme mit der Michaelis-Menten-Kinetik, die für sich schon den Schluß auf einen Trägertransport nahelegte (s. S. 25 f.), wurde in vielen dieser Arbeiten eine *Konkurrenz verwandter Ionen um die Transportkapazität* der einzelnen Systeme gefunden, die als Kompetition der Ionen um die aktiven Orte an den Trägern gedeutet wurde. Epstein und Hagen (1952), Epstein und Leggett (1954) und Epstein (1961) fanden eine gegenseitige Beeinflussung verschiedener Kationen beim Transport. Auf die Zusammenhänge zwischen den $K^+$- und $Na^+$-Transportsystemen wurde oben (S. 18) schon hingewiesen. Diese Untersuchungen führten zu der Annahme der Beteiligung zweier verschiedener Transportsysteme bei der Aufnahme eines gegebenen Ions. Bei den Erdalkaliionen konkurrieren $Ca^{++}$, $Sr^{++}$ und $Ba^{++}$ um die aktiven Orte, während $Mg^{++}$ durch einen unabhängigen Träger aufgenommen werden soll. Entsprechend hemmen $Cl^-$ und $Br^-$ ihre Aufnahme gegenseitig, werden aber nicht durch $NO_3^-$ beeinflußt (Epstein 1953). Hagen und Hopkins (1955) wiesen nach, daß $HPO_4^{--}$ und $H_2PO_4^-$ durch voneinander unabhängige Systeme aufgenommen werden. Epstein (1956, 1960) faßte die Ergebnisse dieser älteren Untersuchungen zusammen und wies besonders daraufhin, daß die Konkurrenzerscheinungen und Ionenantagonismen, mit denen auch die Selektivität der Ionenaufnahme erklärt werden kann, neben der eigentlichen Kinetik als eine große Stütze für die Annahme von Trägern beim Ionentransport angesehen werden sollten. Er hat dies vor kurzem erneut betont; die Träger für die $K^+$- und $Na^+$-Aufnahme sollen identisch sein, und die Selektivität soll durch Affinitätsunterschiede an den einzelnen Trägerorten zustande kommen (RAINS und EPSTEIN 1967 a, 1967 b).

BANGE et al. (1965) sind dagegen der Meinung, daß die von ihnen untersuchten Wechselwirkungen zwischen $NH_4^+$-, $Na^+$- und $K^+$-Ionen bei der Aufnahme durch Gerstenwurzeln nicht mit der Hypothese der „Ionen-Kompetition" um bestimmte Trägerorte in Einklang zu bringen seien. Die gefundenen kinetischen Resultate widersprächen aber einer von BANGE (1962) formulierten Theorie der „Träger-Kompetition" nicht. Danach konkurrieren verschiedene Träger-Ionen-Komplexe bei einer gemeinsamen enzymatischen Reaktion, welche die Verbindung von Träger und Substrat wieder trennt. Die verschiedenen Träger werden als untereinander „chemisch verwandte" Stoffe angesehen.

Auch KYLIN (1966) wendet ein, daß manche Ionenantagonismen nicht durch eine einfache Konkurrenz an einem einzelnen Trägerort erklärt werden könnten. Bei *Scenedesmus* glaubt er eine $Na^+$-Abgabe-Pumpe gefunden zu haben (KYLIN 1964 b, 1966), die $Na^+$ selektiv nach außen bringt. Im Gegenstrom können $K^+$ oder $Rb^+$ in die Zelle aufgenommen werden. Diese beiden Ionen können mit $Na^+$ am aktiven Ort der Abgabe-Pumpe nur konkurrieren, wenn sie im Innern der Zellen in sehr hohen Konzentrationen vorliegen. Eine Zugabe von $PO_4^{---}$ zum Milieu an Phosphat verarmter Zellen steigert die Wirksamkeit dieses Mechanismus, während er nicht $O_2$-abhängig ist. Dies deutet nach KYLIN daraufhin, daß $PO_4^{---}$ die ATP-Bildung in den verarmten Zellen fördert, wobei es gleichgültig ist, ob dies auf aerobem oder anaerobem Wege geschieht. Durch Wirkung einer Membran-ATPase könnte die ATP-Energie für die Pumpwirkung ausgenützt werden. Bei tierischen Geweben fand man, daß solche ATPasen durch Alkaliionen aktiviert werden, und zwar im Innern der Zellen vorzugsweise durch $Na^+$ und an der Außenseite durch $K^+$ oder $Rb^+$. Auf diese Weise ist die Erklärung einer aktiven Aufnahme von $K^+$ oder $Rb^+$ und einer aktiven Abgabe von $Na^+$ durch eine Pumpe möglich. Metabolische $K^+$- und $Na^+$-Abgabepumpen werden auch von DODD et al. (1966) und PITMAN und SADDLER (1967) diskutiert. Nach HIGINBOTHAM et al. (1967) steht bei Bohnen- und Haferpflänzchen einer passiven Kationenaufnahme eine aktive Abgabe gegenüber. Die K—Na-Selektivität kann nach PITMAN und SADDLER nicht dadurch erklärt werden, daß weniger $Na^+$ durch die Zellmembran in die Zelle gelangen kann als $K^+$. $Na^+$ wird tatsächlich in beträchtlichem Ausmaß durch das Plasmalemma von Gerstenwurzelzellen aufgenommen. PITMAN und SADDLER fanden bei einem K:Na-Verhältnis in der Außenlösung von 0,33 im Cytoplasma einen Quotienten von 11 und in der Vacuole von 2,3. Der $K^+$- und der $Na^+$-Flux am Plasmalemma waren gleich groß, während der $K^+$-Flux am Tonoplasten 25mal so groß wie der $Na^+$-Flux war. Der nach den Vermutungen dieser Autoren durch eine $Na^+$-Auswärtspumpe zustande gekommene niedrige $Na^+$-Gehalt des Cytoplasmas soll für den geringen $Na^+$-Flux am Tonoplasten verantwortlich sein.

FRIED und NOGGLE (1958) waren die ersten, die die Ionenaufnahme über einen ausgedehnten Konzentrationsbereich von mehreren Größenordnungen hinweg ($10^{-6}$ bis $10^{-2}$ M) untersucht haben. Sie fanden dabei zwei Sättigungsphänomene zeigende Prozesse und schlossen daraus, daß bei der $K^+$-Aufnahme durch Gerstenwurzeln zwei verschiedene aktive Trägerorte eine Rolle spielen müssen, wobei der eine Trägerort bei niedrigen und der andere bei hohen Konzentrationen geschwindigkeitsbestimmend ist.

EPSTEIN und Mitarbeiter haben diese *doppelte Kinetik der Ionenaufnahme* sorgfältig erforscht. EPSTEIN et al. (1963) bestätigten zunächst den Befund von FRIED und NOGGLE (1958) und bestimmten die Michaelis-Konstanten der $K^+$-Aufnahme durch Gerstenwurzeln im niedrigen und hohen Konzentrationsbereich. Diese Autoren sind der Meinung, daß die beiden Transportvorgänge in folgender Weise zusammenhängen:

$$v = v_1 + v_2 = \frac{V_{max\,1}\,[S]}{K_{M\,1} + [S]} + \frac{V_{max\,2}\,[S]}{K_{M\,2} + [S]}. \tag{4}$$

Die Michaelis-Konstante für den zweiten, bei hohen Konzentrationen geschwindigkeitsbestimmenden Schritt müßte demnach ermittelt werden, indem die in diesem

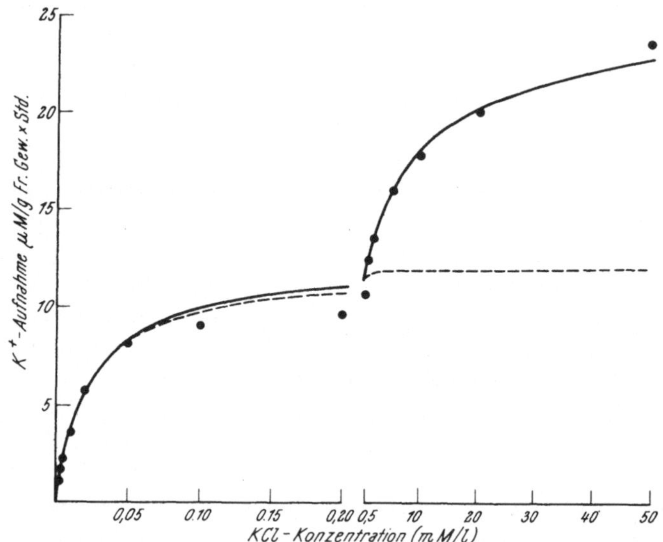


Abb. 27. Geschwindigkeit der $K^+$-Aufnahme durch Gerstenwurzeln in Abhängigkeit von der KCl-Konzentration der Außenlösung. Die Kreise geben die Meßpunkte wieder. ——— = der Gl. (4) entsprechende Kurve, wobei $K_{m\,1} = 0{,}021$ mM, $V_{max\,1} = 11{,}9$ μM/g × Std., $K_{m\,2} = 11{,}4$ mM, $V_{max\,2} = 13{,}2$ μM/g × Std. ----- = dem ersten Teil ($v_1$) von Gl. (4) entsprechende Kurve. Aus EPSTEIN et al. (1963).

Konzentrationsbereich durch das erste System bedingten Absorptionsraten ($v_1$), die durch Extrapolation des ersten Teils der Kurve bestimmt oder aus $K_{M\,1}$ und $V_{max\,1}$ errechnet werden können, von den experimentell ermittelten Aufnahmeraten abgezogen werden (Abb. 27, s. auch die kinetische Behandlung der $K^+$- und $Na^+$-Aufnahme durch EPSTEIN und RAINS 1965). Dies widerspricht zwar der Tatsache, daß auch bei den früheren, allein im hohen Konzentrationsbereich durchgeführten Untersuchungen die Michaelis-Mentensche Beziehung erfüllt war, was EPSTEIN aber heute dadurch erklärt, daß die Messungen damals noch mit zu großen Fehlern behaftet waren.

Es ergibt sich, daß der im niedrigen Konzentrationsbereich geschwindigkeitsbestimmende Mechanismus (im Folgenden auch „System 1“) eine hohe Affinität zu $K^+$ hat ($K_M = 0.018$ mM) und hier keine oder nur eine geringe Hemmung durch $Na^+$ zu beobachten ist, während der bei hohen Konzentrationen geschwindigkeitsbestimmende Mechanismus („System 2“) geringere Affinität zu $K^+$ hat ($K_M = 16$ mM) und dabei eine deutliche kompetitive Hemmung durch $Na^+$ vorliegt (s. auch RAINS und EPSTEIN 1967 a, 1967 b). System 2, aber nicht System 1, wird gehemmt, wenn die $K^+$-Aufnahme aus $K_2SO_4$- anstelle von KCl-Lösungen erfolgt.

Verallgemeinernd kann gesagt werden, daß ein spezifisches Substration durch zwei verschiedene Mechanismen transportiert werden kann, die unterschiedliche Affinität für die Substrationen und andere interferierende Ionen haben.

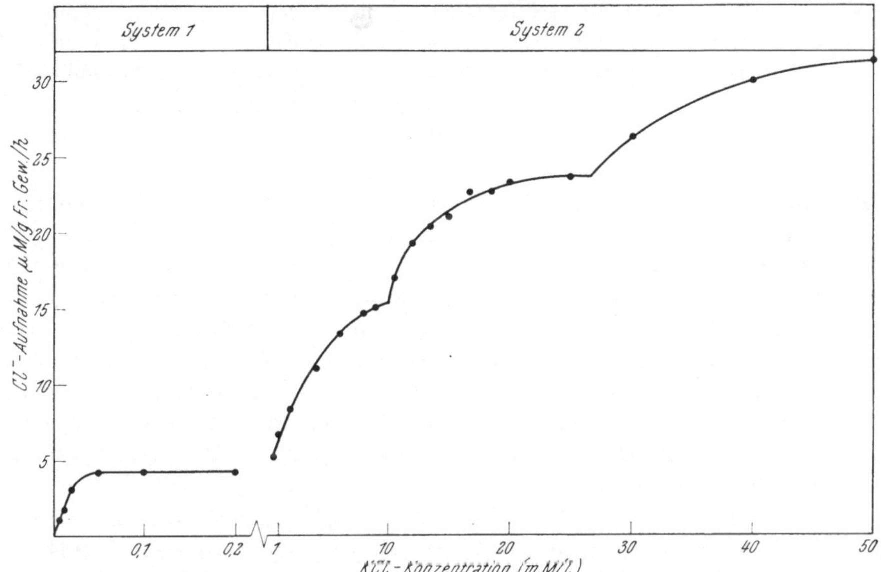


Abb. 28. Geschwindigkeit der $Cl^-$-Aufnahme durch Gerstenwurzeln in Abhängigkeit von der KCl-Konzentration der Außenlösung. Aus ELZAM et al. (1964).

In einer folgenden Arbeit zeigten die gleichen Autoren (ELZAM et al. 1964), daß dies auch für die metabolische $Cl^-$-Aufnahme gilt. System 1 ($K_M = 0{,}014$ mM) ist selektiv. $SO_4^{--}$ stört den $Cl^-$-Transport durch System 1 nicht, auch wenn es in Mengen vorhanden ist, die die $Cl^-$-Konzentration um einige Größenordnungen übertreffen. System 2 erweist sich hier als inhomogen. Es zerfällt in mehrere Abschnitte, die sich in ihrer Affinität zu $Cl^-$ unterscheiden (Abb. 28). Allerdings sind die Permeabilitätsunterschiede innerhalb dieses Konzentrationsbereiches viel geringer als zwischen System 1 und System 2 als ganzem. Auch BÖSZÖRMENYI und CSEH (1964) unterscheiden in verschiedenen Bereichen operierende Mechanismen der Halogenidaufnahme. EPSTEIN und RAINS (1965) konnten das Zerfallen von System 2 in mehrere Einzelvorgänge auch für die $K^+$- und $Na^+$-Aufnahme durch Gerstenwurzeln demonstrieren.

Nach EPSTEIN deutet dies auf das Vorliegen eines ganzen Spektrums von aktiven Trägerorten für den Transport eines bestimmten Ions hin (s. auch RAINS und EPSTEIN 1967 b), die alle einem System, nämlich dem Trägersystem 2 angehören. Dies soll unter anderem dadurch belegt werden, daß im Bereich von System 2 des Alkaliionenträgers die Geschwindigkeit der Aufnahme eines Ions bei vorgegebener Konzentration dieses Ions (50 mM $K^+$ oder $Na^+$) durch steigende Konzentration eines konkurrierenden Ions (0—50 mM $Na^+$ oder $K^+$) stufenweise erniedrigt wird, wobei die Stufen der Kurven den einzelnen Teilen der Aufnahmeisothermen genau entsprechen. RAINS und EPSTEIN (1967 b) folgern daraus, daß das zunächst mit einer Konzentration von 50 mM vorgegebene Kation durch das andere, konkurrierende Kation mit steigender Konzentration schrittweise von den einzelnen Trägerorten verdrängt wird und so die Verlangsamung seiner Aufnahmegeschwindigkeit erklärt werden muß. Es ist allerdings möglich, daß die Verhältnisse weniger einfach sind. WEIGL fand bei *Elodea* (WEIGL 1967 b) und bei Maiswurzeln (WEIGL, unveröffentlicht) mit steigender Konzentration eines Ions in der Außenlösung einen schrittweise erhöhten Efflux desselben Ions in die Außenlösung. Diese Resultate wurden allerdings zunächst nur für Anionen erhalten; sie zeigen eine hohe Spezifität in bezug auf das Anion in der Außenlösung; es ist offen, ob und mit welcher Spezifität sie sich auch für Kationen ergeben würden.

Für eine Unterscheidung von System 1 und System 2 trotz der Inhomogenität des zweiten Mechanismus werden von EPSTEIN drei Gründe angeführt: (1) Die Michaeliskonstanten, die für alle einzelnen Teile von System 2 mehrere mM/l betragen, für System 1 aber wesentlich niedriger, nämlich etwa bei 0,02 mM, liegen; (2) die Affinität der $K^+$-Transportmechanismen für $Na^+$, die im niedrigen Konzentrationsbereich sehr gering, bei allen einzelnen Teilen von System 2 aber beträchtlich ist; (3) die Beeinflussung der $K^+$-Aufnahme durch das Gegenion. System 1 ist gegenüber dem Anion ($Cl^-$ oder $SO_4^{--}$) indifferent, während über den ganzen Bereich von System 2 $SO_4^{--}$ als weniger günstiges Gegenion bei der $K^+$-Aufnahme erscheint als $Cl^-$.

EPSTEIN (1966) ist der Ansicht, daß die doppelte Kinetik bei der Ionenaufnahme durch Pflanzenzellen universell verbreitet sei. Ausnahmen stellen Gewebe dar, die durch Präparation und Isolation aus einem bestimmten Zellverband herausgerissen und deren Zellen dadurch beim Einbringen in eine Ionenlösung einer völlig neuen Umgebung ausgesetzt werden. Solche Gewebe bilden die doppelte Kinetik der Ionenaufnahme meist erst nach einer bestimmten Anpassungs- oder Alterungsperiode aus (s. S. 76 ff.). Untersuchungen an jungen Moossprossen ergaben kürzlich, daß auch hier im Konzentrationsbereich von System 2 keine hyperbolische Isotherme beobachtet werden kann (LÜTTGE und BAUER, unveröffentlicht). Andererseits konnten die mit Gerstenwurzeln erhaltenen Resultate für viele andere Gewebe bestätigt werden (EPSTEIN 1966): Für die Blätter von Mangrovepflanzen (EPSTEIN, mündliche Mitteilung) und für andere grüne Organismen und Gewebe, z. B. *Ankistrodesmus* (SIMONIS et al. 1962) und *Elodea* (JESCHKE und SIMONIS 1965, WEIGL 1967 b), für das Gewebe roter Rüben (OSMOND und LATIES 1968) und andere (zitiert bei TORII und LATIES 1966 a). Auffallend ist ferner, daß die Unterscheidung von System 1 und System 2 und die kinetische Untergliederung von System 2 in ein ganzes Spektrum von Kurven nicht nur bei den verschiedensten Geweben gefunden wird, sondern auch für verschiedene Ionen sehr ähnlich ist, und daß die kritischen Konzentrationen in vielen Fällen unmittelbar vergleichbar sind.

Bei der metabolischen Aufnahme von Cholinsulfat durch Gerstenwurzeln fanden NISSEN und BENSON (1964) ebenfalls entsprechende Verhältnisse. Der bei niedrigen Konzentrationen geschwindigkeitsbestimmende Mechanismus ist aktiv, während der zweite Prozeß bei den Versuchen dieser Autoren nicht allen Kriterien des aktiven Transportes gehorcht. Wenn $N_2$ durch die Versuchslösungen geleitet wurde, war der bei niedrigen Konzentrationen wirkende Mechanismus um 90%, der bei hohen Konzentrationen beobachtete nur um 50% gehemmt. Zu einer ähnlichen Folgerung über den bei höheren Konzentrationen wirksamen Transportprozeß kommen JESCHKE und SIMONIS (1965) bei der Untersuchung der $PO_4^{---}$- und $SO_4^{--}$-Aufnahme durch *Elodea*-Blätter. Auch NISSEN und BENSON sind der Meinung, daß doppelte Transportmechanismen zumindest bei Wurzeln ein weit verbreitetes Phänomen sind. Aufgrund von Inhibitorversuchen nehmen sie an, daß der Träger für Cholinsulfat zwei Wirkungsgruppen hat, eine anionische, die den quaternären Stickstoff und eine kationische, welche die Sulfatgruppe des Cholinsulfates bindet.

*Gegen die Untersuchung von Transportprozessen mit Hilfe der Michaelis-Menten-Kinetik wurden Einwände erhoben,* die sich einerseits auf die Interpretation der Kurven beziehen, andererseits der Versuchstechnik, durch die die Isothermen erhalten werden, gelten. Auf letzteres wird weiter unten näher eingegangen (S. 68 und S. 76 ff.). Die aus formalen Gründen vorgebrachten Bedenken von ULRICH und OBERLÄNDER (1964) richten sich vermutlich hauptsächlich gegen Untersuchungen von HAGEN und HOPKINS (1955), wo durch sehr kurze Versuchszeiten (wenige Minuten) die Menge der zunächst hypothetischen Träger-Ion-Verbindung bestimmt werden sollte. Die Michaelis-Konstante ist natürlich nicht identisch mit dem reziproken Wert der Affinitätskonstante (Affinität Träger—Substrat); dies wäre $\frac{k_1}{k_2}$. Da die Michaelis-Konstante vielmehr eine „steady state"-Konstante des dynamischen Gleichgewichtes mehrerer Reaktionen darstellt:

$$K_m = \frac{k_2 + k_3}{k_1} \tag{5}$$

(cf. NETTER 1959, s. Abb. 9), kann die Michaelis-Menten-Kinetik wohl auf die Ionenakkumulation im „steady-state" angewandt werden. Eine Kritik an den zum Teil weitgehenden Schlußfolgerungen von EPSTEIN ist allerdings insofern angebracht, als die geschilderten kinetischen Untersuchungen den Rückschluß auf distinkte Trägermoleküle von enzymähnlicher Struktur und Wirkungsweise nur in rein formaler Art zulassen und keine Aussage über die Natur der Träger machen.

Nach BRIGGS (1963) ist nur der gegen einen Konzentrationsgradienten erfolgende Anionentransport in die Vacuole ein aktiver Prozeß. Die Wirkung dieser Anionenpumpe hat die Ausbildung eines elektrischen Potentials zur Folge, entlang dem eine passive Kationen-Diffusion erfolgt. BRIGGS zeigt, daß die $K^+$-Aufnahme mit steigender $K^+$-Konzentration in der Außenlösung einem Grenzwert zustrebt, und daß die Michaelis-Menten-Gleichung für diesen Prozeß erfüllt ist. Er ist deshalb der Ansicht, daß aus kinetischen Studien nicht ohne weiteres auf die unmittelbare Beteiligung eines Trägers geschlossen werden darf.

Es ist sicher richtig, daß sich die Trägerhypothese durch die kinetischen Befunde allein nicht untermauern läßt. Deshalb sollen hier vorzugsweise die allgemeinen Bezeichnungen „Mechanismus 1 und 2" oder „System 1 und 2" gebraucht werden. Die folgenden Abschnitte (das nächste Kapitel, sowie S. 76 ff. und S. 100 ff.) werden zeigen, daß Isothermen trotz dieser Einwände sehr weitgehende Aussagen über verschiedene Transportvorgänge und sogar über den physiologischen Zustand einzelner Membranen erlauben.

## b) Die TORII-LATIES-Hypothese

TORII und LATIES (1966 a) warfen die Frage nach der *Lokalisation der beiden Transportsysteme* auf. Beide Mechanismen könnten parallel miteinander an derselben Membran arbeiten, sie könnten aber auch hintereinandergeschaltet sein und den Transport durch das Plasmalemma bzw. den Tonoplasten vermitteln. Die mathematische Behandlung der Meßergebnisse kinetischer Experimente durch EPSTEIN und Mitarbeiter geht von einer Parallelschaltung beider Vorgänge aus, da bei der Bestimmung des Beitrages von System 2 zur gesamten Ionenaufnahme eine Korrektur für den Beitrag von System 1 gemacht wird [s. S. 62, Formel (4)]. Wenn System 1 und System 2 am Plasmalemma und am Tonoplasten in Serie geschaltet sind, kann logischerweise nur der Mechanismus mit der hohen Affinität, also System 1, am Plasmalemma lokalisiert sein, da man sonst nicht beide Mechanismen getrennt beobachten würde, denn man erfaßt nur den geschwindigkeitsbestimmenden Vorgang. Deshalb muß dann der Einstrom der Ionen in das Cytoplasma im Bereich hoher Konzentration durch irgendeinen passiven Mechanismus (Diffusion) so rasch sein, daß er nicht mehr geschwindigkeitsbestimmend ist, über der Maximalgeschwindigkeit von System 1 liegt, so daß die gesamte Absorption in diesem Bereich durch System 2, und damit durch die Bewegung der Ionen vom Cytoplasma in die Vacuole bestimmt wird. Bei diesem Modell, wo bei Konzentrationen, die sehr viel größer sind als die Sättigungskonzentration von System 1, das Cytoplasma im Vergleich zur Vacuole sehr rasch gefüllt wird, spiegeln die in diesem Bereich für die Ionenaufnahme erhaltenen Werte allein den Transport durch den Tonoplasten und somit direkt System 2 wieder. Sie brauchen und dürfen nicht um einen Beitrag von System 1 korrigiert werden. Die älteren Ergebnisse, nach denen auch im hohen Konzentrationsbereich ohne Korrektur die Michaelis-Menten-Kinetik erfüllt zu sein schien, würden durch dieses Modell ihre Bestätigung finden.

TORII und LATIES haben ihre Hypothese geprüft durch den Vergleich der Kinetik der Ionenaufnahme durch vacuolisiertes, ausdifferenziertes Gewebe von Maiswurzeln und durch Wurzelspitzen (die apikalen 2 mm der Wurzeln), die nur geringfügig vacuolisiert sind. Bei einer Hintereinanderschaltung von System 1 und System 2 an Plasmalemma und Tonoplast dürfte die Ionenaufnahme durch die Wurzelspitzen nur der Kinetik von System 1 folgen, während das vacuolisierte Gewebe die doppelte Kinetik zeigen müßte.

Die Befunde stimmen mit den theoretischen Erwartungen weitgehend überein. Die $K^+$-, $Na^+$- und $Cl^-$-Aufnahme durch Wurzelspitzen ergibt ebenso wie die Ionenaufnahme durch proximales, vacuolisiertes Gewebe im niedrigen Konzentrationsbereich (0,02 bis 0,5 mM/l) eine hyperbolische Funktion, bei der Darstellung nach LINEWEAVER-BURK eine Gerade. Im hohen Konzentrationsbereich (1—50 mM/l) zeigt das proximale Gewebe die oben besprochene Kinetik (cf. Abb. 28), während die Ionenaufnahme durch Wurzelspitzen in diesem Bereich mit wachsender Außenkonzentration linear oder exponentiell ansteigt (Abb. 29). Dies deutet nach einer Interpretation dieser Kurven, die auch Isothermen (bei konstanter Temperatur mit der Konzentration als einziger Variabler ermittelt) genannt werden, durch LATIES et al. (1964, s. auch S. 25) auf einen nicht-metabolischen Diffusionsprozeß hin. Das passive Eindringen der Ionen durch das Plasmalemma in das Cytoplasma beruht vermutlich auf einer wachsenden Unterdrückung des negativen Membranpotentials mit erhöhter Außenkonzentration.

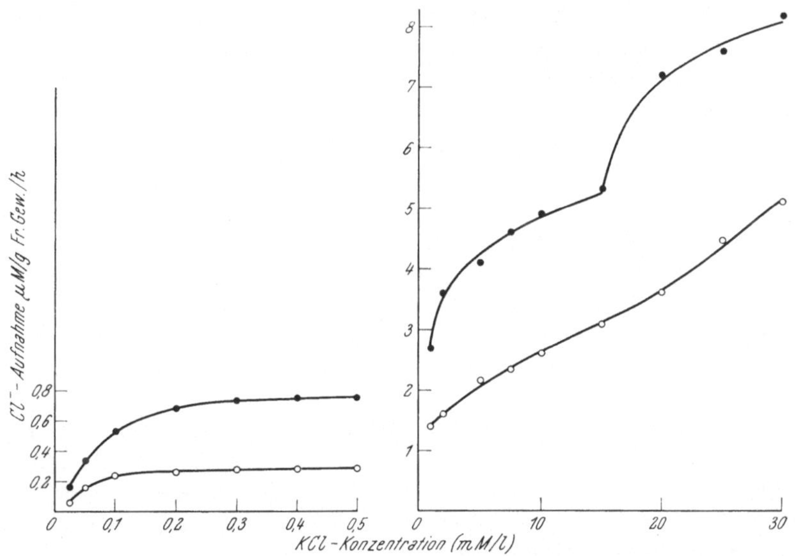


Abb. 29. Geschwindigkeit der $Cl^-$-Aufnahme durch vacuolisiertes (●) und nicht-vacuolisiertes Gewebe (○) von Maiswurzeln in Abhängigkeit von der KCl-Konzentration der Außenlösung. Nach TORII und LATIES (1966 a).

$Br^-$ hemmt die $Cl^-$-Aufnahme durch ausdifferenziertes Gewebe in beiden Konzentrationsbereichen, bei Wurzelspitzen aber nur im Bereich von System 1 spezifisch und kompetitiv. Die $Cl^-$-Aufnahme durch Wurzelspitzen im Bereich hoher Konzentration wird durch $Br^-$ unspezifisch gehemmt, was ebenfalls darauf hindeutet, daß wir es hier mit einem passiven Transport zu tun haben.

Die $Cl^-$-Aufnahme durch System 1 wird durch das Gegenion nur geringfügig beeinflußt, während durch System 2 mehr $Cl^-$ aus KCl- als aus $CaCl_2$-Lösungen aufgenommen wird. Die $Cl^-$-Aufnahmeisothermen durch Wurzelspitzen im hohen Konzentrationsbereich unterscheiden sich bei verschiedenem Gegenion ($K^+$ oder $Ca^{++}$) in genau der Weise, wie es bei einer Querung des Plasmalemmas durch Diffusion nach den Ergebnissen von LATIES et al. (1964) vorherzusagen wäre. Die $K^+$-Aufnahme durch System 1 zeigt keine Abhängigkeit vom Gegenion, bei System 2 erweist sich $Cl^-$ jedoch als günstigeres Anion als $SO_4^{--}$, ein Befund, der mit den Ergebnissen von ELZAM et al. (1964) übereinstimmt.

In Zusammenhang mit dem passiven Eindringen der Ionen in das Cytoplasma im hohen Konzentrationsbereich ist der den Resultaten von NISSEN und BENSON

(s. S. 65) entsprechende Befund von HODGES und VAADIA (1964 c) interessant, daß Anoxibiose bei höheren Außenkonzentrationen eine geringere Wirkung hat als im Konzentrationsbereich von System 1. Der von ihnen im Vergleich mit System 1 im Bereich von System 2 gefundene Effekt interferierender Ionen widerspricht den Ergebnissen aus dem EPSTEINschen und dem LATIESschen Laboratorium. HODGES und VAADIA vermuten, daß sich bei höheren Außenkonzentrationen eine zusätzliche Diffusionskomponente und nicht ein besonderer Trägermechanismus auswirkt, weil die Diffusion unter diesen Bedingungen durch den Potentialgradienten begünstigt wird. Dennoch fanden diese Autoren auch im hohen Konzentrationsbereich noch einen Widerstand gegen die Diffusion in das Wurzelgewebe. Die Hypothese von TORII und LATIES kann diese Ergebnisse dadurch erklären, daß im Bereich hoher Konzentration am Plasmalemma ein passiver und am Tonoplasten ein metabolischer Transport abläuft, wobei letzterer geschwindigkeitsbestimmend ist und eine geringere Affinität hat als der bei niedrigen Konzentrationen herrschende Mechanismus.

Diese Ergebnisse beruhen auf dem Vergleich sehr verschiedener Gewebe. Wurzelspitzen und ausdifferenziertes Wurzelgewebe unterscheiden sich mit Sicherheit durch mehr als den Grad der Vacuolisierung (cf. auch TORII und LATIES 1966 a). OSMOND und LATIES (1968) haben aber mit homogenerem Material, isolierten Gewebescheiben aus roten Rüben, eine Bestätigung für die Lokalisation von System 1 und System 2 am Plasmalemma bzw. am Tonoplasten erhalten. Dieses Gewebe zeigt, wenn es nach dem Isolieren durch Waschen in $CaSO_4$-Lösung „gealtert" wurde, die charakteristische doppelte Kinetik der Ionenaufnahme.

Untersucht man die Ionenaufnahme im Konzentrationsbereich von System 1 über längere Zeit hinweg, so ergibt sich eine Zweiphasigkeit. Die Anfangsgeschwindigkeit der Ionenaufnahme unterscheidet sich von einem später erreichten „steady-state"-Wert. Die Ionenaufnahme im Konzentrationsbereich von System 2 verläuft dagegen linear mit der Zeit.

Bei Untersuchung der Konzentrationsabhängigkeit der Anfangsgeschwindigkeit und der „steady-state"-Geschwindigkeit der $K^+$-Aufnahme im Bereich niedriger Konzentration erhält man nur für die erstere eine typische hyperbolische Isotherme. Die letztere ist mehr oder weniger konzentrationsunabhängig.

Die hier und oben (S. 60 ff.) diskutierten Isothermen werden in den meisten Fällen durch Bestimmung der Isotopenaufnahme ermittelt. Die Radioaktivität der Gewebe nach der Ionenaufnahme aus einer radioaktiv markierten Lösung wird nach dem Auswaschen und Austauschen der im freien Raum enthaltenen Aktivität gemessen. Mit Hilfe der bekannten spezifischen Aktivität der Außenlösung wird die Ionenaufnahme errechnet. Die Versuche von OSMOND und LATIES zeigen, daß dabei also die Anfangsgeschwindigkeit der Ionenaufnahme bestimmt und diskutiert wird. Im Laufe der Aufnahme des Isotops in der ersten Phase der Zeitkurve stellt sich eine „steady-state"-Isotopenkonzentration oder spezifische Aktivität im Cytoplasma ein. Die Aufnahme zusätzlichen radioaktiven Isotops durch das Gewebe hängt dann vom Übertritt in die Vacuole ab und ist im niedrigen Konzentrationsbereich unabhängig von der Außenkonzentration. An der Anfangsphase beteiligen sich die Ionen im Cytoplasma, und die Anfangsgeschwindigkeit spiegelt den Transport der Ionen in oder durch das Cytoplasma wider.

Dies kann aber nur gelten, wenn der Transport in das Cytoplasma geschwindigkeitsbestimmend ist. Die Zweiphasigkeit des zeitlichen Verlaufs der Ionenaufnahme läßt sich nur im Bereich niedriger Konzentrationen finden. Das bedeutet, daß der Transport in das Cytoplasma durch eine dieses Kompartiment begrenzende Membran, das Plasmalemma, kontrolliert wird. Der lineare Verlauf der Ionenaufnahme mit der Zeit, also das Fehlen der Zweiphasigkeit im Bereich hoher Konzentrationen deutet dagegen darauf hin, daß der „steady-state" im Cytoplasma sich sehr rasch durch Diffusion einstellt und der Transport in die Vacuole geschwindigkeitsbestimmend ist. Insofern stehen die Messungen von OSMOND und LATIES (1968) in Einklang mit der Annahme der Lokalisation von System 1 und System 2 an Plasmalemma und Tonoplast.

Dies wird weiterhin bestätigt durch den Befund, daß die Aufnahme aus markierten Lösungen bei niedriger Konzentration durch mehrstündiges Vorbehandeln des Gewebes mit inaktiver Salzlösung gleicher Konzentration stark reduziert wird, während die Akkumulation im Bereich hoher Konzentration gegen derartige Vorbehandlung verhältnismäßig unempfindlich ist. Der Vorbehandlungseffekt ist reversibel; d. h., er läßt sich nicht beobachten, wenn man das Gewebe nach der Vorbehandlung und vor der Aufnahme radioaktiver Ionen für einige Zeit in eine Fremdsalz-freie $CaSO_4$-Lösung einbringt. Die Halbwertszeit für die maximale Ausbildung des Vorbehandlungseffektes entspricht der mit anderen Methoden gemessenen Halbwertszeit für den Austausch der cytoplasmatischen Phase mit der Außenlösung (s. S. 73). Es ist deshalb anzunehmen, daß die Vorbehandlung einen Anstieg der cytoplasmatischen Konzentration zur Folge hat. Durch dieses „Auffüllen" des Cytoplasmas wird der Influx in das Plasma, nicht aber der in die Vacuole beeinflußt.

Die von LATIES (1959) und MACDONALD und LATIES (1963) beschriebene „Absorptions-Schulter" ist wohl auf ähnliche Weise zu erklären. Überträgt man Kartoffelgewebescheiben aus Lösungen einer Temperatur von 30° C in Aufnahmelösungen von 0° C, so verläuft die Ionenaufnahme bei der niedrigeren Temperatur zunächst mit rascherer Geschwindigkeit als dies nach Vorbehandlung bei 0° C oder im „steady-state" bei 0° C der Fall ist. MACDONALD und LATIES nehmen an, daß dies auf einer Entleerung des Cytoplasmas durch hohen Transport in die Vacuole bei 30° C beruht und die anfängliche rasche Aufnahme bei 0° C die Salzaufnahme in ein verhältnismäßig leeres Cytoplasma repräsentiert. Bei 0° C wird das Cytoplasma langsam gefüllt, entweder durch Ionenaufnahme aus der Außenlösung oder durch Rückfluß aus der Vacuole. Die „steady-state"-Aufnahme entspricht dann einem Transport in die Vacuole durch das relativ volle Cytoplasma. Zu entsprechenden Anschauungen über die Rolle der cytoplasmatischen Phase sowohl beim Vorgang des Alterns als auch beim Phänomen der LATIESschen „Absorptionsschulter" gelangte VAN STEVENINCK (1964).

*Zusammenhänge zwischen der Synthese organischer Säuren und der Kationenaufnahme* dienen zur Untermauerung der Theorie von der Lokalisierung von System 1 und System 2 an Plasmalemma und Tonoplast. Die Abhängigkeit der Synthese organischer Säuren in verschiedenen Pflanzengeweben von den im Milieu enthaltenen Ionen ist seit langem bekannt. HOAGLAND und BROYER (1936) entdeckten, daß der Gehalt organischer Säuren in Gerstenwurzeln nach Absorptionsperioden in $CaBr_2$ und in KBr verschieden war. ULRICH (1941, 1942) demonstrierte die Bildung einer stöchiometrischen Menge organischer Säuren, wenn mehr Kationen als Anionen aufgenommen werden. Dies ist z. B. der Fall bei der $K^+$-Aufnahme aus $K_2SO_4$ im Gegensatz zu KCl. Umgekehrt geht der Gehalt des Gewebes an organischen Säuren zurück, wenn Anionen im Überschuß aufgenommen werden. Demnach ist die ungleiche Aufnahme von Kationen und Anionen entscheidend für den Spiegel der organischen Säuren im Gewebe. Diese stöchiometrischen Zusammenhänge wurden von anderen Autoren bestätigt (JACOBSON 1955, JACKSON und ADAMS 1963, MACDONALD und LATIES 1964, SPLITTSTOESSER und BEEVERS 1964, MENGEL 1965, SCHAEDLE und JACOBSON 1965, HIATT und HENDRICKS 1967). Die Säuresynthese ist dabei eine Folge der Fixierung von freiem $CO_2$.

Bei überschüssiger Kationenaufnahme werden nicht nur organische Säuren synthetisiert, sondern es wird auch eine stöchiometrische Menge von Wasserstoffionen in die Außenlösung abgegeben. HIATT (1967 a) nimmt an, daß die Säuresynthese unmittelbar durch die damit verbundene Erhöhung des pH-Wertes im Innern der Zellen gesteuert wird. Er zeigt, daß das Verhältnis Malat : Glycerinaldehyd-3-phosphat sehr pH-abhängig ist; eine pH-Erhöhung von pH 5 auf pH 6 könnte einen 36fachen Anstieg dieses Quotienten im Gleichgewichtszustand hervorrufen. Die Regulation des Malatspiegels durch den Zell-pH-Wert könnte durch die Phosphoenolpyruvat-Carboxykinase oder durch die NADP-Malatdehydrogenase zustande kommen (mit höherer Wahrscheinlichkeit durch das erste Enzym).

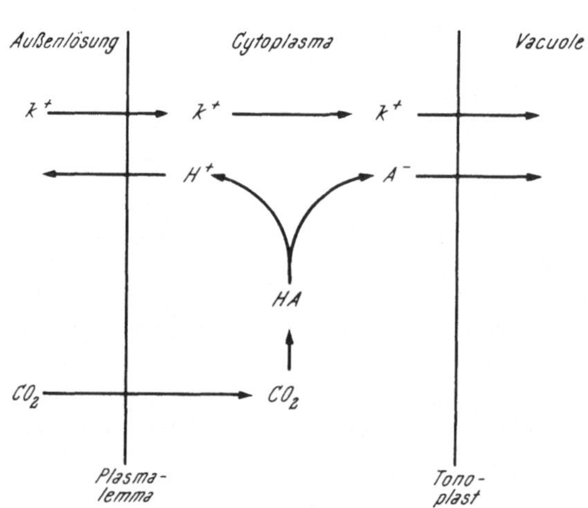

Abb. 30. Zusammenhang zwischen der Säuresynthese und der Aufnahme überschüssiger Kationen nach den Vorstellungen von TORII und LATIES (1966 b). $K^+$ = Kation, HA = organische Säure, $A^-$ = Säureanion, $H^+$ = Wasserstoffion.

TORII und LATIES (1966 b) sind dagegen der Ansicht, daß durch einen $H^+$-Efflux allein keine Säuresynthese induziert würde, denn die Abgabe von H-Ionen zugunsten der Aufnahme von Kationen käme lediglich einer Titration der im Innern vorliegenden Säuren und keiner Änderung der Konzentration an Säureanionen gleich. Werden dagegen Säureanionen ($A^-$) zusammen mit in das Plasma aufgenommenen Kationen ($K^+$) zur Aufrechterhaltung des elektrochemischen Gleichgewichtes in die Vacuole transportiert, sinkt der Spiegel der organischen Säuren im Plasma. Auf diese Weise könnte die Neubildung von organischen Säuren durch $CO_2$-Fixierung erklärt werden (Abb. 30).

Begleitet danach die Synthese organischer Säuren den Kationentransport in die Vacuolen, so sind auf der Basis der TORII-LATIES-Hypothese der Lokalisation von System 1 und System 2 folgende Zusammenhänge zu erwarten. Die $^{14}CO_2$-Fixierung durch nicht vacuolisierte Wurzelspitzen müßte von der Art der Ionen im Milieu unabhängig sein. Bei vacuolisiertem Gewebe ist der stärkste Effekt im Bereich hoher Konzentration, wenn der Transport in die Vacuole geschwindigkeitsbestimmend ist, zu erwarten. Die Natur des Anions sollte die Säuresynthese stark beeinflussen. Da $SO_4^{--}$ viel langsamer aufgenommen wird als $Cl^-$, müßte bei der $K^+$-Aufnahme aus $K_2SO_4$ eine stärkere $^{14}CO_2$-Fixierung beobachtet werden als aus KCl. Umgekehrt wäre anzunehmen, daß die Säuresynthese geringer ist, wenn $CaCl_2$ an Stelle von KCl in der Außenlösung enthalten ist, also bei einer Kombination eines leicht aufnehmbaren Anions mit einem schwer aufnehmbaren Kation ($Ca^{++}$) und nicht mit einem leicht aufnehmbaren Kation ($K^+$). Versuche, die Torii und Laties (1966 b) durchgeführt haben, bestätigen diese theoretischen Erwartungen weitgehend (Tab. 2).

Tab. 2. *Fixierung von $^{14}CO_2$ in die Fraktion der organischen Säuren in relativen Einheiten in Abhängigkeit von der Salzart und -konzentration in der Außenlösung durch Wurzelspitzen und proximale Wurzelsegmente.* Nach Torii und Laties (1966b).

| Konzentration (meq/l)[1] | Salz | Wurzelspitzen | Proximale Wurzelsegmente |
|---|---|---|---|
| 0.2 | $H_2O$ | 12.3 | 30.6 |
| | KCl | 10.2 | 32.7 |
| | $K_2SO_4$ | 20.2 | 77.9 |
| | $CaCl_2$ | 14.4 | 26.2 |
| | $CaSO_4$ | 15.6 | 28.0 |
| 20 | $H_2O$ | 16.9 | 32.6 |
| | KCl | 17.3 | 39.6 |
| | $K_2SO_4$ | 18.2 | 154.2 |
| | $CaCl_2$ | 16.9 | 9.2 |
| | $CaSO_4$ | 17.6 | 20.3 |

[1] Nicht mM/l, wie es in der Originalpublikation aufgrund eines Versehens heißt.

Hiatt (1967 b) erhält allerdings bei der Untersuchung der KCl-, $K_2SO_4$-, $CaCl_2$- und NaCl-Aufnahme durch Gerstenwurzeln bei Konzentrationen zwischen $10^{-5}$ und $10^{-2}$ N andere Resultate. Der stöchiometrische Zusammenhang zwischen dem Ungleichgewicht der Kationen- und Anionenaufnahme und dem Säuregehalt des Gewebes bestand hier über den ganzen Konzentrationsbereich hinweg, auch bei niedrigen Konzentrationen. Dies scheint zunächst der Annahme von Torii und Laties zu widersprechen. Wenn man sich vorstellt, daß die im Bereich niedriger Konzentration durch den geschwindigkeitsbestimmenden Schritt von System 1 in das Plasma aufgenommenen Kationen von dort durch System 2, das zwar arbeitet, aber nicht geschwindigkeitsbestimmend ist, in die Vacuolen transportiert werden, müßte auch im Bereich niedriger Konzentration nach der Hypothese von Torii und Laties eine Säuresynthese die Aufnahme überschüssiger Kationen begleiten. Diese Säuresynthese wäre naturgemäß quantitativ geringer als bei hoher Salzkonzentration (Torii und Laties, Hiatt), würde aber stöchiometrisch der Menge der überschüssigen Kationen entsprechen (Hiatt).

Die Fähigkeit, eine die Anionenaufnahme übertreffende Kationenaufnahme durch Säuresynthese elektrochemisch auszubalancieren, ist bei verschiedenen Geweben unterschiedlich entwickelt. Sie ist bei Gerstenwurzeln ausgeprägter als bei Maiswurzeln. Reicht die endogene Säuresynthese nicht aus, um die langsame Aufnahme eines schwer akkumulierbaren Anions auszugleichen, kann der Kationentransport durch das Anion gehemmt werden. Dies ist der Fall bei der $K^+$-Aufnahme durch Gersten- und Maiswurzeln aus $K_2SO_4$ (s. S. 64 und S. 67), ein Effekt, der aber nur im Bereich hoher Konzentration beobachtet wurde, was wiederum mit der TORII-LATIES-Hypothese in Einklang steht.

Eine Unterscheidung der am Plasmalemma und am Tonoplasten ablaufenden Transportvorgänge ist auch durch ihre *unterschiedliche Empfindlichkeit gegenüber Inhibitoren* möglich. (Über den Einfluß der Anaerobiose auf die beiden Mechanismen s. auch S. 65 und 68.) ARISZ (1958) wies dies für die Chloridaufnahme durch *Vallisneria*-Blätter nach. Er benutzte die bereits erwähnte Technik (s. S. 42 und S. 91 f.), bei der sich nur eine bestimmte Blattzone in der Aufnahmelösung befindet. Auf diese Weise kann das Verhalten einer Blattregion, die $Cl^-$ in das Cytoplasma aufnimmt und in die Vacuole weitertransportiert, verglichen werden mit einer zweiten Region, die nur bereits in der ersten Zone in das Plasma aufgenommene Ionen in die Vacuole sezernieren kann. Cyanid, Arsenat und Uranyl hemmen den Transport am Plasmalemma, Azid hemmt die Sekretion in die Vacuole. LÜTTGE und LATIES (1967 a) zeigten, daß System 1 gegen verschiedene Inhibitoren wie Carbonylcyanid-m-chlorophenylhydrazon (m—Cl—CCP), Carbonylcyanid-para-trifluoro-methoxy-phenylhydrazon (p—$CF_3O$—CCP), Cyanid und Azid empfindlicher ist als System 2.

Eine abweichende Deutung der Transportvorgänge in das Cytoplasma und die Vacuole geben BANGE und MEIJER (1966). Sie untersuchten die $Rb^+$- und $Cs^+$-Aufnahme durch Gerstenwurzeln. Ähnlich wie OSMOND und LATIES (1968) und auch HOOYMANS (1964) fanden sie bei Außenkonzentrationen von 0,1 bis 0,15 meq/l eine zeitlich zweiphasige Ionenaufnahme in den nicht freien Raum. In den ersten 2½ Stunden ist die Aufnahme rascher; nach Ablauf dieser Zeit stellt sich eine langsamere Ionenaufnahme ein, die BANGE und MEIJER „steady-state"-Phase nennen. Die Isothermen der Ionenaufnahme verlaufen auch bei den Untersuchungen von BANGE und MEIJER hyperbolisch, sie sind in mehrere hyperbolische Teile untergliedert. Der Befund einer ersten Absetzung der Kurve bereits bei einer Konzentration von 0,019 meq/l ist gegenüber den oben diskutierten Ergebnissen neu.

BANGE und MEIJER nehmen an, daß in der ersten Phase rascher Ionenaufnahme eine Bindung der Ionen im Cytoplasma erfolgt. Die Konzentration im Cytoplasma wird als etwa 0,1 M errechnet und daraus gefolgert, daß die Bindeorte für Ionen im Plasma außerordentlich zahlreich sein müssen. Aus diesem cytoplasmatischen Kompartiment soll dann durch eigentlichen metabolischen Transport eine Akkumulation der Ionen in die Vacuole erfolgen. Die Ionenantagonismen (Cs—Rb) und auch das Zerfallen der Isothermen in verschiedene hyperbolische Teile könnten nach Ansicht von BANGE und MEIJER durch allosterische Veränderungen an den Trägern zustande kommen. Diese Träger, welche den Transport in die Vacuole katalysieren sollen, können demnach keine einfachen Moleküle, sondern müßten komplexe makromolekulare Strukturen sein. Aus der hohen Ionenkonzentration im Plasma schließen BANGE und MEIJER, daß das lebende Cytoplasma als solches den Träger oder einen bedeutenden Teil desselben darstelle.

BANGE und MEIJER erwähnen, daß diese Interpretation auf OVERSTREET zurückgeht (OVERSTREET 1957). Dieser Autor hat später die Ansicht vertreten, daß die Ionenaufnahme in das Cytoplasma (Wurzelspitzen!) nicht-metabolisch erfolgt (HANDLEY et al. 1960, HANDLEY und OVERSTREET 1961, 1963, HANDLEY et al. 1965). Das von BANGE und MEIJER vorgeschlagene Modell ist so zu verstehen, daß die Ionen zunächst passiv — durch Adsorption an Ladungen — in das Cytoplasma aufgenommen und dann von dort metabolisch durch den cytoplasmatischen Träger in die Vacuole transportiert werden. Die erwähnten Untersuchungen von HANDLEY und Mitarbeitern, die ein passives Eindringen der Ionen in das Plasma zeigten, wurden aber bei einer Außenkonzentration von 5 meq/l durchgeführt. Die Ergebnisse von TORII und LATIES zeigen, daß bei diesen Konzentrationen tatsächlich ein großer Teil der in das Plasma gelangenden Ionen passiv aufgenommen wird, ohne daß dies das Fehlen eines Systems der metabolischen Ionenaufnahme am Plasmalemma bedeuten würde. Der Theorie von TORII und LATIES ist deshalb der Vorzug vor der Interpretation von BANGE und MEIJER zu geben. Eine Bindung der Ionen an Bestandteile des Cytoplasmas wird dadurch nicht ausgeschlossen.

### c) Die Einzelfluxe an Plasmalemma und Tonoplast

Neben der Bestimmung der Aufnahmeisothermen führten auch andere Versuche, die methodisch sehr stark von dieser Technik abweichen, zur kinetischen Unterscheidung der am Plasmalemma und am Tonoplasten ablaufenden Transportvorgänge. Als Material dienten zunächst vor allen Dingen die großen *Internodialzellen der Characeen* (*Nitella*, *Nitellopsis*, *Chara* u. a.). Wegen der Größe dieser Zellen lassen sich hier nicht nur Elektroden in die Kompartimente des Plasmas und der Vacuole einbringen und die Membranpotentiale messen (WALKER 1955, 1960, HOPE und WALKER 1961, BRIGGS 1962, FINDLAY und HOPE 1964 a, WILLIAMS et al. 1964, HOPE 1965, KISHIMOTO 1965, 1966 a, 1966 b, 1966 c, BRADLEY und WILLIAMS 1967), sondern auch Zellsaft und Cytoplasma trennen und chemisch analysieren (MACROBBIE und DAINTY 1958 b, KAMIYA und KURODA 1956, DIAMOND und SOLOMON 1959, KAMIYA 1959, MACROBBIE 1962, 1964 a, 1966 b, SPANSWICK und WILLIAMS 1964, KISHIMOTO und TAZAWA 1965 a, 1965 b).

DIAMOND und SOLOMON (1959) und MACROBBIE und DAINTY (1958 b) haben den Austausch von in die Zellen aufgenommenen radioaktiven Ionen mit unmarkierter Außenlösung in Abhängigkeit von der Zeit untersucht. Neben dem sehr schnell austauschbaren Kompartiment des freien Raumes ($t_{1/2} = 23$ sec bei DIAMOND und SOLOMON) fanden sie zwei weitere Kompartimente, die dem Cytoplasma ($t_{1/2} = 5$ Std. bei DIAMOND und SOLOMON) und der Vacuole ($t_{1/2} = 40$ Tage bei DIAMOND und SOLOMON) (cf. Abb. 31) entsprechen. Diese Identifizierung der kinetisch differenzierten Kompartimente war bei den Riesenzellen der Characeen durch die gleichzeitige chemische Analyse des Plasmas und des Zellsaftes möglich. Die $Na^+$-, $K^+$- und $Cl^-$-Mengen, die während der dritten, langsamsten Phase des Austauschexperiments ausgetauscht werden, entsprechen den chemisch in der Vacuole gemessenen Quantitäten (MACROBBIE und DAINTY 1958 b).

Durch derartige kinetische Untersuchungen können auch die Einzelfluxe durch das Plasmalemma und durch den Tonoplasten bestimmt werden und bei Kenntnis der elektrochemischen Gradienten Rückschlüsse auf die aktive oder

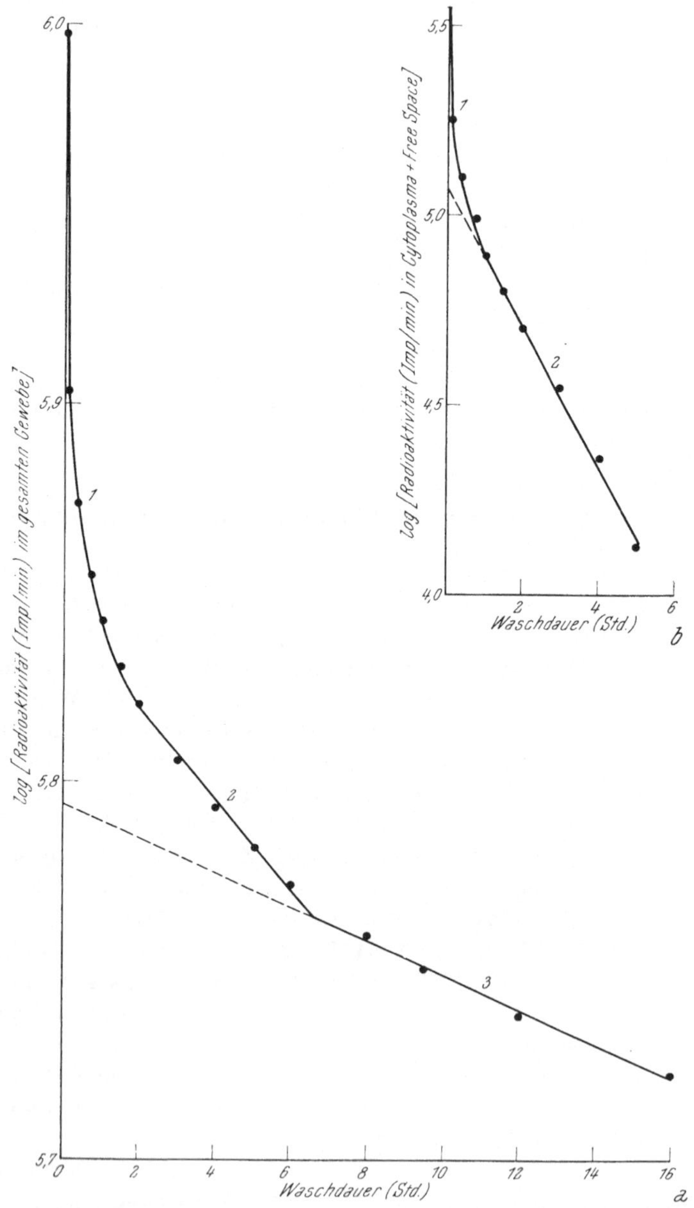


Abb. 31. Beispiel für den Verlauf eines zur Bestimmung der Einzelfluxe nach Pitman (1963) durchgeführten Experimentes. *a* Auswaschung radioaktiv markierter Ionen ($K^+$ markiert mit $^{86}Rb^+$) aus dem Gewebe abgeschnittener Maiswurzeln im Anschluß an eine 15stündige Applikation einer 0.2 mM K($^{86}$Rb)Cl-Lösung durch nicht-markierte 0.2 mM KCl-Lösung. ① Austausch der im freien Raum enthaltenen Aktivität mit der Außenlösung, ② vorwiegende Auswaschung der cytoplasmatischen Phase, ③ Efflux aus der Vacuole. *b* Phase ① und ② nach Substraktion der durch Extrapolation in *a* (----) ermittelten Radioaktivität der Vacuolen. Lüttge und Laties unveröffentlicht, vgl. Lüttge und Laties (1967 b).

passive Natur dieser einzelnen Transportschritte gezogen werden (vgl. BRIGGS et al. 1961). Allerdings haben die Arbeiten im Laufe der Jahre zu widersprüchlichen Annahmen darüber geführt, welche der beiden Membranen, das Plasmalemma oder der Tonoplast, die wirksamere Barriere und damit die äußere Begrenzung gegen passive Ionenbewegungen darstellt (WALKER 1957, HOPE und WALKER 1961, DAINTY 1962, MACROBBIE 1962, 1964 a, SPANSWICK und WILLIAMS 1964, KISHIMOTO und TAZAWA 1965 a, 1965 b, cf. JENNINGS 1963), was aber vermutlich auf der unterschiedlichen Wahl der Objekte und vor allem der Außenkonzentration beruht (MACROBBIE 1962, KISHIMOTO und TAZAWA 1965 a). 1964 nahm MACROBBIE an, daß bei der Cl-Ionenakkumulation in die Vacuole von *Nitella translucens* zwei getrennte Vorgänge, eine aktive Aufnahme in das Cytoplasma und ein darauffolgender Transport in die Vacuole eine Rolle spielen. KISHIMOTO und TAZAWA (1965 a) teilen diese Ansicht (cf. auch MACROBBIE 1966 b).

Ähnlich wie mit den Internodialzellen der Characeen erhält man mit *Geweben höherer Pflanzen*, roten Rüben (PITMAN 1963, OSMOND und LATIES 1968) und Maiswurzeln (LÜTTGE und LATIES 1967 b), eine dreiphasige Kurve, wenn man die in einer mehrstündigen Aufnahmeperiode aus einer radioaktiv markierten Ionenlösung aufgenommene Aktivität in einer darauffolgenden Periode der Auswaschung gegen nicht markierte Außenlösung sonst gleicher Zusammensetzung austauscht (Abb. 31 *a*). Der erste steile Abfall der Kurve entspricht dem Austausch des freien Raumes mit der Außenlösung, darauf folgt eine Phase, in der der Verlust des Gewebes an Radioaktivität vom Austausch zwischen dem freien Raum und dem Cytoplasma abhängt, und schließlich die langsamste Phase, in der die Geschwindigkeit der Abgabe radioaktiven Isotops durch den Flux aus der Vacuole heraus bestimmt wird; alle Radioaktivität, die zu diesem Zeitpunkt in der Außenlösung erscheint, stammt aus diesem Kompartiment. Durch Extrapolation dieses letzten Teils der Kurve läßt sich zunächst der Gehalt des Isotops in der Vacuole bestimmen. Nach Substraktion der so gewonnenen Werte und erneuter graphischer Analyse kann die anscheinende Menge Isotop im Cytoplasma ermittelt werden (Abb. 31 *b*). Mißt man auch die am Ende der Waschperiode im Gewebe enthaltene Ionenmenge, so kann man die Einzelfluxe aus der Geschwindigkeit der Änderung des Isotopengehaltes des Cytoplasmas ermitteln. Nimmt man ein Modell an, in dem die Kompartimente des freien Raumes, des Cytoplasmas und der Vacuole hintereinanderliegen (Abb. 32), die beiden Barrieren des Plasmalemmas und des Tonoplasten also in Serie geschaltet sind (vgl. auch HOPE 1963, DODD et al. 1966), so hängen die einzelnen Fluxe an diesen Membranen mit der Änderung der Radioaktivität des Cytoplasmas auf folgende Weise zusammen:

$$dQ_c^* / dt = (\Phi_{sc} \cdot s_o + \Phi_{vc} \cdot s_v) - s_c (\Phi_{cs} + \Phi_{cv}) \tag{6}$$

(PITMAN 1963). Dabei ist $Q_c^*$ die im Cytoplasma enthaltene Menge des Isotops, $s_0$ die spezifische Aktivität der Außenlösung, $s_v$ die spezifische Aktivität in der Vacuole und $s_c$ die spezifische Aktivität im Cytoplasma. Die Fluxe sind durch die Indices s, c und v charakterisiert, die ihre Richtung angeben: s = von der Außenlösung („solution“), c = vom Cytoplasma, v = von der Vacuole in das jeweils durch den zweiten Index bestimmte Kompartiment (cf. Abb. 32). Durch Messung des chemischen Ionengehaltes der Waschlösungen gegen Ende des Waschversuches kann auch der Nettoflux ($\Phi$) ermittelt werden, der in dem serialen Modell (Abb. 32) mit den anderen Fluxen auf folgende Weise zusammenhängt:

$$\Phi = \Phi_{sc} - \Phi_{cs} = \Phi_{cv} - \Phi_{vc} \quad (7)$$

(PITMAN 1963). Fehler in Gl. (6) können sich ergeben, wenn die tatsächliche spezifische Aktivität im freien Raum von der in der Außenlösung verschieden ist. Dies soll hier jedoch nicht näher diskutiert werden (PITMAN 1963). Die einzelnen Fluxe lassen sich mit Hilfe einer Reihe von weiteren Ableitungen aus den angegebenen Meßgrößen errechnen (PITMAN 1963).

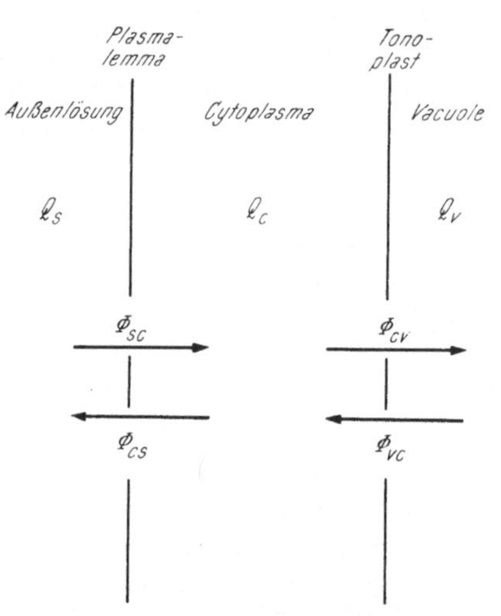


Abb. 32. Einzelfluxe zwischen Außenlösung und Cytoplasma und zwischen Cytoplasma und Vacuole. Seriales Modell nach PITMAN (1963). $Q$ = Ionenmenge in der Außenlösung (Index $s$), im Cytoplasma (Index $c$) und in der Vacuole (Index $v$).

Das seriale Modell, in dem die Barrieren des Plasmalemmas und des Tonoplasten hintereinandergeschaltet sind und an beiden Membranen distinkte Transportprozesse angenommen werden, ist bei der TORII-LATIES-Hypothese und bei der Flux-Analyse dasselbe. Die experimentelle Methode der Charakterisierung der einzelnen Transportvorgänge an Plasmalemma und Tonoplast ist jedoch bei beiden grundverschieden. Die Tatsache, daß sich mit den beiden Theorien bei bestimmten Versuchen zu ein und demselben Problem, nämlich der Erforschung des *Einflusses des Alterns auf die Ionenaufnahme* durch Gewebe roter Rüben (OSMOND und LATIES 1968) und isolierter Wurzelzentralzylinder (LÜTTGE und LATIES 1967 b) die gleiche Schlußfolgerung ergibt, ist deshalb von grundsätzlicher Bedeutung für eine Verifizierung der mit den beiden Methoden erhaltenen Ergebnisse.

Die Phosphataufnahme durch Kartoffelgewebescheiben aus Lösungen niedriger Phosphatkonzentration ($10^{-5}$ M) steigt beim „Altern" (Waschen in Wasser oder verdünnter $CaSO_4$-Lösung) des isolierten Gewebes auf das 100fache des bei frischen Gewebescheiben beobachteten Wertes an. Bei Konzentrationen von $10^{-2}$ M ist die Phosphataufnahme durch gealtertes Gewebe nur doppelt so groß wie durch frisch isoliertes (LOUGHMAN 1960).

Ähnlich verändert sich die Ionenaufnahme beim Altern von Gewebescheiben aus roten Rüben und von isolierten Zentralzylindern von Maiswurzeln. Frisch geschnittenes Gewebe roter Rüben zeigt keine oder eine sehr geringe Aktivität von System 1. Die Isotherme im Bereich niedriger Konzentration entwickelt sich langsam beim Altern, wobei die Michaelis-Konstante des Systems um das 20fache absinkt ($K^+$- und $Cl^-$-Aufnahme durch System 1), während $V_{max}$ konstant bleibt. System 2 ist in frischem Gewebe bereits vorhanden; es wird durch das Altern viel weniger beeinflußt. $K_m$ bleibt dabei unverändert, während $V_{max}$ auf den 4fachen Wert des frischen Gewebes anwächst. In Übereinstimmung mit diesem durch die Isothermenkinetik gewonnenen Befund zeigt die Fluxanalyse, daß sich beim Altern besonders $\Phi_{sc}$ verändert. Der $K^+$-Influx aus der Außenlösung in das Cytoplasma ($\Phi_{sc}$) aus einer 0,2 mM Lösung steigt beim Altern um das 40fache, während die anderen Fluxe (Abb. 32) viel geringere Unterschiede zeigen. Dies entspricht der durch die Isothermenkinetik gefundenen vorwiegenden Veränderung von System 1 (OSMOND und LATIES 1968).

Abb. 33 zeigt den zeitlichen Verlauf der Zunahme der Kapazität isolierter Zentralzylinder aus Maiswurzeln für die $K^+$-Aufnahme beim Altern. Der Quotient der Geschwindigkeit der Ionenaufnahme gealterten Gewebes zu der frischen Gewebes liegt bei einzelnen Experimenten zwischen 10 und 20 (LATIES und BUDD 1964, LÜTTGE und LATIES 1967 b). Für abgeschnittene, intakte Wurzeln und für isolierte Rinde beträgt er nur etwa 2. Isothermen wurden nach Alterungsdauer von 3 Stunden (= frisches Gewebe) und 46 Stunden (gealtertes Gewebe) aufgenommen (Abb. 34).

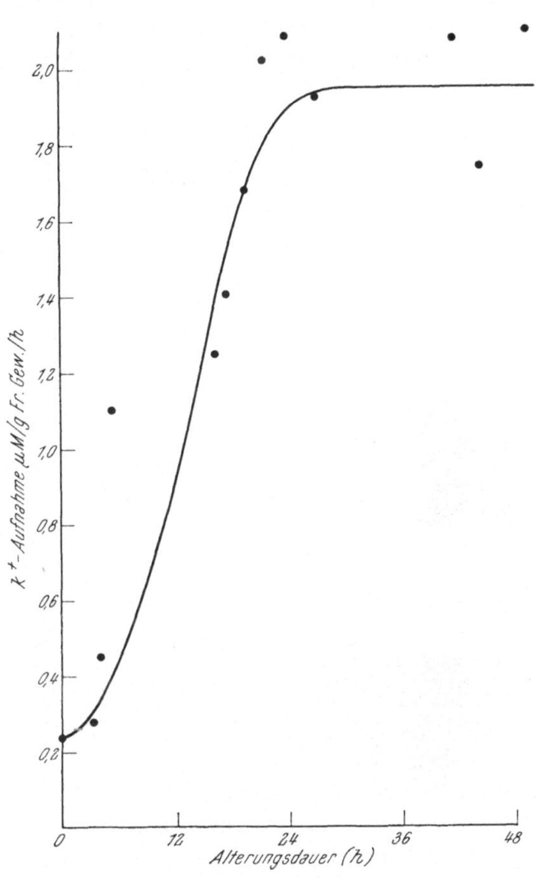


Abb. 33. Veränderung der Geschwindigkeit der $K^+$-Aufnahme aus einer 0,2 mM KCl-Lösung durch isolierte Maiswurzel-Zentralzylinder in Abhängigkeit von der Alterungsdauer. Aus LÜTTGE und LATIES (1967 b).

Bei frischer und gealterter isolierter Rinde sind System 1 und System 2 in charakteristischer Weise ausgebildet. Die Maximalgeschwindigkeit steigt beim Altern etwa um den Faktor 2.

Isolierte Zentralzylinder zeigen nach 3 Stunden Altern eine ganz schwache Ionenaufnahme durch System 1. Bei der Darstellung nach LINEWEAVER-BURK ergibt sich für diese Kurve eine Gerade. Beim Altern läßt sich eine stark ausgeprägte Entwicklung von System 1 beobachten. Im Gegensatz zu den Verhältnissen bei roten Rüben verändert sich $K_m$ nicht. $K_m$ ist für alle 4 System-1-Isothermen: frische und gealterte Rinde und Zentralzylinder gleich. $V_{max}$ wächst aber beim Altern der Zentralzylinder auf den 10fachen Wert an.

Im Bereich hoher Konzentration erhält man für frische Zentralzylinder eine exponentiell ansteigende Isotherme, was durch eine passive Ionenaufnahme erklärt werden muß und an die Verhältnisse bei Wurzelspitzen erinnert. Im hohen Konzentrationsbereich wird die Ionenaufnahme durch gealterte Zentralzylinder zunächst bis etwa 20 mM durch die Maximalgeschwindigkeit von System 1 bestimmt. System 1 ist in gealterten Zentralzylindern offenbar so stark entwickelt, daß es auch bei höheren Konzentrationen geschwindigkeitsbestimmend ist und keine passive Diffusion in das Gewebe deutlich wird. Diese äußert sich erst bei noch höheren Konzentrationen (> 20 mM/l).

Die Resultate von Fluxbestimmungen führen zu übereinstimmenden Schlußfolgerungen. Es zeigt sich, daß sich $\Phi_{cv}$, $\Phi_{vc}$ und $\Phi_{cs}$ (cf. Abb. 32) beim Altern kaum verändern, während $\Phi_{sc}$ bei intakten abgeschnittenen Wurzeln und iso-

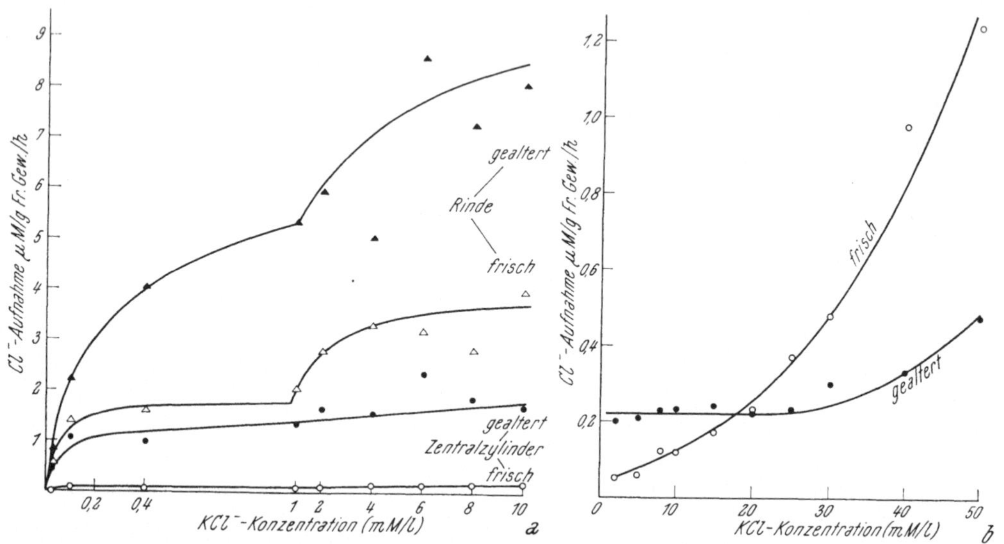


Abb. 34. *a* $Cl^-$-Aufnahmeisothermen von isolierter Rinde und isolierten Zentralzylindern kurz nach der Präparation („frisch") und nach 48stündiger Alterung („gealtert") im Konzentrationsbereich von System 1 (bis 1 mM) und System 2 (1—10 mM). *b* $Cl^-$-Aufnahmeisothermen isolierter Zentralzylinder ohne und nach 23stündiger Alterung im Konzentrationsbereich von System 2. Aus Lüttge und Laties (1967 b).

lierter Rinde auf das 6fache und bei isolierten Zentralzylindern auf das 44fache ansteigt (Lüttge und Laties 1967 b).

Zu ähnlichen Ergebnissen kam Bieleski (1966 a), der bei frisch isolierten Leitbündeln aus Sellerieblättern nur ein System mit großer $K_m$ fand, wogegen in gealtertem Leitgewebe zusätzlich ein Stoffaufnahmesystem niedriger $K_m$ wirksam war (s. S. 112 ff.).

Die Modifizierung der Membraneigenschaften, die den beim Altern veränderten Ionenfluxen zugrunde liegen muß, ist ein stoffwechselabhängiger Vorgang. Sie wird durch Actinomycin D und niedrige Temperaturen verhindert (Budd unveröffentlicht, Lüttge und Laties 1967 b). Beim Altern von Speichergewebe (Kartoffel) ändern sich auch der Sauerstoffverbrauch und fundamentale Stoffwechselprozesse, z. B. die Aktivität des Tricarbonsäurezyklus, in ähnlicher Weise, wie dies in Abb. 33 für die Ionenaufnahme durch Wurzelzentralzylinder gezeigt ist (Laties 1964). Die Absorptionsisothermen gehen beim Altern von Kartoffelgewebescheiben von einem exponentiellen Verlauf zur hyperbolischen Form über (Laties et al. 1964). Phosphat wird durch gealtertes Kartoffelgewebe nicht nur verstärkt aufgenommen, sondern auch mit erhöhter Geschwindigkeit im Stoffwechsel umgesetzt (Bieleski und Laties 1963). Das Altern von Kartoffelgewebe wirkt sich auch auf den Mechanismus der Fettsäureoxidation (Jacobson und Laties 1966) und die Aktivität der Fettsäuresynthetase (Willemot und Stumpf 1967 a, 1967 b) aus.

Die kausalen Zusammenhänge zwischen den Veränderungen metabolischer Aktivität und der Kapazität für die Ionenaufnahme sind nicht bekannt. Willemot und Stumpf (1967 b) spekulieren, daß der physikalische Akt des Isolierens von Gewebe die Entfernung eines Repressors bewirken könnte, wodurch nach der Bildung von Ribonucleinsäure eine Proteinsynthese einsetzen würde. Diese Proteine könnten durch Bildung eines Lipidsynthetasesystems zu erhöhter Lipidsynthese führen und Struktur- und Enzymprotein bereitstellen. Dadurch wären die integrierenden Bestandteile der lebenden Membranen gegeben.

*Bestimmungen der Einzelfluxe über einen großen Konzentrationsbereich* wurden noch nicht durchgeführt. Ein Vergleich der Isothermen mit den entsprechenden Veränderungen der Fluxe in Abhängigkeit von der Außenkonzentration ist deshalb nur begrenzt möglich. Pitman (1963) berichtet über einige Versuche mit Gewebe roter Rüben im Konzentrationsbereich von System 2. Zwischen 5 und 40 mM/l steigen die $K^+$-Fluxe am Plasmalemma ($\Phi_{sc}$ und $\Phi_{cs}$) linear, was mit der Torii-Laties-Hypothese in Einklang steht, die in diesem Bereich eine lineare oder exponentielle Konzentrationsabhängigkeit der Ionenaufnahme in das Cytoplasma voraussetzt. Der Flux aus der Vacuole in das Cytoplasma ($\Phi_{vc}$) sinkt langsam ab. Der entgegengesetzte Flux ($\Phi_{cv}$) steigt hyperbolisch, was ebenfalls mit der Torii-Laties-Hypothese übereinstimmt, nach der im in Frage kommenden Konzentrationsbereich der Transport in die Vacuole mit seiner hyperbolischen Abhängigkeit von der Außenkonzentration geschwindigkeitsbestimmend ist.

## d) Der Stofftransport innerhalb der Zelle

Die geschilderten Untersuchungen der Ionenaufnahme durch Pflanzenzellen haben zu konkreten Vorstellungen über einzelne Transportvorgänge und ihre Lokalisation am Plasmalemma und am Tonoplasten geführt. Das Cytoplasma, etwa die „nucleo-cytoplasmatische Mischphase" im Sinne Schnepfs (1966), und die Vacuole sind meist die größten Kompartimente der Zelle. Trotzdem bedeutet es eine starke Vereinfachung des komplexen Zusammenhanges zwischen zahlreichen Transportvorgängen innerhalb der Zelle, wenn man nur den Stofftransport am Plasmalemma und am Tonoplasten ins Auge faßt. Obwohl diese am erfolgreichsten untersucht wurden, gibt es auch eine ganze Reihe von Befunden über Barrieren innerhalb der Zelle und den Transport in die so abgegrenzten Kompartimente hinein und aus ihnen heraus.

Eine Untergliederung der Zelle in verschiedene Kompartimente muß nicht nur aus elektronenmikroskopischen Untersuchungen, die die Membranbarrieren sichtbar machen, gefolgert werden, sondern vor allen Dingen auch aus biochemischen Befunden, die die *Kompartimentierung von Stoffwechselzwischenprodukten* zeigen. Unsere Kenntnisse über die „Aufgliederung des Stoffwechsels der Zelle" hat Moses (1966) kürzlich zusammenfassend dargestellt.

Lips und Beevers (1966 a, 1966 b) fanden z. B. in Pflanzenwurzeln zwei verschiedene Pools für Malat, von denen sich einer im Cytoplasma und einer im Innern der Mitochondrien befindet. Der cytoplasmatische Pool wird durch von außen zugegebenes oder bei der $CO_2$-Dunkelfixierung synthetisiertes Malat gespeist, das intramitochondriale Malat entsteht durch den Tricarbonsäurezyklus. Beide Pools werden durch die Mitochondrienmembran getrennt. Diese Membran gilt als sehr wirksame Barriere für verschiedene Stoffe (s. S. 52 f.).

Detailliertere Vorstellungen gibt es vor allem auch über die Kompartimentierung einiger Intermediärprodukte in Zusammenhang mit der Photosynthese (HEBER und WILLENBRINK 1964). ADP und ATP können offenbar leicht durch die Plastidenmembran hindurchtreten, während anorganisches Phosphat nur schwer permeiert und vor allem die Pyridinnucleotide NAD und NADP nicht durch die Plastidenmembran gelangen können (HEBER und SANTARIUS 1964, 1965, URBACH et al. 1965). Aus den Versuchen von HEBER und Mitarbeitern ergibt sich, daß die Reaktionsräume der Glykolyse (Cytoplasma) und der Photosynthese (Chloroplasten) für „einige Schlüsselverbindungen" getrennt sind. Der geringe und durch die Plastidenmembran erschwerte Transport von NAD und NADP wird durch verschiedene Experimente klar. Der NADP-Spiegel ist in den Chloroplasten viel höher als im Cytoplasma. In wäßrigen Medien isolierte Chloroplasten reduzieren dem Medium zugegebenes NADP sehr viel rascher, wenn die Membranen der Plastiden beschädigt werden. Durch Belichtung (15—30 sec.) wird *in vivo* ein größerer Teil der in den Plastiden enthaltenen Pyridinnucleotide reduziert, während NAD und NADP im Cytoplasma nicht im selben Ausmaß auf die Belichtung reagieren. Andererseits werden in den Plastiden Pyridinnucleotide nach Abschalten des Lichtes sehr rasch in den oxidierten Zustand überführt, wogegen cytoplasmatisches $NAD(P)H_2$ auch im Dunkeln auf hohem Niveau bleibt.

Die Kompartimentierung der Pyridinnucleotide im Cytoplasma und in den Chloroplasten hat nach HEBER und SANTARIUS (1965) eine regulierende Funktion. Da im Dunkeln die Pyridinnucleotide in den Chloroplasten in oxidierter Form vorliegen und kein $NAD(P)H_2$ aus dem Plasma für Reduktionen in den Plastiden zugänglich ist, kann im Dunkeln die Reduktion der Phosphoglycerinsäure zu Triosephosphat nicht mehr stattfinden und der photosynthetische Kohlenstoffzyklus kommt zum Erliegen. Der hohe $NADPH_2$-Spiegel im Cytoplasma kann keine Phosphoglycerinsäurereduktion im Plasma vermitteln, da nur in den Chloroplasten eine mit $NADPH_2$ arbeitende Triosephosphatdehydrogenase lokalisiert ist.

Für die „Plasten", Mitochondrien und Chloroplasten, interessierte man sich im Zusammenhang mit dem Kurzstreckentransport innerhalb der Zelle am meisten. Einige Hypothesen nehmen ihre unmittelbare Mitwirkung bei der Stoffaufnahme aus dem Milieu an (s. S. 31 ff. und S. 44 ff.). Andere Befunde und die Diskussion dieser Hypothesen lassen es gegenwärtig als wenig wahrscheinlich erscheinen, daß die an den Plasten ablaufenden Reaktionen direkt mit der Stoffaufnahme aus dem Milieu gekoppelt sind. Es ist dagegen sicher, daß die Organelle sich selbst mit Stoffen aus dem umgebenden Plasma versorgen und auch Substanzen an das Plasma abgeben können. Ein solcher Stoffaustausch durch Membrantransporte ist für das Funktionieren des Zellstoffwechsels notwendig. Daran ändert sich wahrscheinlich auch dadurch nichts, daß einzelne Kompartimente in kleineren oder größeren Zeitabständen ineinander überzugehen oder sich zu teilen vermögen (HONGLADAROM et al.: Film, vgl. auch SCHNEPF 1966, dort weitere Literatur), obwohl auch dies ein wichtiger Mechanismus des intracellulären Stofftransportes sein mag.

Die Fähigkeit zum kontrollierten Stofftransport durch ihre Membranen kann für die Plasten eine ähnliche Bedeutung haben wie der Transport am Plasmalemma für die Zelle als Ganze. Diese Analogie entspricht dem von Schnepf (1966) entworfenen Bild der Eucyten-Zelle, wo die Plasten als intracelluläre Symbionten aufgefaßt werden. Der metabolische Membrantransport der Organelle an ihrer äußeren Begrenzung gleicht in diesem Schema dem Stoffaustausch parasitischer oder symbiontischer Organismen mit ihrer Umgebung (Lehninger 1964).

## 1. Die Ionenaufnahme durch Pflanzenmitochondrien

Die Ionenaufnahme durch Mitochondrien wurde hauptsächlich an isolierten Organellen untersucht. Hierbei ergeben sich einige Schwierigkeiten, weil manche Vorgänge sich dabei in anderer Weise abspielen können als *in vivo*. Lehninger (1964) nimmt an, daß die starke $Ca^{++}$-Akkumulation in tierischen Mitochondrienpräparaten das Ergebnis eines sonst normalen Prozesses ist, der durch die Isolierung übersteigert wurde („gone wild"). Kahn und Hanson (1959) fanden, daß isolierte Mitochondrien etwa 40 min nach Beginn der Inkubation ihr akkumuliertes Kalium zu verlieren beginnen. Dieser Vorgang hängt mit einem Verlust von Phospholipiden zusammen, wodurch die Integrität der Diffusionsbarriere beeinträchtigt wird. Wurde eine gleichzeitige Lecithinsynthese im Milieu ermöglicht, war der $K^{+}$-Verlust geringer.

Die zahlreichen Untersuchungen über die Ionenaufnahme durch *tierische Mitochondrien* faßt Lehninger (1964) zusammen. Es wird angenommen, daß die $Ca^{++}$-Akkumulation aktiv ist. Sie wird durch niedrige Temperatur und spezifische Hemmstoffe verlangsamt. Wenn das Medium ein aktives ATP-regenerierendes System + Mg-Ionen enthält, nehmen die Mitochondrien metabolisch $Ca^{++}$ auf, ein Vorgang, der unter diesen Umständen wenig $CN^{-}$-empfindlich ist, aber durch Dinitrophenol gehemmt wird. Lehninger hält es für möglich, daß eine enge quantitative Beziehung zwischen dem Elektronentransport und der Ionenakkumulation in die Mitochondrien besteht. Die $Ca^{++}$-Aufnahme kann mit der Zahl der Phosphorylierungsorte in der Atmungskette zusammenhängen. Die Aufnahme anderer Kationen wie $Mg^{++}$, $Mn^{++}$, $Na^{+}$ und $K^{+}$ erfolgt vermutlich durch der $Ca^{++}$-Akkumulation sehr ähnliche Mechanismen. $PO_4^{---}$ soll den Kationen passiv nachfolgen, wobei auch die Bildung von unlöslichen Phosphaten im Mitochondrieninnern eine Rolle spielt.

Über den Mechanismus der Ionenaufnahme durch *pflanzliche Mitochondrien* wurden zwei einander widersprechende Auffassungen geäußert. Kahn und Hanson (1959) haben nicht nur die Ionenakkumulation durch isolierte Mitochondrien untersucht, sondern die Mitochondrien auch erst nach einer Periode der Ionenaufnahme durch intakte Maiswurzeln in eiskaltem Medium isoliert und die Menge der aufgenommenen Ionen gemessen. Sie kommen zu dem Ergebnis, daß die Mitochondrien *in situ* etwa 1% der insgesamt von den Wurzeln aufgenommenen K-Ionen akkumulieren. Einen stöchiometrischen Zusammenhang zwischen der Kaliumaufnahme und der Atmung konnten sie nicht finden. Die $K^{+}$-Akkumulation durch diese isolierten Mitochondrien ist unabhängig von der Phosphorylierung. 2,4-Dinitrophenol und Methylenblau hemmen die Phosphorylierung, aber nicht die $K^{+}$-Aufnahme.

Neuerdings nimmt HANSON (HODGES und HANSON 1965) an, daß die *Energie für die Ionenakkumulation in die Mitochondrien aus einem energiereichen Zwischenprodukt der Phosphorylierung* stammt und nicht aus der ATP selbst. Die hypothetische energiereiche Phosphatverbindung wird als gemeinsame Energiequelle für die ATP-Bildung und den Ionentransport angesehen (s. auch BRIERLEY et al. 1963). Wie aus dem Schema der Abb. 35 zu entnehmen ist, kann die Ionenakkumulation in die Mitochondrien durch ATP oder durch die Substratoxidation angetrieben werden. ADP hemmt die von der Substratoxidation abhängige $Ca^{++}$-Akkumulation, wahrscheinlich durch Konkurrenz um die energiereiche Intermediärverbindung. Die durch die Substratoxidation gewonnene Energie

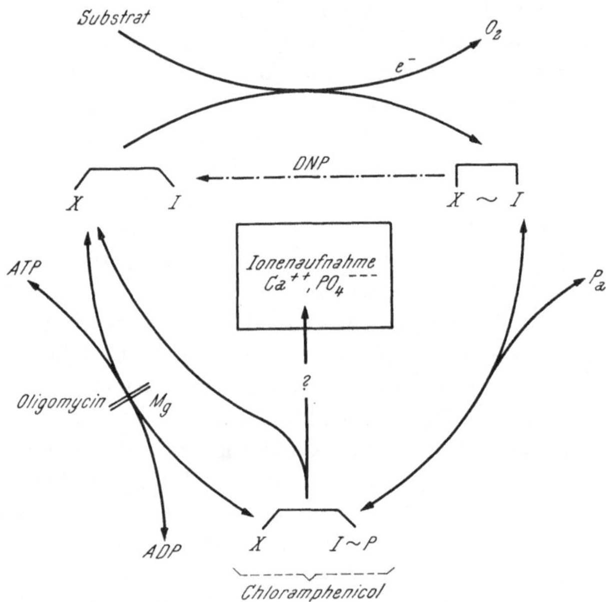


Abb. 35. Koppelung der Ionenaufnahme durch Pflanzenmitochondrien mit dem Energiestoffwechsel und Wirkung einiger Inhibitoren. DNP = Dinitrophenol, $e^-$ = Elektron, $\overline{X\,I}$ ~ P = phosphorylierte Intermediärverbindung als gemeinsame Energiequelle für die ATP-Bildung und den metabolischen Ionentransport. Aus HODGES und HANSON (1965). Weitere Erklärung im Text.

kann nach diesem Bild entweder die Salzaufnahme fördern oder zur ATP-Bildung führen. Wenn ATP als Energiequelle für die Ionenaufnahme dient, wird der umgekehrte Weg von der ATP zum phosphorylierten Zwischenprodukt gegangen. Dieser Vorgang wird durch Oligomycin gehemmt. Anorganisches Phosphat ($P_i$) fördert dabei entsprechend dem Massenwirkungsgesetz die Entstehung des phosphorylierten Zwischenproduktes X — I ~ P und das Verschwinden von X — I und damit die $Ca^{++}$-Akkumulation. Oligomycin hebt andererseits die ADP-Hemmung der durch die Substratoxidation vermittelten $Ca^{++}$-Aufnahme auf, da es die Konkurrenz um das energiereiche Zwischenprodukt verhindert. Chloramphenicol wirkt direkt auf die Ausnutzung des Intermediärproduktes X — I ~ P.

$Mg^{++}$ ist für die durch Substratoxidation vermittelte $Ca^{++}$-Aufnahme wahrscheinlich nur in sehr geringen Mengen nötig, die von vornherein in den Mitochondrien vorhanden sind; es braucht nicht von außen zugegeben zu werden. $PO_4^{---}$ ist hierbei jedoch erforderlich. Die durch ATP angetriebene $Ca^{++}$-Aufnahme benötigt $Mg^{++}$, das aber gleichzeitig mit dem Calcium um die Transportorte konkurriert.

Diese Theorie wurde in neueren Arbeiten von HANSON und Mitarbeitern (KENEFICK und HANSON 1966, STONER und HANSON 1966, TRUELOVE und HANSON 1966) besonders im Hinblick auf das Schwellen und Entschwellen der Mitochondrien weiterentwickelt. Die Mitochondrienkontraktion (das Entschwellen) hängt demnach von der Bildung von $X \sim I$, also von der Konservierung der durch die Substratoxidation gewonnenen Energie in Form einer nichtphosphorylierten, energiereichen Bindung ab. I wird dabei als Mechanoenzym angesehen, das bei der Bildung von $I\sim$ strukturelle Veränderungen der Mitochondrien bewirkt, nämlich die Kontraktion. $Ca^{++}$ wird an $X \sim I$ gebunden:

$$Ca^{++} + X \sim I \leftrightharpoons CaX \sim I;$$

aber erst bei Reaktion mit anorganischem Phosphat ($P_i$) kann ein Transport von $PO_4^{---}$ und $Ca^{++}$ nach innen erfolgen:

$$CaX \sim I + P_i \leftrightharpoons I + (CaX \sim P) \leftrightharpoons I + X + (Ca + P_i)_{innen}.$$

$CaX \sim P$ ist die Transporteinheit. Die Reihenfolge der Bindung von $Ca^{++}$ und $P_i$ an X soll dabei gleichgültig sein. Es kann auch $Ca^{++}$ an $X \sim P$ gebunden werden.

Eine andere Theorie fußt auf der MITCHELLschen Hypothese der *chemoosmotischen Energiekoppelung* der oxidativen Phosphorylierung an die Elektronenübertragung in der Mitochondrienmembran. Nach MITCHELL (1961a, 1962, vgl. LEHNINGER 1964, vgl. Abb. 36) erfolgt dabei zunächst eine Ladungstrennung nach dem Schema

$$H_2O \rightarrow H^+ + OH^-.$$

Durch anisotrope Anordnung der an der Elektronenübertragung beteiligten Enzyme wird das Proton nach der einen und das OH-Ion nach der anderen Seite der Membran abgegeben. Die Membran muß ferner für $H^+$ und $OH^-$ impermeabel sein. Der an der Mitochondrienmembran auf diese Weise geschaffene pH-Gradient treibt oder „zieht" die ATP-Bildung in Form einer umgekehrten ATPase-Reaktion. Dabei wird $H_2O$ aus ADP und anorganischem Phosphat frei (Kondensationsreaktion). Die ATPase soll ebenfalls anisotrop sein. Die hier gebildeten $H^+$- und $OH^-$-Ionen sollen in umgekehrter Weise wie vorher bei der Elektronenübertragung auf zwei verschiedene Seiten der Membran gelangen, wodurch ein Ladungsausgleich nach dem Schema

$$H^+ + OH^- \rightarrow H_2O$$

ermöglicht wird. Die Koppelung der Phosphorylierung mit dem Elektronentransport ist demnach nicht chemischer, sondern physikalischer Natur. Sie kommt durch anisotrope Anordnung der Enzymmoleküle an einer für $H^+$ und $OH^-$ impermeablen Membran zustande. KENEFICK und HANSON (1966) weisen darauf hin, daß die polare Abgabe von $H^+$- und $OH^-$-Ionen aus der Membran die Bildung einer Anhydridbindung zur Folge haben könnte, die dem nicht-phosphorylierten, energiereichen Zwischenprodukt X $\sim$ I entspräche. Auf dieser Basis könnten die verschiedenen Hypothesen in Übereinstimmung gebracht werden, da Hanson und Mitarbeiter über den Mechanismus der Bildung von X $\sim$ I keine Aussage machen.

Millard et al. (1964, 1965, s. auch Robertson 1964 b, Atkinson et al. 1966) nehmen nun genau wie Hodges und Hanson (1965) an, daß die ATP-Bildung

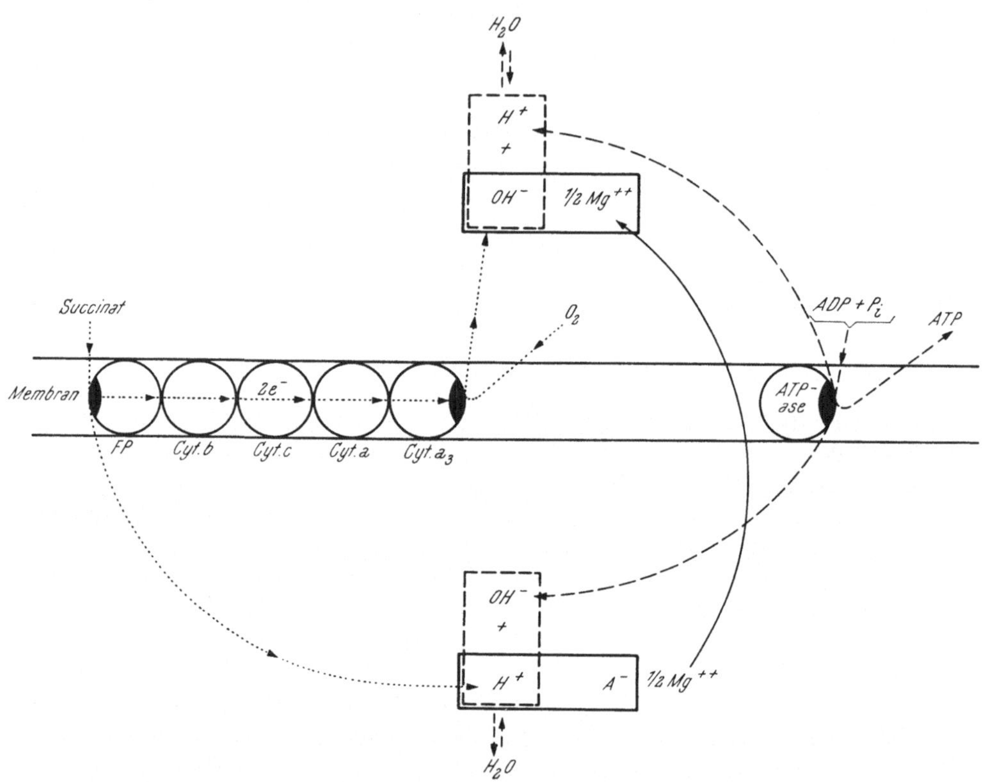


Abb. 36. Ladungstrennung durch vektorielle Enzymreaktionen bei der Elektronenübertragung an der Cytochromkette und chemo-osmotische Energiekoppelung der oxidativen Phosphorylierung nach Mitchell (¦‐‐‐‐‐¦, ‐‐‐‐‐→) oder Ionenaufnahme nach R. N. Robertson und Mitarb. (▭, ——→). Aus Lehninger (1964), verändert. FP = Flavoprotein, $e^-$ = Elektron, $A^-$ = Anion, $P_i$ = anorganisches Phosphat. Weitere Erklärungen im Text.

und die Ionenaufnahme durch Mitochondrien Alternativen sind, zwei verschiedene Auswirkungen ein und desselben Vorgangs. Sie versuchen dies aber nicht durch die Wirkung eines gemeinsamen energiereichen Zwischenproduktes (X — I $\sim$ P bei Hodges und Hanson) zu erklären, sondern durch die unmittelbare Bedeutung der Ladungstrennung an der Mitochondrienmembran für beide Vorgänge. Der bei der Elektronenübertragung durch die anisotropen Enzyme an der Mitochondrienmembran entstandene Ladungsunterschied kann alternativ zur ATP-Bildung nach dem Modell von Mitchell auch die Kationenaufnahme antreiben. Die genannten Autoren führen dafür an, daß pro Äquivalent aufgenommenen Kations ein Protonenäquivalent nach außen abgegeben wird, und daß bei dieser

Kationenaufnahme nicht nur die Außenlösung saurer, sondern auch das Innere der Mitochondrien alkalischer wird. Der Befund, daß bei ATP-Bildung keine Ionenaufnahme beobachtet wird, paßt sich in dieses Bild ein, ebenso wie andere auch von HODGES und HANSON für ihre Deutung ins Feld geführte Ergebnisse. Oligomycin verhindert die ATP-Bildung, nicht aber die Ionenakkumulation. Entkoppler hemmen beide Vorgänge. Nach MITCHELL erhöhen diese Substanzen die Permeabilität der Membran für $H^+$ und $OH^-$ und machen auf diese Weise die Entstehung des Potentialgradienten unmöglich.

MILLARD et al. beobachteten ferner, daß die Kationenaufnahme durch Mitochondrien nicht auf bestimmte Ionen beschränkt ist, sondern als allgemeiner Prozeß gelten muß. Niedrige Konzentrationen von univalenten Kationen hemmen die $Mg^{++}$- und die Phosphat-Aufnahme, sie interferieren mit dem Magnesium. Die beobachtete Spezifität der Kationenaufnahme kann allein durch unterschiedliche Permeabilität der Membran für die einzelnen Ionenarten erklärt werden. Die Kationenaufnahme spielt nach der Theorie dieser Autoren die primäre Rolle. Die Membran soll für $HPO_4^{--}$ oder $H_2PO_4^-$ leicht permeabel sein. Im alkalischen Innern der Mitochondrien soll das Phosphat dann in den tertiären Zustand ($PO_4^{---}$) übergehen, dem die Membran einen höheren Diffusionswiderstand entgegensetzt. Dieses Phosphat kann schließlich durch Fällung im Innern festgehalten werden. Man fand, daß das Verhältnis akkumulierten Magnesiums zu aufgenommenem Phosphat gleich 1,5 : 1 ist, entsprechend der Bildung von $Mg_3(PO_4)_2$.

Die Theorien von HODGES und HANSON und von MILLARD et al. gelten primär nur für die Ionenaufnahme durch die Mitochondrien. Die ersteren Autoren lassen es offen, ob ihr Schema auch für den Transport durch andere Membranen angewandt werden kann. Nach dem oben über die Energiequellen des metabolischen Transportes Gesagten (s. S. 31 ff.) ließe sich dies wohl eher vorstellen als eine Gültigkeit der MILLARDschen Theorie für andere Vorgänge als die Ionenaufnahme durch die Mitochondrien selbst.

## 2. Die Ionenaufnahme durch Chloroplasten

Ähnlich wie bei den Mitochondrien wurden die in den Chloroplasten ablaufenden, mit einem Gewinn von Energie verbundenen, biochemischen Vorgänge zur Erklärung der metabolischen Ionenaufnahme in die gesamte Zelle herangezogen (s. S. 39 ff.). Dieser direkten oder indirekten Mitwirkung der Chloroplasten oder der durch sie bei der Photosynthese gewonnenen Energie bei der Versorgung der gesamten Zelle mit Ionen steht die Stoffaufnahme und Stoffabgabe durch diese Organelle selbst gegenüber.

Bei nicht wäßriger Isolierung und Präparation von Chloroplasten aus Tabak- und Bohnenblättern wurde in ihnen ein hoher Prozentsatz der insgesamt in den Blättern enthaltenen Kationen gefunden: Etwa 40% des $K^+$, $Mg^{++}$ und $Ca^{++}$ und etwa 70% des gesamten Stickstoffs der Blätter lag in den Chloroplasten (STOCKING und ONGUN 1962). Da die Vacuole meist ein viel größeres Kompartiment darstellt als alle Chloroplasten einer Zelle zusammen, muß angenommen werden, daß die *Ionenkonzentration in den Chloroplasten* wesentlich höher ist als in der Vacuole, die gemeinhin als Reservoir für Ionen gilt. Die Chloroplasten sind alternative Akkumulationsorte innerhalb der Zelle.

Bei mikroautoradiographischen Untersuchungen über den $Cl^-$-Transport in Blättern von *Limonium vulgare* Mill., die mit ihrem abgeschnittenen Stiel in eine $^{36}Cl$-markierte 0,53 M NaCl-Lösung eingetaucht waren, konnte unter anderem eine starke Markierung der Chloroplasten gefunden werden (Abb. 37), die auch mit einer elektronenmikroskopischen Methode der Chloridlokalisation bestätigt wurde (Ziegler und Lüttge 1967). Zumindest unter der Bedingung hoher Salzzufuhr darf bei dieser, an Salzstandorte angepaßten Pflanze eine starke $Cl^-$-Akkumulation durch die Chloroplasten angenommen werden. Nobel und Murakami (1967) fanden nach der Aufnahme divalenter Kationen ($Sr^{++}$, $Ca^{++}$, $Ba^{++}$) durch Spinatchloroplasten an der inneren Oberfläche der Thylakoidmembranen elektronendichte Partikel, deren Größe durch Belichtung erhöht wurde.

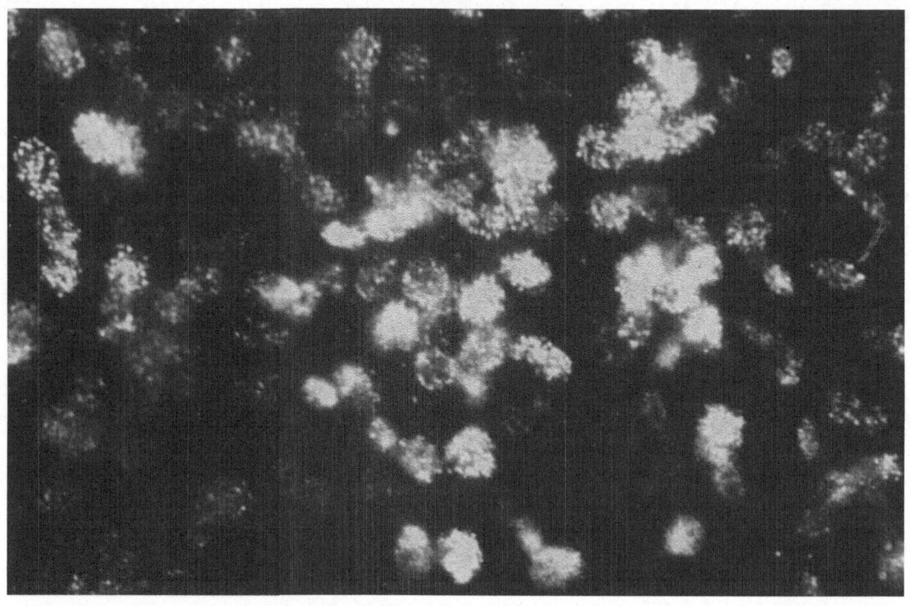

Abb. 37. Mikroautoradiographie von $^{36}Cl^-$-markierten Chloroplasten auf einem Querschnitt durch ein Blatt von *Limonium vulgare*, vgl. Ziegler und Lüttge (1966). Originalaufnahme: Lüttge. Vergrößerung 1440fach.

MacRobbie (1964 a) und Kishimoto und Tazawa (1965 a, Kishimoto 1965) fanden bei *Nitella translucens* bzw. *Nitella flexilis* ebenfalls im Vergleich mit dem Cytoplasma hohe $Cl^-$-Konzentrationen in den Chloroplasten (Tab. 3). Die Untersuchungen von MacRobbie (1965) über die Abhängigkeit der $Cl^-$-Aufnahme von der Elektronenübertragung durch das Photosynthesesystem II wurden bereits oben diskutiert. Dabei ist besonders auffallend, daß die $Cl^-$-Akkumulation gerade durch das Photosystem angetrieben wird, für das $Cl^-$ als Cofaktor vonnöten ist (MacRobbie 1965, 1966 a). Es liegt nahe anzunehmen, daß die $Cl^-$-Aufnahme durch die Chloroplasten der Eigenversorgung dieser Organelle dient, und nicht der Aufnahme in die Zelle selbst, und dem Weitertransport in die Vacuole (s. S. 44 ff.).

Tab. 3. *Die $K^+$-, $Na^+$- und $Cl^-$-Konzentration in verschiedenen Kompartimenten der Zellen von Nitella flexilis.* Nach KISHIMOTO und TAZAWA (1965a).

| Ion | Außenlösung | Chloro-plastenlage | Fließendes Plasma | Vacuole |
|---|---|---|---|---|
| | mM/l | | | |
| $K^+$ | 0,1 | 110 | 125 | 80 |
| $Na^+$ | 0,2 | 26 | 5 | 28 |
| $Cl^-$ | 1,3 | 136 | 36 | 136 |

So ließe sich auch die *Kritik* JESCHKES (1967) *an den Untersuchungen von* MACROBBIE wenigstens zum Teil mit ihren Ergebnissen in Einklang bringen. Die Chloridkonzentration betrug bei den Versuchen von MACROBBIE (1965) 1,3 meq/l. Es ist deshalb sehr wahrscheinlich, daß das Plasmalemma hierbei der Diffusion keine wirksame Barriere entgegensetzt und MACROBBIE tatsächlich die Ionenaufnahme unmittelbar in die Chloroplasten hinein untersucht hat. JESCHKE, der nicht nur mit einer anderen Pflanze (*Elodea*), sondern auch mit viel niedrigeren Konzentrationen arbeitete (0,1 bis 0,2 meq/l), fand den Transport durch das Plasmalemma als geschwindigkeitsbestimmenden Schritt, der nicht direkt an die photosynthetische Elektronenübertragung gebunden ist.

Unter Bedingungen, wo die cyclische Photophosphorylierung als einzige mögliche Energiequelle in Frage kommt, konnte JESCHKE noch eine Förderung der $Cl^-$-Aufnahme durch das Licht beobachten. Bei DCMU-Konzentrationen, die die photosynthetische $O_2$-Produktion bis auf 1/10 des Kontrollwertes hemmen, erscheint die lichtabhängige $Cl^-$-Aufnahme in reiner Stickstoffatmosphäre und in $CO_2$-freier Luft nicht beeinflußt. Enthält der Stickstoff 0,5% $CO_2$, wird die lichtabhängige $Cl^-$-Aufnahme auch durch niedrige DCMU-Konzentrationen deutlich beeinträchtigt. Bei Belichtung mit Rotlicht von der Wellenlänge 717 nm, wo das Photosystem II weitgehend inaktiv ist, konnte noch eine lichtinduzierte $Cl^-$-Aufnahme in $N_2$-Atmosphäre gezeigt werden. Atebrin, das bei *Elodea* bei einer Konzentration von $4 \times 10^{-4}$ M die Photophosphorylierung entkoppelt, aber die $O_2$-Abgabe unbeeinflußt läßt, hemmt die lichtabhängige $Cl^-$-Aufnahme fast vollständig. Diese wird nach JESCHKE demnach je nach den Bedingungen durch die cyclische (in reinem $N_2$, bei Belichtung mit langwelligem Rotlicht) oder auch durch die nicht-cyclische Photophosphorylierung (bei Gegenwart von $CO_2$) energetisch angetrieben, aber nicht durch die Elektronenübertragung als solche.

Die Schlußfolgerungen von MACROBBIE und JESCHKE schließen sich nicht unbedingt gegenseitig aus. Es ist möglich, daß die Mechanismen beim metabolischen Transport durch die Plastidenmembran und durch das Plasmalemma verschieden sind. Die Konzentrationsverhältnisse bei den Untersuchungen beider Autoren würden die Vermutung nahelegen, daß jeweils einer dieser Prozesse geschwindigkeitsbestimmend war, was zu den unterschiedlichen Resultaten geführt haben kann.

Über einen *ausgedehnten Konzentrationsbereich* (0 bis 100 mM/l) wurde die *lichtinduzierte Anionenaufnahme* ($PO_4^{---}$, $SO_4^{--}$, $Cl^-$) jedoch kürzlich von WEIGL (1967 b) mit *Elodea*blättern untersucht. Er kommt zu dem Schluß, daß im Licht und im Dunkeln derselbe Mechanismus für die Anionenaufnahme dient, der durch einen aus den Organellen, in denen mit Energiegewinn verbundene Reaktionen ablaufen (Mitochondrien, Chloroplasten), zu den Orten des metabolischen Transports verfrachteten Faktor, nämlich die ATP, angetrieben wird. Die Aufnahmekurven zerfielen je nach dem Bereich der Außenkonzentration in 4 einzelne hyperbolische Teile. Die einzelnen Transportvorgänge strebten sowohl im Dunkeln als auch im Licht derselben Maximalgeschwindigkeit ($V_{max}$) zu, während die apparente Michaelis-Konstante ($K_m$) durch die Belichtung beeinflußt wurde. Dies läßt sich nach WEIGL aufgrund der Cofaktorkinetik als Veränderung der Bereitstellung von ATP durch das Licht deuten. Lediglich für die Chloridaufnahme bei sehr hohen Außenkonzentrationen (über 50 mM/l) schließen die Resultate die Beteiligung eines zweiten, im Licht wirksam werdenden Transportmechanismus nicht völlig aus. Aus diesen Untersuchungen folgt, daß die Beteiligung des photosynthetischen Elektronentransportes zumindest bei *Elodea* weder für $PO_4^{---}$ oder $SO_4^{--}$ noch für $Cl^-$ bis zu einer Außenkonzentration von 50 mM zum geschwindigkeitsbestimmenden und damit in diesen Experimenten erfaßbaren Aufnahmemechanismus wird.

NOBEL und PACKER (1964 a, 1964 b, 1965) haben die Ionenaufnahme durch isolierte Spinatchloroplasten untersucht. Belichtung steigert die metabolische Aufnahme von $Ca^{++}$ und $PO_4^{---}$ auf das 1,6—2fache des Dunkelwertes, wenn gleichzeitig ATP-Hydrolyse und cyclischer Elektronenfluß möglich sind. Die $Ca^{++}$-Akkumulation wird bei Belichtung auch durch den nicht-cyclischen Elektronenfluß, bei dem NADP als Elektronenacceptor dient, gefördert oder im Dunkeln durch ATP und die Aktivität einer ATPase. Nach diesen Autoren wirkt das Licht auf den Ionentransport indirekt, durch Lichtaktivierung der ATP-Spaltung. Die günstigsten Bedingungen für diese ATPase sind Licht, pH 8 und das Vorhandensein von $Mg^{++}$, Phenazinmethosulfat und einer Thiolkomponente. ADP und $NH_4Cl$ hemmen diese Reaktion. Die indirekte Natur der Wirkung des Lichtes wird dadurch weiter belegt, daß die Steigerung der ATPase-Aktivität auch durch eine Vorinkubation im Licht erreicht werden kann. Sowohl die ATP-Hydrolyse, als auch die Ionenaufnahme durch die Chloroplasten werden in einer folgenden Dunkelperiode allmählich langsamer (BENNUN und AVRON 1964, MARCHANT und PACKER 1963). $Mn^{++}$ kann $Mg^{++}$ sowohl als Cofaktor der ATPase als auch als notwendiger Faktor bei der Ionenaufnahme ersetzen. In der gleichen Weise wie die ATPase und die Ionenaufnahme werden strukturelle Veränderungen, das Schwellen und das Entschwellen der Chloroplasten beeinflußt (PACKER und SIEGENTHALER 1965). Diese Strukturveränderungen, die Wassertransporte widerspiegeln sollen, hängen mit den anderen beiden Vorgängen eng zusammen, alle drei werden möglicherweise durch denselben Mechanismus kontrolliert. Das licht-induzierte Schwellen der Chloroplasten ist vielleicht sogar die Ursache für ihre lichtgesteuerte Kationenaufnahme (NOBEL 1967).

NOBEL und PACKER (1965) weisen auf die *Ähnlichkeit* dieser Zusammenhänge *mit den Verhältnissen bei den Mitochondrien* (s. S. 81 ff.) hin. Der lichtgetriebenen Ionenaufnahme bei Chloroplasten steht die Substrat-regulierte Ionenakkumulation durch die Mitochondrien gegenüber. Bei beiden Organellen kann die Ionenaufnahme auch durch ATP angetrieben werden. Ähnlich wie bei den Mitochondrien könnte auch bei den Chloroplasten eine energiereiche Zwischenverbindung für die

Ionenaufnahme verantwortlich sein (NOBEL 1967). Die Hemmung der $Ca^{++}$-Aufnahme in die Chloroplasten durch ADP wird in ähnlicher Weise gedeutet wie das entsprechende Phänomen bei Mitochondrien durch HODGES und HANSON (1965) (vgl. Fig. 35). KYLIN (1967 a, 1967 b) diskutiert in diesem Zusammenhang, daß Licht unter besonderen Bedingungen die Ionenaufnahme auch hemmen kann, und zwar, wenn verarmten *Scenedesmus*-Zellen im Medium Phosphat zugegeben wird. Es mag sein, daß die ATP-Bildung unter diesen Umständen stark bevorzugt ist, und die Energie des hypothetischen energiereichen Zwischenproduktes in geringerem Maße für die Ionenaufnahme zur Verfügung steht.

Die Ionenakkumulation durch die Organellen braucht nicht allein für deren Eigenversorgung von Bedeutung zu sein. Mitochondrien und Chloroplasten können durch Ionenaufnahme und -abgabe auch regulierend in den Ionenhaushalt der Zelle oder vor allem des Cytoplasmas eingreifen (LEHNINGER 1964). In grünen Pflanzengeweben kann das Licht auf diese Weise zum kontrollierenden Faktor für den Wasser- und Ionengehalt des Cytoplasmas der Zellen werden (NOBEL und PACKER 1965). Ein Beispiel für eine intracelluläre Kontrolle lokaler Ionenkonzentration durch Organellen wäre die Bereitstellung von Salzen durch die Mitochondrien, um Stärkekörner *in vivo* für den Abbau der Stärke durch Phosphorylase zugänglich zu machen (BADENHUIZEN 1958, FEKETE 1966).

## 3. Der Stoffaustausch anderer Kompartimente der Zelle

a) Zellkerne. Untersuchungen über Transportprozesse an der Kernmembran zeigen, daß auch hier metabolisch gesteuerte Stoffverschiebungen in den Zellkern hinein und aus ihm heraus angenommen werden müssen. Aus Messungen der Potentialdifferenz an der Kernmembran und ihres elektrischen Widerstandes ergibt sich, daß sie eine gewisse Diffusionsbarriere darstellt. Der elektrische Widerstand der Kernmembran ist mit etwa 1,5—2 $\Omega/cm^2$, (COLE 1940, vgl. LOEWENSTEIN 1964) allerdings wesentlich niedriger als der anderer Biomembranen ($10^3$—$10^5$ $\Omega/cm^2$, vgl. Tab. 1). Trotzdem neigen einige Forscher zu der Annahme, daß wenigstens während der Interphase kein kontinuierlicher Übergang zwischen dem Kerninneren und dem Cytoplasma möglich sei (vgl. Diskussion zu SCHNEPF 1966). Hierbei spielt es eine große Rolle, zu wissen, wie die Kernporen aussehen. Sie sind vielleicht durch ein Diaphragma verschlossen (MERRIAM 1961), dessen Existenz allerdings nicht allgemein anerkannt wird (FRANKE 1966, 1967). Sowohl niedermolekulare Substanzen wie Ionen oder Aminosäuren, als auch höhermolekulare Einheiten, z. B. im Plasma synthetisiertes Protein, können in den Kern eintreten. Die Ionenaufnahme führt zu einer Konzentrierung im Kerninnern. Für Aminosäuren konnte eine metabolische Aufnahme in isolierte Zellkerne nachgewiesen werden (ALLFREY et al. 1961, MIRSKY 1963). Eine zusammenfassende Darstellung unserer gegenwärtigen Kenntnisse über die Stoffaustauschvorgänge an der Kernmembran geben FELDHERR, GALL, GOLDSTEIN, HARDING, LOEWENSTEIN und MIRSKY (1964) in diesem Handbuch (Bd. V/2).

b) Der Transport in „Bläschen", „Tubuli" oder „Vesikeln". Auch der Transport in mit einer Membran umhüllten „Bläschen", „Tubuli" oder „Vesikeln", die verschiedenen Ursprungs sein können, ist ein Transport in Kompartimenten oder Unterabteilungen der Zelle. Hierzu gehören zunächst die Invaginationen des Plasmalemmas, die sich nach innen als Bläschen selbständig machen können, ein Vorgang, der verschiedentlich, aber vor allem bei tierischen Objekten, durch Serien von elektronenmikroskopischen Bildern rekonstruiert werden konnte (Buvat und Lance 1957, Buvat 1958, Whaley et al. 1960, Girbardt 1964, Wittekind 1963). Vor allem die Aufnahme von makromolekularen Stoffen, wie Proteinen, versuchte man durch diese sogenannte Mikropinocytose zu erklären. Daß Proteine als Ganze ohne vorhergehende Zerlegung in kleinere Einheiten das Plasmalemma queren können, wurde durch spezifische Farbreaktionen der intakten Moleküle (Maeir 1961) oder durch mikroautoradiographische Untersuchungen (Jensen und McLaren 1960, McLaren et al. 1960) cytologisch nachgewiesen. Auch für den Transport von Proteinen durch die Kernmembran wurden gelegentlich pinocytotische Vorgänge in Betracht gezogen (s. oben, Feldherr usw. 1964). Es konnte andererseits gezeigt werden, daß Makromoleküle (bis zu einem Durchmesser von 20 nm) durch die Kernporen aus dem Kern herausgelangen können (Stevens und Swift 1966).

Die Pinocytose oder verwandte Vorgänge, z. B. die Cytompempsis (Transport in Vesikeln durch die Zelle hindurch in eine andere Zelle, vgl. Weiling 1962) oder die Rhopheocytose (Policard und Bessis 1958), bei der an das invaginierende Plasmalemma adsorbierte ungelöste Teilchen oder Makromoleküle aufgenommen werden sollen (vgl. Sitte 1966), können metabolische Prozesse sein. Wittekind (1963) unterscheidet eine erste passive Phase der Adsorption aufzunehmender makromolekularer Substanzen an der Membranoberfläche und eine zweite vom Metabolismus abhängige Phase („Ingestionsphase") der Bildung und Abschnürung der Pinocytosebläschen. Bei Versuchen über die Aufnahme von Lysozym durch Pflanzenwurzeln konnte allerdings keine Hemmung durch $CN^-$, DNP, $F^-$, CO oder Ätherdampf, wohl aber eine leichte Förderung durch Verletzung der Zellen gefunden werden (Bradfute und McLaren 1964). Obwohl man annehmen muß, daß die Pinocytose bei Pflanzen grundsätzlich möglich ist, ist ihr Vorkommen hier im Gegensatz zu tierischen Objekten noch nicht zwingend bewiesen.

Dies gilt nicht für den umgekehrten Vorgang, die Vesikelextrusion, die an anderer Stelle in diesem Handbuch (Schnepf 1968) eingehend beschrieben wird. Besonders auffallend ist die Erscheinung der Loslösung einzelner Bläschen von den Dictyosomen, das Wandern dieser Golgi-Vesikel an die Zelloberfläche und ihre Entleerung durch Verschmelzen ihrer Membran mit dem Plasmalemma. Bei Pflanzen wird auf diese Weise vor allem saures Polysaccharid, z. B. der Fangschleim von Insektivoren (Schnepf 1963 a, 1963 b) und die Mittellamellensubstanz bei der Bildung von neuen Zellwänden nach der Zellteilung (Whaley et al. 1959), transportiert. Auch hierbei spielen stoffwechselbedingte Vorgänge eine Rolle (Schnepf 1963 b).

Vielleicht sollten in diesem Zusammenhang noch aufgrund von kinetischen Untersuchungen angestellte Berechnungen von MacRobbie (1964 b) erwähnt werden, welche zeigen sollen, daß Cl-Ionen in Zellen von *Nitella* nicht einzeln transportiert werden, sondern in kleinen Vesikeln. Die hypothetischen Bläschen — es wird u. a. an Vesikel des endoplasmatischen Reticulums gedacht — sind möglicherweise verschieden groß und sollen nach MacRobbie $n \cdot 53$ Cl-Ionen enthalten (s. auch MacRobbie 1964 a, Dodd et al. 1966). Hršel und Juráková (1964) glauben, daß sich Einstülpungen des Tonoplasten in die Vacuole hinein abschnüren können. Über ihre Rolle für den Transport in die Vacuole ist nichts bekannt; sie müßten ihre Membran auflösen, wenn durch sie tatsächlich Stoffe in den Zellsaft abgegeben werden sollten.

## IV. Die Stoffverschiebung innerhalb von Geweben: der symplasmatische Transport

Bei der bisherigen Betrachtung der Stoffaufnahme in einzelne Zellen und der Stoffverschiebung und Akkumulation in einzelne Kompartimente innerhalb der Zelle haben wir den im Cytoplasma bis zu den verschiedenen Diffusionsbarrieren zurückzulegenden Weg nicht berücksichtigt. Wir haben den Kurzstreckentransport im engeren Sinne als Membrantransport aufgefaßt und implizite postuliert, daß eine Vermischung und gleichmäßige Verteilung in der plasmatischen Phase sehr rasch verläuft.

Bei der Diskussion von Stofftransporten in größeren Zellverbänden wirft sich zunächst die Frage auf, ob eine Verschiebung über mittlere Entfernungen rein passiv im freien Raum erfolgt, ob sie im Plasma abläuft oder von Vacuole zu Vacuole. Verbunden damit ist die Frage, ob ein derartiger Vorgang an einen metabolischen Kurzstreckentransport gebunden ist oder nicht. Eine Reihe von Untersuchungen aus dem Laboratorium von ARISZ geben zahlreiche Hinweise dafür, daß die Stoffverschiebungen in Geweben von Zelle zu Zelle am wirksamsten im Cytoplasma erfolgen, das eine Kontinuität im ganzen Gewebe darstellt: den Symplasten. Diese Bezeichnung geht auf MÜNCH zurück, der sie für die Gesamtheit der durch Plasmodesmen miteinander zusammenhängenden Protoplasten eines Gewebes, eines Organs oder einer ganzen Pflanze eingeführt hat. MÜNCH (1930) stellt diesem Begriff den des Apoplasten für die leblosen Teile der Pflanzen gegenüber. Wenn das Plasmalemma die äußere Diffusionsbarriere der Zelle darstellt, fallen die Begriffe Apoplast und Symplast mit den *termini technici* Freier Raum und Nicht-freier Raum zusammen. Auf dem Grundgedanken von MÜNCH fußend, formulierte ARISZ die Theorie des „symplasmatischen Transportes" (ARISZ 1945, 1953 b, 1954, 1956, 1958, 1960 a, 1960 b, 1961 a, 1961 b, 1963, 1964 a, 1964 b, ARISZ und SCHREUDER 1956 a, 1956 b, ARISZ und SOL 1956, ARISZ und WIERSEMA 1966).

### a) Der Nachweis des symplasmatischen Transportes bei *Vallisneria*-Blättern

Um einen Transport im Cytoplasma als solchen erfassen zu können, muß es gelingen, folgende Grundvorgänge auseinanderzuhalten (s. Abb. 38): 1. die Aufnahme und den Transport im Apoplasten ($a_1$, $Tr_1$), 2. die Aufnahme in das Cytoplasma durch das Plasmalemma ($a_2$) und den Transport im Symplasten ($Tr_2$), 3. die Sekretion in die Vacuole ($a_3$) und 4. den Stoffwechsel der aufgenommenen Substanzen im Plasma.

ARISZ und Mitarbeiter benutzten *Vallisneria*-Blätter, die zur Erlangung einheitlichen Versuchsmaterials auf eine bestimmte Länge zugeschnitten wurden. Die metabolische Assimilation der aufgenommenen Substanzen im Plasma (4.) wurde meist durch Arbeiten mit $Cl^-$ eliminiert, das im Gegensatz zu vielen anderen Ionen

($PO_4^{---}$, $SO_4^{--}$, $NO_3^-$) nicht in hohem Maße dem Stoffwechsel unterworfen ist (vgl. EPSTEIN 1965). Der symplasmatische Transport wurde dann aber auch für andere Stoffe (Aminosäuren, Äpfelsäure, Zucker u. a.) nachgewiesen.

Als Aufnahmeregion diente stets eine bestimmte Blattzone (I = Aufnahmezone in Abb. 38), der eine freie Zone der *Vallisneria*-Blätter gegenüberstand (II und III in Abb. 38), in die die aufgenommenen Ionen transportiert wurden. Zone I wurde von einer Salzlösung umspült, Zone II und III befanden sich entweder in salzfreiem Wasser oder in feuchter Luft. Dieses System läßt sich grob schematisch durch 2 bis 3 Zellen darstellen (Abb. 38). Die dicken Pfeile geben einen durch eine

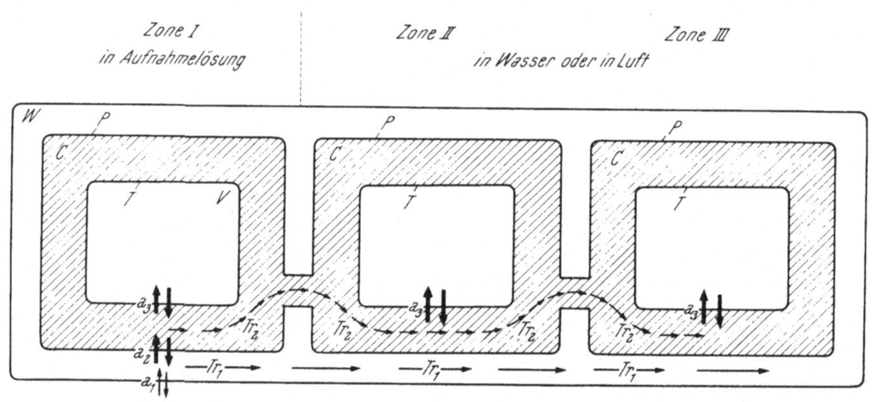


Abb. 38. Vereinfachte schematische Darstellung der Aufteilung eines *Vallisneria*-Blattes in verschiedene Zonen bei den Untersuchungen über den symplasmatischen Transport durch ARISZ und Mitarbeiter. Zone I: Aufnahmeregion, Zone II und III: Bereiche, in die der Transport erfolgt. $a_1$, $a_2$ und $a_3$: Stoffaufnahme und -abgabe der Kompartimente des freien Raumes, des Cytoplasmas und der Vacuole. Dicke Pfeile = durch eine Membran kontrollierte Vorgänge. $Tr_1$ = Zellwandtransport im freien Raum (apoplasmatischer Transport), $Tr_2$ = symplasmatischer Transport, $W$ = Zellwand, $P$ = Plasmalemma, $C$ = Cytoplasma, $T$ = Tonoplast, $V$ = Vacuole.

Membran kontrollierten Transportvorgang wieder. Die Leitbündel, besonders das Xylem, spielen bei den submersen Blättern von *Vallisneria* keine besondere Rolle und werden von ARISZ zunächst weitgehend aus der Diskussion herausgehalten. Für den Parenchymtransport bleiben nur zwei Möglichkeiten, die Vorgänge $Tr_1$ und $Tr_2$, übrig. Ein Transport von Vacuole zu Vacuole ist nur auf dem Umweg über das Cytoplasma möglich. Die Annahme, daß jedes Ion oder Molekül bei seiner Verschiebung im Gewebe in jeder Zelle den Tonoplasten und das Plasmalemma queren muß, ist aus energetischen Überlegungen heraus unwahrscheinlich. Der Energieverbrauch des Parenchymtransportes müßte sich als sehr groß erweisen, sollten so zahlreiche Membranbarrieren zu überwinden sein. Dies ist nicht der Fall.

Appliziert man in der Zone I eine radioaktive Aufnahmelösung und befindet sich Zone II in Wasser, so werden die in Zone I aufgenommenen markierten Moleküle oder Ionen nach Zone II transportiert, ohne daß in das Zone II umspülende Wasser Radioaktivität abgegeben wird. Dies schließt einen Zellwandtransport aus, denn die intermicellaren Räume der Zellwand gehören dem AFS an und sind der Außenlösung, hier dem Zone II umgebenden Wasser, frei zugänglich. Die beobachtete Translokation kann nur durch symplasmatischen Transport erfolgt sein.

Dieses Ergebnis zeigt aber zusätzlich, daß unter den Versuchsbedingungen die nach Zone II transportierten Substanzen auch aus dem Plasma selbst nicht austreten. Auch wenn Zone II statt in Wasser bei Versuchen mit markiertem $Cl^-$ in unmarkierte $Cl^-$-Lösung oder beim Arbeiten mit markiertem $Rb^+$ oder $K^+$ in unmarkierte $Rb^+$- oder $K^+$-Lösungen eintauchte, war kein Efflux von Radioaktivität aus dem Gewebe zu beobachten. Versuche, bei denen auf eine 4stündige Ionenaufnahme eine 24stündige Austauschperiode folgte, führten zu ähnlichen Resultaten.

Werden in Zone I Hemmstoffe (KCN: pH 7; $5\times10^{-6}$ M; Arsenit und Arsenat: $5\times10^{-6}$ M; Azid: $10^{-5}$ — $10^{-6}$ M; Jodacetat und Uranylnitrat: $10^{-5}$ — $3\times10^{-6}$ M) appliziert, findet kein Transport nach Zone II statt. Dies erlaubt nun aber nicht, zwischen Aufnahme und Transport zu unterscheiden. Läßt man dagegen die Aufnahme in Zone I ablaufen und appliziert den Inhibitor in Zone II, so kann ein Transport nach Zone II und III beobachtet werden. Der Transport im Plasma wird durch Inhibitoren wie $CN^-$, Azid, Arsenat und Uranylionen nicht gehemmt. Er ist als solcher passiv, hängt aber von der metabolischen Aufnahme in das Cytoplasma ab. Er ist also mit dem Membrantransport am Plasmalemma gekoppelt.

Es wurde bereits darauf hingewiesen, daß die Leitbündel bei diesen Betrachtungen keine Rolle zu spielen brauchen. Durch Unterbrechen des zentralen Leitbündels der *Vallisneria*-Blätter konnte gezeigt werden, daß ein Transport zwischen zwei Blattzonen auch gewährleistet ist, wenn diese nur durch Parenchymbrücken verbunden sind. Ein Übergang der transportierten Ionen vom Parenchym in das Bündel, zu dem auch das Phloem gehört, und umgekehrt wurde beobachtet. Arisz vermutet: „Dies bedeutet, daß auch die Elemente des Bündels, welche für die Salzleitung sorgen, und dabei müssen auch die Siebröhren sein, zum symplasmatischen System gehören."

Auch die bereits geschilderten Befunde (s. S. 42f. und 72) über die Verschiebung von $Cl^-$ in den Blättern bei wechselnder Belichtung oder Verdunkelung der Aufnahmezone und von Zone II und III deuten auf einen symplasmatischen Transport hin.

## b) Der Mechanismus des symplasmatischen Transportes

Der Mechanismus des symplasmatischen Transportes selbst scheint passiver Natur zu sein. Der symplasmatische Transport ist aber wohl stets an einen metabolischen Prozeß, durch den zunächst ein Konzentrationsungleichgewicht im Symplasten hervorgerufen wird, z. B. in den geschilderten Versuchen durch die Stoffaufnahme am Plasmalemma, gebunden. Er führt zum Konzentrationsausgleich im gesamten Symplasma.

Taucht die absorbierende Zone I in eine radioaktiv markierte Salzlösung ein, Zone II in eine nicht markierte Lösung sonst gleicher Zusammensetzung und Konzentration, so findet kein Transport radioaktiver Ionen aus Zone I nach Zone II statt. Untersucht man den gleichzeitigen Transport von KCl von Zone I nach Zone II und von Asparagin von Zone II nach Zone I, so zeigt sich, daß die Ionen gemäß dem im Symplasma bestehenden Konzentrationsgefälle jeder Teilchenart unabhängig voneinander und in entgegengesetzter Richtung wandern. Arisz entnimmt daraus, daß „die Richtung des Transportes ... vermutlich durch Konzentrationsdifferenzen im Symplasma bestimmt" wird. Man sollte dabei allerdings berücksichtigen, daß für den passiven Transport von Ionen elektrische Potentialgradienten weitaus wichtiger sind als Konzentrationsgradienten.

Konzentrationsunterschiede im Symplasten können nicht nur durch Stoffaufnahme aus einer Außenlösung zustande kommen. Gefälle können zwischen Orten der Synthese und des Verbrauches innerhalb des Symplasten selbst entstehen. Sie können dadurch hervorgerufen werden, daß Ionen durch einen metabolischen Vorgang in die Vacuolen sezerniert werden, oder daß sich irgendwo im Gewebe ein „sink“ befindet, z. B. in den Wurzeln, wo die Ionen schließlich im Xylem weitertransportiert oder bei Drüsen, wo Stoffe nach außen sezerniert werden.

Mikroautoradiographische Untersuchungen über die Sekretion von $Cl^-$ durch die Kannendrüsen von *Nepenthes* zeigten, daß die Markierung des Cytoplasmas der Drüsenzellen und der Mesophyllzellen stets gleich groß war, was auf eine rasche Gleichverteilung der Cl-Ionen im Plasma zwischen „source“ und „sink“ hindeutet, in diesem Falle zwischen dem freien Raum, hauptsächlich auch dem Xylem, von isolierten Gewebescheiben, die aus einer Außenlösung Ionen aufnehmen konnten, und den Drüsen, die gleichzeitig sezernierten (LÜTTGE 1966 b).

Lokale Saugspannungsdifferenzen scheinen keinen Einfluß auf den symplasmatischen Transport zu haben. Sie wurden erzeugt, indem Zone III in relativ trockene Luft gebracht wurde, wodurch sich die Transpiration dieses Blatteils erhöhte. Es ließ sich keine gesteigerte Stoffwanderung in diesen Bereich und keine stärkere Stoffaufnahme in der absorbierenden Zone beobachten. Zucker steigert durch seine Rolle als Substrat im Stoffwechsel die Ionenaufnahme und damit den Weitertransport. Taucht man Zone III in eine osmotisch wirksame Rohrzuckerlösung (0,1 M) ein, erfolgt keine Erhöhung, sondern eine leichte Erniedrigung des symplasmatischen Transportes. ARISZ und Mitarbeiter vermuten, daß eine Dehydratation des Plasmas, besonders der Plasmodesmen, die „Struktur der Plasmamicelle“ so verändert, daß eine rasche Stoffverschiebung im Symplasma nicht mehr möglich ist. Der symplasmatische Transport ist auch in dieser Hinsicht indirekt vom Stoffwechsel abhängig, welcher die normale Plasmastruktur aufrechterhält.

Die Geschwindigkeit des symplasmatischen Transportes wird durch ARISZ und WIERSEMA (1966) mit 2—4,4 cm/Std. angegeben. Entfernungen von 50 bis 100 cm können in weniger als 24 Stunden zurückgelegt werden. Ähnliche Werte wurden von WEBB und GORHAM (1965) bei Blättern von *Cucurbita pepo* gefunden. Die Geschwindigkeit hängt hier vom Entwicklungszustand des Blattgewebes ab. Bei jungen Blättern liegt sie in der Größenordnung von 6 cm/Std., bei älteren Geweben ist sie geringer (1 cm/Std.). Auch PITMAN (1965 a) zeigte in Untersuchungen über die $Na^+$- und $K^+$-Aufnahme durch Gerstenwurzeln, daß der Transport im Plasma rascher erfolgt, als es durch Diffusion im freien Raum möglich wäre.

ARISZ und WIERSEMA (1966) versuchen, die eine einfache Diffusion übertreffende Geschwindigkeit des symplasmatischen Transportes durch einen Rühreffekt zu erklären. Dabei könnte zunächst an die Plasmaströmung gedacht werden (DE VRIES 1885). Da aber bei Stillstand der sichtbaren Plasmaströmung der symplasmatische $Cl^-$-Transport in *Vallisneria*-Blättern fortdauert (s. auch KAMIYA 1959), muß eher an einen Mischeffekt auf submikroskopischer Basis gedacht werden, möglicherweise unter Mitwirkung des endoplasmatischen Reticulums.

Dieses erstreckt sich bekanntlich von Zelle zu Zelle durch die Plasmodesmen hindurch. In jedem Falle scheint ein Rühreffekt innerhalb einer einzelnen Zelle zu raschem Konzentrationsausgleich zu führen, so daß höchstens der Übertritt in eine Nachbarzelle durch Diffusion erfolgen muß, die auf den sehr kurzen Strecken kaum limitierend wirken dürfte. Auch an Spreitungsvorgänge und Translokationen oberflächenaktiver Stoffe an Lipidfilmen (van den Honert 1932) wird bei Versuchen, die hohe Geschwindigkeit des symplasmatischen Transportes zu erklären, gedacht. De Jong (1966) spekuliert über die Möglichkeit, daß Redoxvorgänge den Ionentransport über größere Strecken, z. B. im Symplasma der Wurzelrinde von der Wurzeloberfläche nach innen antreiben könnten. Er fand in Wurzeln eine konzentrische Verteilung der Peroxidaseaktivität in einzelnen Geweben. Die Hypodermis, die Endodermis und das Phloem enthalten sehr viel Peroxidase, während die Rinde, das Pericykel und das Xylem arm an diesem Enzym sind. Wenn die Peroxidase einen wesentlichen Anteil an Redoxreaktionen hat, die in Anlehnung an die Vorstellungen von Mitchell und R. N. Robertson und Mitarbeitern (s. S. 84 f.) zu Ladungstrennungen führen sollen, wodurch wiederum elektrochemische Gradienten entstehen, könnte so eine Erklärung für einen Ionenstrom von außen nach innen gefunden werden.

Die eigentlichen Ursachen des symplasmatischen Transportes sind also metabolische Vorgänge, Prozesse, die sich an Membranen, dem Plasmalemma, dem Tonoplasten und an den Membranen der Organelle abspielen, und die Konzentrations- oder Ladungsunterschiede im Symplasten hervorrufen. Der symplasmatische Transport selbst ist passiver Natur, er kommt nach dem Konzentrationsausgleich zum Erliegen, ist aber an durch den Stoffwechsel aufrechterhaltene Plasmastrukturen gebunden.

## V. Der Stofftransport in Organen

Bei Stoffverschiebungen in Organen, die aus verschiedenen Zelltypen und Geweben bestehen, wirken Kurzstreckentransporte an Membranen, symplasmatischer Transport und Ferntransport durch Massenströmung in den Leitbahnen des Xylems und Phloems zusammen. Symplasmatischer Transport und Ferntransport werden dabei an besonderen „Schaltstellen" (Ziegler 1956) durch metabolische Kurzstreckentransporte gesteuert. Diese Zusammenhänge sollen uns hier interessieren.

### a) Der Ionentransport durch die Wurzel

#### 1. Der Ort der metabolischen Kontrolle des Ionentransportes in das Xylem

Die Frage nach den „Schaltstellen" der metabolischen Kontrolle ist zum zentralen Problem aller Theorien über den Ionentransport aus dem Boden oder einer Außenlösung durch die lebenden Gewebe der Epidermis, der Rinde, der Endodermis, des Pericykels und des Gefäßparenchyms in die toten Leitbahnen des Xylems der Wurzeln geworden.

Crafts und Broyer (1938) erarbeiteten aus den damals bekannten Tatsachen eine *Theorie*, nach der die Ionenaufnahme durch das Plasmalemma in das Cytoplasma der Epidermis- und Rindenzellen der geschwindigkeitsbestimmende Schritt ist. Anschließend an diesen Vorgang sollte eine Gleichverteilung im ganzen Symplasten der Wurzel (durch Plasmaströmung und Diffusion) erfolgen. Die im Zentralzylinder und besonders die den Gefäßen benachbart gelegenen Parenchymzellen sind nach Ansicht dieser Autoren nicht befähigt, die Ionen, die ihnen auf diese Weise herantransportiert werden, festzuhalten. Die Ionen diffundieren passiv in die Gefäße hinein. Man glaubte diese Annahme der besonderen Permeabilitätseigenschaften der zentral gelegenen Parenchymzellen durch das Vorliegen eines Sauerstoffgradienten zwischen der Rinde und dem Zentralzylinder erklären zu können, im Zusammenhang mit der bereits bekannten Tatsache, daß $O_2$ für die Ionenakkumulation erforderlich ist. Gerade diese relative Anaerobiose im Zentralzylinder gilt heute jedoch nicht als begründet (SUTCLIFFE 1962). Ohne diesem Punkt stärkeres Gewicht zu verleihen, hat ARISZ (1956) die durch seine Untersuchungen mit *Vallisneria*-Blättern weiter ausgebaute Theorie des symplasmatischen Transportes (s. S. 91 ff.) auf den Ionentransport durch die Wurzel übertragen und kam dabei zu einem sehr ähnlichen Modell wie CRAFTS und BROYER (1938). Auch HELDER (1964 a, 1964 b) schloß sich dieser Ansicht an.

Die äußere Begrenzung des Symplasten, das Plasmalemma, wird dabei als die einzige Barriere für den Transport in das Xylem angesehen, an der die Selektion erfolgt, wo Inhibitoren hemmend wirken und wo sich die Zusammenhänge zwischen der Konzentration der Außenlösung und der Transportgeschwindigkeit auswirken. Der Rinde kommt dabei eine besondere Bedeutung zu. Alle ihre Zellen grenzen unmittelbar an den freien Raum in den Zellwänden und haben dadurch Kontakt mit der Außenlösung. Auf diese Weise wird die Plasmalemmaoberfläche für die metabolische Ionenaufnahme gegenüber der eigentlichen Wurzeloberfläche stark erhöht. LATIES und BUDD (1964) sprechen von der Rolle der Rinde als einem Sammelgewebe für Ionen, die in das Xylem transportiert werden sollen.

Es konnte vielfach beobachtet werden, daß die Salzkonzentration im Xylem größer ist als in der Außenlösung (HODGES und VAADIA 1964 a, RANEY und VAADIA 1965, LÜTTGE und LATIES 1966). Bei derartigen Untersuchungen wird meist nicht die Konzentration in den Gefäßen direkt bestimmt, sondern der Blutungssaft, das Exsudat abgeschnittener Wurzeln oder dekapitierter Pflanzen, analysiert. An der Identität von Exsudat und Gefäßinhalt wurden z. T. berechtigte Zweifel geäußert (vgl. ZIEGLER 1965 b). Immerhin scheint aber der Xylemsaft einen bedeutenden Anteil des Exsudates zu stellen (s. auch S. 115).

Eine gegenüber der Außenlösung erhöhte Konzentration des Gefäßinhaltes ist nach dem Modell von CRAFTS und BROYER, ARISZ und HELDER nur möglich, wenn bei der Aufnahme in das Cytoplasma auch die Konzentrierung erfolgt. Da das Plasmalemma als bedeutende Diffusionsbarriere angesehen werden muß (ETHERTON und HIGINBOTHAM 1960), ist dies durchaus denkbar. Bestimmungen der Cytoplasmakonzentration bei Characeen und der Membranpotentiale von Plasmalemma und Tonoplast geben ebenfalls Hinweise dafür (MACROBBIE 1964 a, SPANSWICK und WILLIAMS 1964, KISHIMOTO und TAZAWA 1965 a, Tab. 3). Allerdings kennen wir die Konzentration der Ionen im Symplasma bei Wurzeln meist nicht.

Nach einer anderen Theorie, die eine kontrollierte Ionenaufnahme durch das Plasmalemma nicht ausschließt, spielt zusätzlich eine *aktive Sekretion der Ionen in die Gefäße* eine Rolle. Diese sekretorische Funktion wurde der Endodermis, aber auch dem Gefäßparenchym zugeschrieben (vgl. SUTCLIFFE 1962). Der Transport bis zu den sezernierenden Zellen oder der sezernierenden Membran sollte dabei teils im freien Raum, bei hoher Geschwindigkeit aber vorzugsweise im Cytoplasma ablaufen (WEIGL und LÜTTGE 1965). Mikroautoradiographische Untersuchungen schienen Hinweise dafür zu geben, daß die Sekretion in das Xylem

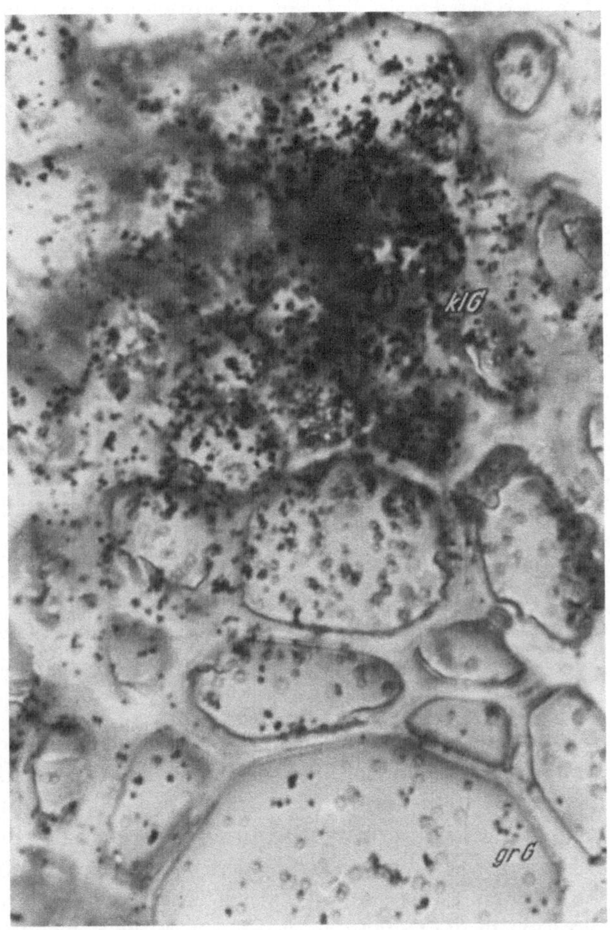


Abb. 39. Konzentrierung aufgenommenen Sulfats (markiert mit $^{35}S$) im Xylem der Luftwurzeln von *Epidendrum*, und zwar besonders in den kleineren Gefäßen (klG). grG = große Gefäße. Mikroautoradiographie und Originalaufnahme: WEIGL, cf. WEIGL und LÜTTGE (1965). Vergrößerung ca. 800fach.

durch das den Gefäßen benachbarte Plasmalemma der Gefäßparenchymzellen erfolgt (WEIGL und LÜTTGE 1965). Abb. 39 läßt erkennen, daß bei Präparaten, die nach Ionenaufnahme aus radioaktiv markierter $SO_4^{--}$-Lösung erhalten wurden, nur die Lumina der Gefäße eine starke Konzentrierung der Ionen zeigen, während über dem umgebenden Gewebe nirgends eine vergleichbare Schwärzung des Filmes zu beobachten ist. Dies legte den Schluß nahe, daß die Konzentrierung beim letzten Schritt, dem Austritt der Ionen aus dem Symplasma erfolgt. Diese Hypothese unterscheidet sich von der CRAFTS-BROYER-Hypothese nur durch die zusätzliche Annahme eines metabolischen Prozesses an dieser Stelle, wo CRAFTS und BROYER einen passiven Übertritt der Ionen in das Xylem annehmen (vgl. Abb. 40), oder mit anderen Worten durch die Annahme einer aktiven gegenüber einer passiven Natur des Fluxes aus dem Plasma in die Gefäße.

Die Beteiligung nicht nur eines, sondern zweier unabhängiger, metabolischer Prozesse am Ionentransport aus der Außenlösung in das Xylem und damit in den Sproß wurde von verschiedenen Autoren vermutet (BANGE 1959, BANGE und VAN VLIET 1961, BRANTON und JACOBSON 1962 a, 1962 b). BANGE (1965) fand eine Erniedrigung des Aufwärtstransportes im Xylem durch Dekapitieren der Pflanzen,

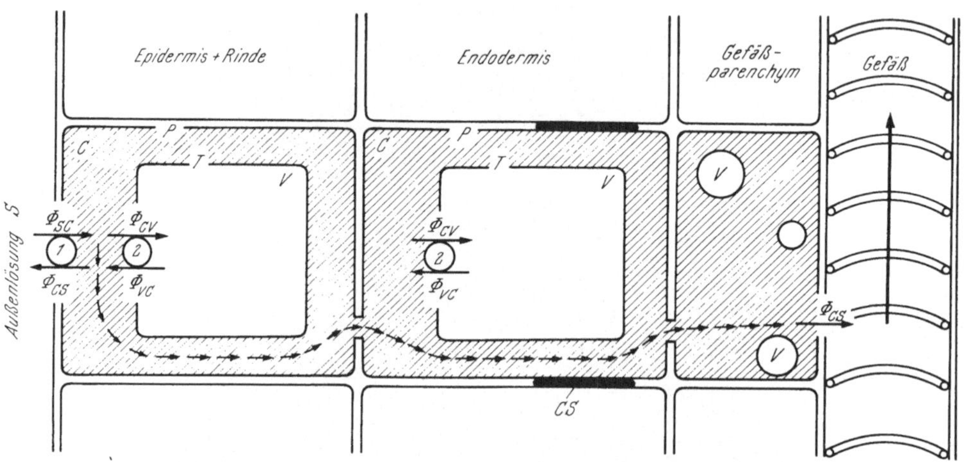


Abb. 40. Vereinfachte schematische Darstellung der an der Ionenaufnahme durch die Wurzel und am Ionentransport aus der Außenlösung in die Gefäße beteiligten Prozesse. **1** = System 1, **2** = System 2 der metabolischen Ionenaufnahme. Bezeichnung der Membranfluxe wie Abb. 32. $S$ = Außenlösung, $P$ = Plasmalemma, $C$ = Cytoplasma, $T$ = Tonoplast, $V$ = Vacuole, $CS$ = Caspary'scher Streifen. → → → → = symplasmatischer Transport.

während die Ionenaufnahme in das Wurzelgewebe dadurch nicht beeinflußt wurde. Der gegenüber dem Transport in den Sproß geringere Transport in das Exsudat ist nach BANGE nicht auf reduzierten Wassertransport zurückzuführen. Durch Zugabe von Glucose zum Medium kann die durch Entfernen des Sprosses hervorgerufene Reduktion des $K^+$-Aufwärtstransportes wieder aufgehoben werden. BANGE nimmt an, daß ein zweiter metabolischer Transportprozeß im Inneren der Wurzel, eine Sekretion in die Gefäße, in stärkerem Maße vom Substrat abhängig ist, das bei intakten Pflänzchen durch das Phloem herangebracht wird, als der Prozeß der Ionenakkumulation durch das Wurzelgewebe. Auf diese Weise würden die beiden Vorgänge durch das Dekapitieren unterschiedlich beeinflußt.

Nach HODGES und VAADIA (1964 a) und MOORE et al. (1965) soll der erhebliche Konzentrationsgradient zwischen dem Milieu und der im Xylem transportierten Lösung als Hinweis dafür gelten, daß die Ionen in das Xylem hinein sezerniert werden. Wie dargelegt wurde, kann dies aber auch durch eine Akkumulation durch das Plasmalemma erklärt werden. Die Konzentration im Cytoplasma war bei den Versuchen der genannten Autoren und anderen, die ähnliche Ergebnisse fanden, nicht bekannt. Dies war auch der Nachteil bei den mikroautoradiographischen Untersuchungen von WEIGL und LÜTTGE (1962, 1965; LÜTTGE und WEIGL 1964). Hierbei wurde die Radioaktivität ganzer Zellen ermittelt. Die Auflösungskraft der Methode ließ es bei diesen Experimenten nicht zu, die Aktivität in Vacuole, Cytoplasma und Zellwand getrennt zu ermitteln.

Für beide Hypothesen, die der metabolischen Aufnahme in das Plasma und des anschließenden passiven Transportes in die Gefäße und die der Sekretion in die Leitbahnen des Xylems, bedeutet *der Caspary'sche Streifen* der Radialwände der Endodermiszellen eine Barriere für die Diffusion im freien Raum, sei es nun aus der Außenlösung in das Xylem oder in umgekehrter Richtung. Letzteres kann von großer Wichtigkeit sein, wenn die Xylemflüssigkeit gegenüber der Außenlösung

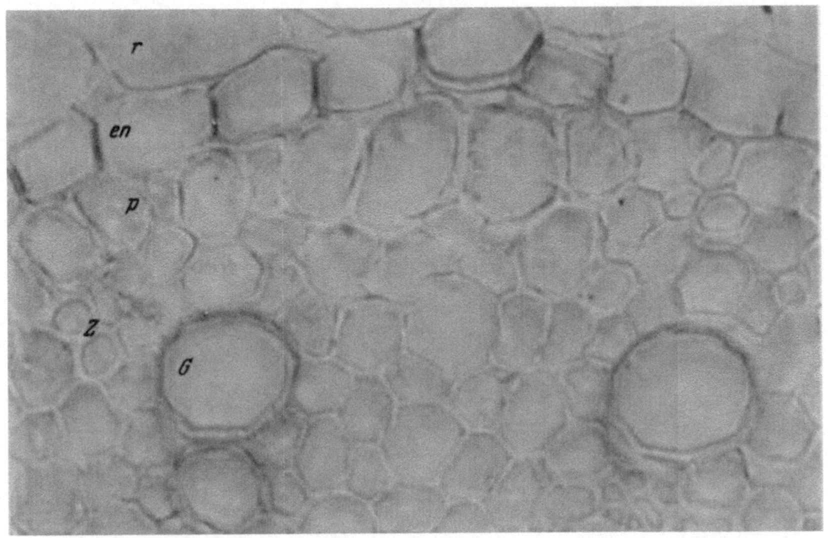


Abb. 41. Querschnitt einer Maiswurzel mit der primären Endodermis mit Schiffschem Reagens gefärbt. *r* = Rinde, *en* = Endodermis, *Z* = Zentralzylinder, *G* = Gefäß, *p* = Perizykel. Caspary'scher Streifen in den Radialwänden der Endodermiszellen! Originalaufnahme: LÜTTGE. Vergrößerung 770fach.

stark konzentriert ist. Die Notwendigkeit einer derartigen Barriere ergibt sich aus solchen physiologischen Überlegungen. Entsprechend seiner chemischen Natur als hydrophobe Lignin- und Suberininkruste in der Zellwand kann der Caspary'sche Streifen diese Barriere bilden (PRIESTLEY und NORTH 1922, VAN WISSELINGH 1926, VON GUTTENBERG 1940, 1943, VAN FLEET 1961).

Abb. 41 zeigt die Rotfärbung des Casparyschen Streifens mit Schiffschem Reagens, das mit freien Aldehydgruppen reagiert. Bei elektronenmikroskopischen Untersuchungen wird deutlich, daß es sich hierbei wirklich um eine Inkruste handelt. Auf denselben Aufnahmen gefundene Plasmodesmen zwischen den Endodermis- und den Pericykelzellen beweisen, daß das symplasmatische Kontinuum durch die Endodermis nicht — wie früher gelegentlich angenommen (vgl. MÜNCH 1930) — unterbrochen wird (FALK, persönliche Mitteilung).

BROWER (1965) weist mit Recht darauf hin, daß die Rolle des Caspary'schen Streifens bei der Hemmung der Diffusion in den Zentralzylinder nur dann klar ist, wenn der Diffusionsraum (AFS) auf die intermizellaren Räume der Zellwand beschränkt, nicht aber, wenn das Cytoplasma ganz oder teilweise in den AFS eingeschlossen ist (s. auch S. 20 f.). Durch den Vergleich von Mikroautoradiographien von Maiswurzeln, die nach der Aufnahme radioaktiver Ionen nur abgetrocknet oder zur Entfernung der im freien Raum enthaltenen Aktivität gewaschen wurden, gelang es zu zeigen, daß die Endodermis den freien Raum nach innen begrenzt (KRICHBAUM et al. 1967). Befunde, die zur Annahme führten, daß die Gewebe des Zentralzylinders an der Bildung des freien Raumes beteiligt sind (PITMAN 1965 b), kamen durch Versuche mit abgeschnittenen Wurzeln zustande, bei denen

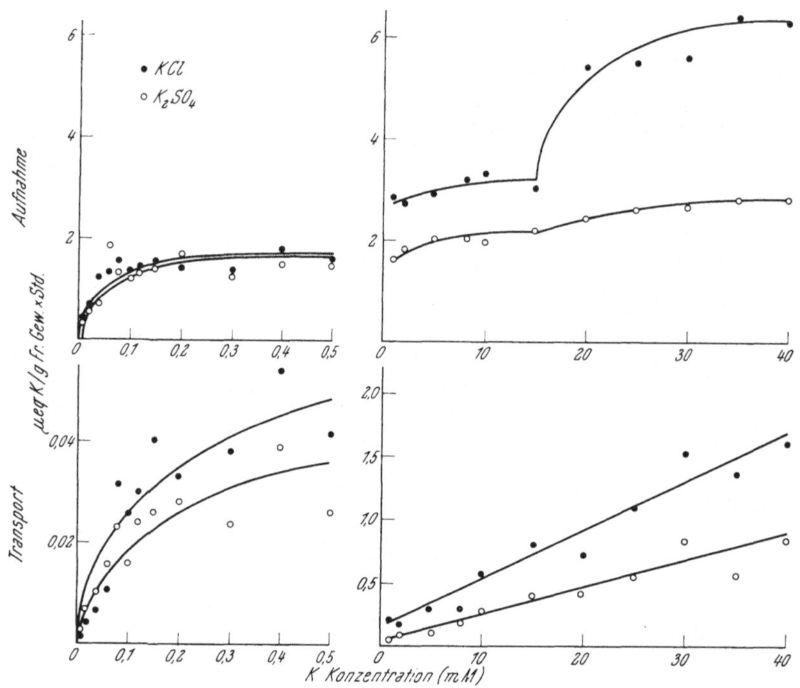


Abb. 42. Isothermen der $K^+$-Aufnahme und des $K^+$-Transportes durch intakte Maispflänzchen im Konzentrationsbereich von System 1 und System 2. Aus LÜTTGE und LATIES (1966).

die Zentralzylinder an den Schnittflächen für die Außenlösung direkt zugänglich waren.

Die *kinetischen Untersuchungen* von EPSTEIN und Mitarbeitern (s. S. 60 ff.) und die TORII-LATIES-Hypothese (s. S. 66 ff.) *gaben Anhaltspunkte für eine weitere Erforschung des Transportmechanismus in die Gefäße.* Bei Gültigkeit der CRAFTS-BROYER-Hypothese wird der Transport der Ionen in die Leitbahnen des Xylems allein durch die Ionenaufnahme am Plasmalemma bestimmt, muß also der Kinetik von System 1 der Ionenaufnahme folgen. Sind entsprechend der Sekretionshypothese mehrere metabolische Prozesse am Übertritt der Ionen aus der Außenlösung in die Gefäße beteiligt, ist eine komplexere Kinetik zu erwarten.

LÜTTGE und LATIES (1966) untersuchten den Transport in das Xylem in Abhängigkeit von der Außenkonzentration im Bereich von System 1 und System 2 mit Hilfe der Blutung (Exsudation) abgeschnittener Maiswurzeln, mit der „Zwei-Schälchen-Methode", bei der die untere Wurzelzone in ein Donorschälchen, die obere Wurzelzone mit der Schnittfläche in ein Rezeptorschälchen eintaucht (Falk et al. 1966), und durch Messung des Transportes in den Sproß intakter Maispflänzchen. Gleichzeitig wurde die Ionenaufnahme durch das Wurzelgewebe gemessen. Im Konzentrationsbereich von System 1 (0—0,5 mM/l) ergibt sich sowohl für die $K^+$- und $Cl^-$-Aufnahme als auch für den Ferntransport der beiden Ionen eine der Michaelis-Menten-Kinetik genügende hyperbolische Isotherme. Im hohen Konzentrationsbereich erhält man bei diesen Versuchen für die Ionenaufnahme durch das Wurzelgewebe erwartungsgemäß eine aus mehreren hyperbolischen Teilen zusammengesetzte, komplexe Isotherme, während der gleichzeitig gemessene Ionentransport in den Sproß von der Konzentration linear abhängt (Abb. 42). Dies deutet darauf hin, daß bei den Außenkonzentrationen, die ein passives Eindringen der Ionen in das Cytoplasma zur Folge haben, auch der Ferntransport passiv ist.

Fired et al. (1961) schreiben dagegen, daß der $Rb^+$-Transport in den Sproß genau wie die $Rb^+$-Akkumulation in die Wurzel, die sie über einen großen Konzentrationsbereich von 0,01—10 meq/l untersucht haben, einer doppelten Michaelis-Menten-Kinetik folgt. Sie widersprechen dem aber selbst und entkräften diese Schlußfolgerung mit dem Hinweis, daß sie bei ihren Experimenten zu wenig verschiedene Konzentrationen untersucht haben, um beide Systeme genau zu erfassen: „. . . only the site that predominates at lower concentrations was evaluated in these . . . experiments".

Befunde über die kompetitive Hemmung der $Cl^-$-Aufnahme und des $Cl^-$-Transportes geben weitere Anhaltspunkte (Lüttge und Laties 1966). Während $Br^-$ die Akkumulation in das Wurzelgewebe wie bei früheren Untersuchungen von Torii und Laties (1966 a) in beiden Konzentrationsbereichen kompetitiv hemmt, konkurriert $Br^-$ beim Transport nur im niedrigen Konzentrationsbereich mit $Cl^-$. Bei höheren Konzentrationen läßt sich kein Einfluß des $Br^-$ auf den $Cl^-$-Transport nachweisen. Helder (1964 a) fand, daß die Selektion zwischen $Cl^-$ und $Br^-$ beim Übertritt aus dem Plasma in die Gefäße äußerst gering ist.

Auch hinsichtlich der Gegenioneffekte zeigt der Ferntransport die Charakteristika von System 1. Im niedrigen Konzentrationsbereich hat das Gegenion des $Cl^-$ ($K^+$ oder $Ca^{++}$) keinen Einfluß auf seine Akkumulation im Gewebe und auf seinen Ferntransport. Ähnlich ist die $K^+$-Aufnahme aus KCl und $K_2SO_4$ hier nicht verschieden, und der $K^+$-Transport wird durch $SO_4^{--}$ nur ganz geringfügig gehemmt (Abb. 42). Im Bereich hoher Konzentration macht sich das Gegenion sowohl bei der $K^+$- als auch bei der $Cl^-$-Akkumulation stark bemerkbar, während der Transport in beiden Fällen keinen oder nur einen kleinen Gegenioneffekt zeigt (Abb. 42).

Diese kinetischen Untersuchungen machen deutlich, daß der Ferntransport der Ionen im Xylem, der genau die Charakteristika von System 1 widerspiegelt, ausschließlich an die metabolische Ionenaufnahme durch das Plasmalemma gekoppelt ist. Es ergeben sich keinerlei Hinweise dafür, daß noch ein anderes System am Ionentransport in das Xylem beteiligt ist.

Untersuchungen mit Inhibitoren geben zusätzliche Anhaltspunkte (Lüttge und Laties 1967 a). Wenn die Crafts-Broyer-Hypothese und die aus den oben erwähnten Versuchen gezogenen Schlußfolgerungen richtig sind, sollte die metabolische Ionenaufnahme im Bereich niedriger Konzentration und damit zugleich der Ferntransport durch Inhibitoren verlangsamt werden. Der passive Ferntransport im Bereich hoher Konzentrationen dürfte dagegen nicht oder nur in geringfügigem Maße beeinträchtigt werden. Experimente mit mCl—CCP (Carbonylcyanid-m-chloro-phenylhydrazon) und $pCF_3O$—CCP (Carbonylcyanid-p-trifluoro-methoxy-phenylhydrazon), beide in Konzentrationen von $10^{-6}$ M, als Entkopplern der oxidativen Phosphorylierung und mit KCN ($2 \times 10^{-4}$ M) und $NaN_3$ ($5 \times 10^{-4}$ M) als Hemmstoffen des Elektronentransportes zeigen, daß bei 0,2 meq/l (= niedriger Konzentrationsbereich) $K^+$- und $Cl^-$-Aufnahme und -Ferntransport in gleicher Weise gehemmt werden. Bei 40 meq/l (= hoher Konzentrationsbereich) ist die Ionenakkumulation durch das Gewebe, also System 2, das hier geschwindigkeitsbestimmend ist, deutlich gehemmt, während der Ferntransport bei dieser Konzentration in Gegenwart der Inhibitoren nur geringfügig und zum Teil nicht statistisch gesichert verlangsamt wird.

## 2. Der Zusammenhang zwischen der Ionenaufnahme in das Xylem und der Transpiration

Man hat häufig gefunden, daß erhöhte Transpiration eine Steigerung der Ionenaufnahme zur Folge hat. Die Interpretation dieses Befundes führte zu einer viel diskutierten Kontroverse (zusammenfassend: Brouwer 1965).

Hylmö (1953, 1955, 1958), Kylin und Hylmö (1957), Russel und Barber (1960), Emmert (1964) und Pitman (1966) vertraten die Ansicht, daß der *Transport in das Xylem sowohl passiv als auch aktiv* erfolgen kann. Sie nahmen gewissermaßen zwei verschiedene Wege für die Ionen in das Xylem an, von denen nur einer von einer Membran kontrolliert wird. Diese Deutung setzt eine *direkte Wirkung der Transpiration auf die Ionenverschiebung in der Wurzel* voraus.

Der Schluß von einem erhöhten Ionenferntransport bei stärkerer Transpiration auf einen direkten Zusammenhang zwischen beiden ist jedoch nicht zwingend. Auch wenn ein metabolischer Membrantransport gefolgt von passiver Verschiebung im Symplasma für den Übertritt der Ionen in die Gefäße verantwortlich ist, kann eine höhere Geschwindigkeit des Transpirationsstromes einen Einfluß auf den metabolischen Vorgang haben, da sie das Gefälle zwischen „source“ und „sink“ steigert (vgl. Broyer und Hoagland 1943, s. auch Briggs et al. 1961, S. 200). Nach Brouwer (1956) kann der Transpirationsstrom auch die Leitfähigkeit des Plasmas für den symplasmatischen Transport beeinflussen.

Unter der Annahme eines indirekten Zusammenhanges zwischen Ferntransport und Transpiration kam man zu dem Schluß, daß die Ionen beim Transport aus der Außenlösung in die Gefäße *obligatorisch* eine *nur durch metabolische Leistung* zu überwindende Barriere queren müssen (Jacobson et al. 1958). Lopushinsky und Kramer (1961), Jensen (1964) und Lopushinsky (1964) regulierten den Wasserdurchfluß durch abgeschnittene Wurzeln, indem sie verschiedene Druckdifferenzen anlegten und dadurch Wasser durch die Wurzeln saugten, das dann über der Schnittfläche aufgefangen wurde. Sie fanden, daß die Korrelation zwischen der Geschwindigkeit des künstlich erzeugten „Transpirationsstromes“ und der Geschwindigkeit des Salztransportes in diesen Strom nicht linear ist. Dies deutet auf einen indirekten, komplexen Zusammenhang zwischen beiden Vorgängen hin. Auch Jensen (1964) fand, daß die Korrelation zwischen dem Wassertransport und der Ionenaufnahme nicht linear ist. Diese Korrelation kann nach

JENSEN von verschiedenen Faktoren abhängen, u. a. vom Ernährungszustand der Versuchspflanzen, von der untersuchten Pflanzenspecies, von der Art der geprüften Ionen und von anderen, durch die bei der Wasser- und Ionenaufnahme aktive Wurzeloberfläche bedingten Faktoren. Letzteres scheint in diesem Zusammenhang besonders wichtig zu sein. JENSEN weist darauf hin, daß der Quotient Permeabilität für Ionen: Permeabilität für Wasser in verschiedenen Teilen eines Wurzelsystems nicht derselbe ist, was sehr gegen einen direkten Zusammenhang beider Vorgänge spricht. SMITH (1960) regelte den Durchfluß des Wassers durch Wurzeln, indem er es unter variablem hydrostatischen Druck durch abgeschnittene Wurzeln fließen ließ. Gleichzeitig untersuchte er die $PO_4^{---}$-Aufnahme in das Wurzelgewebe und den $PO_4^{---}$-Transport in der Wasser-Massenströmung. Er fand einen stärkeren Phosphateinstrom in das Gewebe bei gesteigertem Wassertransport. Azid hemmte die Akkumulation im Wurzelgewebe, steigerte aber die Phosphatabgabe an das Xylem. SMITH schließt daraus, daß der Transport der Ionen durch die Rinde und die Aufnahme in das Gewebe verschiedene Vorgänge seien. Da er mit markierten Lösungen von 1,0 mM $KH_2PO_4$ gearbeitet hat, also bereits im hohen Konzentrationsbereich, stimmt sein Resultat mit den Ergebnissen von LÜTTGE und LATIES (1967 a, s. S. 101 f.) überein, die in diesem Konzentrationsbereich ebenfalls keine Hemmstoffwirkung auf den Ferntransport erkennen ließen. BERNSTEIN und GARDENER (1961) kritisierten die Diskussion von SMITH. Sie sind der Ansicht, daß in Wurzeln kein kontinuierliches System des freien Raumes bis in die Gefäße führt (vgl. auch S. 99 f.).

BARBER und KOONTZ (1963) fanden keine Korrelation zwischen dem $Ca^{++}$-Transport und der Transpiration. 2,4-Dinitrophenol hemmte bei ihren Versuchen die Transpiration sehr stark. Der Inhibitor wird durch die Wurzeln aufgenommen, in den Sproß transportiert und dort angereichert, was offenbar einen Verschluß der Spaltöffnungen zur Folge hat. Die Hemmstoffwirkung auf die Ionenaufnahme ist anderer Natur.

Bei niedrigen Außenkonzentrationen hat die Transpiration nach RUSSELL und SHORROCKS (1959) nur einen sehr geringen Einfluß auf den Ionentransport in den Sproß, bei hohen Außenkonzentrationen hängt dieser dagegen eng mit der Transpiration zusammen. Bei hohen Konzentrationen des Mediums ist die Konzentration des Transpirationsstromes kleiner oder ebenso groß wie die Außenkonzentration. Ähnliches fanden auch LÜTTGE und LATIES (1966). Zwischen 0,01 und 0,5 mM war die $Cl^-$-Konzentration der Exsudate abgeschnittener Maiswurzeln 200—30mal so groß wie die des Mediums. Bei höheren Konzentrationen näherte sich dieses Verhältnis einer Konzentrationsgleichheit zwischen dem Milieu und dem Xylemsaft. Angaben von KIHLMAN-FALK (1961) entsprechen den Resultaten von RUSSELL und SHORROCKS (1959). Sie untersuchte die $NO_3^-$-Aufnahme und den Transport bei Außenkonzentrationen von 1, 40 und 80 mM. Der bei der niedrigsten Konzentration zu beobachtende Effekt der Transpiration war zum großen Teil auf die fördernde Wirkung auf einen metabolischen Prozeß, das aktive Bluten, zurückzuführen. Erst bei den höheren Konzentrationen wurden die $NO_3^-$-Ionen ausschließlich passiv im Transpirationsstrom mitgeführt, so daß ein direkter Zusammenhang zwischen Transpiration und Transport bestand. Auch GREENWAY (1965) nimmt an, daß der Transport in den Sproß von Gerstenpflanzen bei hoher Außenkonzentration passiv ist, während bei niedrigen Konzentrationen metabolische Vorgänge überwiegen. Bei Versuchen über die $Ca^{++}$-Aufnahme durch *Atriplex* fand OSMOND (1966) zwei Mechanismen des $Ca^{++}$-Transportes in den Sproß: Einen spezifischen metabolischen Prozeß, der bei niedrigen Konzentrationen herrschte, und einen passiven „Luxustransport" bei hohen Konzentrationen.

Ergebnisse von Untersuchungen der $Na^+$—$K^+$-Selektivität in den beiden Konzentrationsbereichen stimmen mit der Annahme überein, daß der Ferntransport im Bereich hoher Konzentrationen passiv ist, weil das Eindringen der Ionen in das Plasma und ihre weitere Translokation passiv erfolgt. MIDDLETON et al. (1960) fanden bei hohen Konzentrationen (über 1 meq/l) eine geringere Selektivität beim Ferntransport in den Sproß als bei niedrigen Konzentrationen. Zu entsprechenden Ergebnissen kommt PITMAN (1965 a). Hohe ($K^+$ + $Na^+$)-Konzentrationen wirkten erniedrigend auf den K/Na-Quotienten im Sproß, verringerten also die Selektivität beim Ferntransport, während sie nur einen geringen Effekt auf die K/Na-Quotienten in den Wurzeln hatten, also auf die Selektivität bei der Akkumulation in das Gewebe.

Die oben geschilderten kinetischen Untersuchungen von LÜTTGE und LATIES erklären diese Ergebnisse in einfacher Weise auf der Basis der TORII-LATIES-Hypothese. *Im Konzentrationsbereich von System 1* (0—0,5 meq/l), wo dieses System sowohl für die Ionenaufnahme durch das Wurzelgewebe als auch für den Ferntransport im Xylem geschwindigkeitsbestimmend ist, wird der Ionentransport in die Gefäße *metabolisch* gesteuert. *Im hohen Konzentrationsbereich*, wenn System 2 die Geschwindigkeit der Akkumulation bestimmt, die Aufnahme in das Cytoplasma aber *passiv* erfolgt, ist auch der Ionentransport in das Xylem und damit der Ferntransport rein passiv. Es leuchtet ein, daß hier dann auch keine Konzentrierung des Xylemsaftes gegenüber der Außenlösung erfolgen kann.

Dieser Sachverhalt ist biologisch sinnvoll. Die in der Natur relevanten Konzentrationen für die Ionenaufnahme durch die Wurzeln liegen normalerweise im Konzentrationsbereich von System 1, so daß eine metabolische Kontrolle — auch des Ferntransportes — gewährleistet ist (TORII und LATIES 1966 a, BARBER et al. 1963, VAN DEN HONERT et al. 1955). Analysen von 135 verschiedenen Böden ergaben $K^+$-Konzentrationen von ungefähr 0,1 mM und Phosphatkonzentrationen von etwa 0,002 mM (BARBER et al. 1963).

BROWER (1965) erörtert die Möglichkeit, daß an den Stellen, wo die Seitenwurzeln aus dem Zentralzylinder durch die Wurzelrinde hindurchbrechen, auch bei niedrigen Konzentrationen des Milieus eine passive Ionenaufnahme in den Transpirationsstrom möglich ist. Dies spielt aber quantitativ gegenüber dem symplasmatischen Transport keine Rolle.

### 3. Weitere Voraussetzungen der CRAFTS-BROYER-Hypothese: Die Eigenschaften des Plasmalemmas der lebenden Zellen des Zentralzylinders und die Bedeutung der Rinde

Die kinetischen Untersuchungen bestätigen also die Hypothese von CRAFTS und BROYER. Ein passiver Übertritt der Ionen aus dem Symplasma im Zentralzylinder in die Gefäße setzt aber besondere Eigenschaften des Plasmalemmas der Zellen des Zentralzylinders voraus. Es wurde bereits angedeutet, daß die Annahme einer Anaerobiose im Zentralzylinder, die dies ursprünglich erklären sollte, nicht stichhaltig ist.

Nimmt man an, daß frisch isolierte Zentralzylinder sich wie *in vivo* verhalten, dann geben die oben geschilderten Versuche von LATIES und BUDD (1964) und LÜTTGE und LATIES (1967 b) (s. S. 77 f.) Aufschluß über die Permeabilitätseigenschaften des Plasmalemmas und des Tonoplasten in den Zellen dieses Gewebes, das erst in einem Alterungsprozeß die Fähigkeit zur Ionenakkumulation gewinnt. LÜTTGE und LATIES konnten auch zeigen, daß der $SO_4^{--}$-Transport durch frisch isolierte Zentralzylinder aus einer 0,5 mM $K_2SO_4$-Lösung in die Sprosse von Maispflänzchen ausschließlich passiv ist und unmittelbar von der Transpiration abhängt, während der unter den gleichen Bedingungen parallel gemessene Transport durch intakte Wurzeln transpirationsunabhängig ist (Abb. 43). Wenn die isolierten Zentralzylinder durch die mit dem Altern ver-

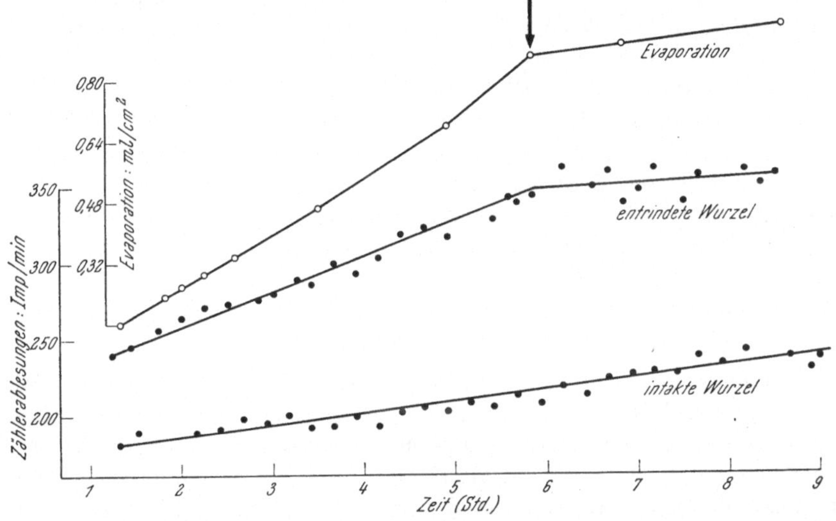


Abb. 43. Sulfattransport in die Blätter von Maispflänzchen mit einer intakten oder einer frisch entrindeten Wurzel und die gleichzeitig gemessene Evaporation. ↓ = Veränderung der atmosphärischen Bedingungen. Aus LÜTTGE und LATIES (1967 b).

bundene Entwicklung von System 1 oder $\Phi_{sc}$ eine hohe Akkumulationskapazität erlangt haben, erniedrigt sich der Ferntransport von $K^+$ und $Cl^-$ aus 0,2 mM Lösungen in die Blätter beträchtlich.

Es kann argumentiert werden, daß der passive Ionentransport durch frisch entrindete Zentralzylinder im Apoplasten, also im freien Raum der Zellwände und Interzellularen abläuft. Dann könnte er durch die mit dem Altern gewonnene Akkumulationskapazität des Gewebes nur beeinträchtigt werden, wenn diese eine ernsthafte Konkurrenz bilden, das heißt, den passiven Transport mit dem Transpirationsstrom durch Aufnahme von Ionen aus dem freien Raum hemmen würde. Bei der geringen Mächtigkeit des Zentralzylindergewebes müßte sich dies aber in überhöhten Aufnahmeraten gealterter Zentralzylinder äußern. Dafür gibt es keine Anhaltspunkte (Abb. 34). Daraus folgt, daß der passive Transport durch frisch isolierte Zentralzylinder nicht oder nur in verhältnismäßig geringem Maße apoplasmatischer Natur sein kann, sondern vielmehr symplasmatisch sein muß.

Die Durchlässigkeit des Plasmalemmas in den frisch präparierten Zentralzylindern beruht nicht nur auf einer besonders hohen Permeabilität (die zu vermuten ist, weil der Transport in den Sproß auch aus Lösungen niedriger Konzentration passiv erfolgt), sondern vor allen Dingen auf der Ausbildung des Gleichgewichtes Aufnahme $\rightleftharpoons$ Abgabe. Da $\Phi_{sc}$ in frisch isolierten Zentralzylindern sehr niedrig ist, liegt dieses Gleichgewicht hier auf der Seite einer Netto-Ionenabgabe. Bei Entwicklung von $\Phi_{sc}$ beim Altern verschiebt es sich dann zugunsten einer Netto-Ionenaufnahme. Gleichzeitig damit wird, wie die Versuche zeigen, der passive Transport in den Sproß verhindert.

Aus Abb. 43 ist auch zu entnehmen, daß es von den Transpirationsbedingungen abhängt, ob der metabolische Transport durch eine intakte Wurzel oder der passive Transport durch eine frisch entrindete Wurzel rascher erfolgt. Eine gealterte entrindete Wurzel ist einer intakten Wurzel in ihrer Fähigkeit zum Ferntransport in jedem Falle weit unterlegen, obwohl die Ionenaufnahme pro Gewichtseinheit bei beiden Geweben in der gleichen Größenordnung liegt. Dies gibt Hinweise dafür, daß eine weitere Voraussetzung der ursprünglichen CRAFTS-BROYER-Hypothese zutrifft, nämlich die erwähnte Rolle der Rinde als „Sammelbecken" für den symplasmatischen Transport in die Gefäße. LUNDEGÅRDH (1950) hat durch Untersuchung der Blutung von Wurzeln nach teilweiser Unterbrechung des Zusammenhanges von Rinde und Zentralzylinder deutlich gezeigt, daß die Rinde für den radialen Transport der Ionen in den Wurzeln von großer Bedeutung ist, wogegen sie beim longitudinalen Transport praktisch keine Rolle spielt.

### 4. Die Ionenaufnahme und der Ionentransport durch verschiedene Wurzelzonen

Der Umfang des Transportes durch die Rinde ist in verschiedenen Wurzelzonen sehr unterschiedlich (WIEBE und KRAMER 1954, KRAMER und KOZLOWSKI 1960). Dies hängt zunächst von der Beschaffenheit des Abschlußgewebes ab. Verkorkung hemmt einerseits die Stoffaufnahme durch die Wurzel stark (ZIEGLER et al. 1963); die Wurzelhaare können andererseits durch Erhöhung der aufnehmenden Wurzeloberfläche die Aufnahme fördern (BOULDIN 1961). Vermutlich sind die Wurzelhaare bei der Ionenaufnahme aus dem Boden besonders wichtig durch ihr Eindringen in kleine, mit Bodenlösung erfüllte Räume und durch ihren engen Kontakt mit Bodenpartikeln. Dabei kann eine adsorptive Ionenaufnahme durch Ionenaustausch von Bedeutung sein (JENNY und OVERSTREET 1939 a, 1939 b). Die Wurzelhaare und die Epidermis erwiesen sich bei mikroautoradiographischen Untersuchungen der Ionenaufnahme stets als sehr stark durch nichtmetabolische Vorgänge markiert (WEIGL und LÜTTGE 1962, LÜTTGE und WEIGL 1964, LÜTTGE 1964 a, KRICHBAUM et al. 1967). Man hat vermutet, daß eine Adsorption im freien Raum eine Vorbedingung für die anschließende metabolische Ionenaufnahme ist, was sich jedoch nicht bestätigen ließ. In Flüssigkeitskultur sind die Bedingungen anders als im Boden. Es ist hier nicht erforderlich, daß die Wurzeln die Ionen zunächst durch Adsorption und Ionenaustausch den Bodenpartikelchen entreißen. In Flüssigkeitskultur werden auch häufig keine Wurzelhaare ausgebildet. Das System des freien Raumes in der Wurzelrinde führt für sich schon zu einer starken Oberflächenvergrößerung. Erwähnenswert ist, daß in den Wurzeln eine Erhöhung der Plasmalemmafläche durch Zellwandprotuberanzen, wie sie in anderen, vorwiegend mit dem Kurzstreckentransport beschäftigten Zellen gefunden wurden (s. S. 112, vgl. auch SCHNEPF 1968), bisher nicht beobachtet werden konnte.

Nach SCOTT und MARTIN (1962) spielen auch bioelektrische Felder, die sich um lebende Wurzeln ausbilden, bei der Kapazität einzelner Zonen für den Transport verschiedener Ionen eine Rolle.

Die Region maximaler Ionenaufnahme deckt sich recht genau mit der Wurzelhaarzone. Die Wurzelendodermis befindet sich hier in ihrem primären Zustand, die Caspary'schen Streifen sind ausgebildet, die für die sekundäre Endodermis charakteristischen Suberinauflagerungen auf die Zellwände fehlen. In den darübergelegenen Zonen, wo eine Suberinisierung der Zellwände der Epidermis oder die Ausbildung eines besonderen Abschlußgewebes (Exodermis) die Ionenaufnahme von außen unmöglich macht, findet sich eine Sekundär- oder Tertiärendodermis. Diese Scheiden können nur an wenigen Stellen, nämlich durch die Durchlaßzellen, von Ionen durch symplasmatischen Transport gequert werden. Da hier keine umfangreiche Ionenaufnahme von außen erfolgt, genügt dies offenbar für den Transport zwischen der Rinde und dem Zentralzylinder. Dieser Transport kann unter Umständen von innen nach außen, also von den Gefäßen in die Rinde gerichtet sein (ZIEGLER et al. 1963).

Entsprechend der geringen Ausdifferenzierung der Leitbahnen ist der Transport durch Regionen nahe der Wurzelspitze ebenfalls sehr gering.

## 5. Die Vacuolen als Ionenreservoir

Wenn die durch das Plasmalemma in die Rindenzellen aufgenommenen Ionen im Symplasma in die Gefäße weitertransportiert werden, erscheint die Akkumulation in die Vacuolen als davon unabhängiger Seitenweg (s. auch BOWLING und WEATHERLEY 1964). In den Vacuolen gespeicherte Ionen können aber wieder in das Plasma zurücktransportiert werden und dann auch in die Gefäße gelangen. Zwischen den Vacuolen und dem Plasma ist ein Stoffaustausch möglich, wodurch die Vacuolen zum Transport in den Sproß unter Umständen einen beträchtlichen Beitrag leisten können.

HODGES und VAADIA (1964 a, 1964 b) haben die Chloridaufnahme in das Wurzelgewebe und den Chloridtransport in Wurzelexsudate mit Zwiebelwurzeln hohen und niedrigen $Cl^-$-Gehaltes untersucht, die durch entsprechende Vorbehandlung mit 0,3 mM $CaSO_4$ + 2,0 mM KCl bzw. einer reinen $CaSO_4$-Lösung erhalten wurden. Die Chloridaufnahme in das Wurzelgewebe, die hier gleich der Aufnahme in die Vacuolen gesetzt wird, nimmt mit der Zeit ab und kommt nach Erreichen eines bestimmten Grenzwertes zum Erliegen, während der $Cl^-$-Transport in das Exsudat, also in das Xylem über lange Zeit (mindestens 9 Stunden) mit konstanter Geschwindigkeit weiterläuft. Hierfür werden zwei Erklärungen angeboten. Erstens könnten die Vacuolen nur eine begrenzte Aufnahmefähigkeit für die Ionen haben, der Prozeß der metabolischen Akkumulation kann durch hohe endogene Ionenkonzentrationen gehemmt werden. Beim Xylem würde eine derartige Hemmung wegen des ständigen Weitertransportes in das Exsudat nicht wirksam werden. Ein entsprechender Mechanismus wurde von STEWARD und SUTCLIFFE (1959) angenommen. Zweitens kann der $Cl^-$-Transport in die Vacuolen dadurch zum Erliegen kommen, daß die Konzentration in der Vacuole und somit der Potentialgradient Vacuole—Cytoplasma steigt, während dies aus den genannten

Gründen wiederum nicht für den Potentialgradienten Xylem—Cytoplasma gilt. Eine passive Rückwanderung der Cl-Ionen aus der Vacuole in das Cytoplasma würde durch steigende Konzentration in der Vacuole erleichtert. Die zurückgewanderten Ionen könnten erneut in die Vacuole aufgenommen werden und somit die Aufnahme zusätzlicher Ionen aus der Außenlösung hemmen.

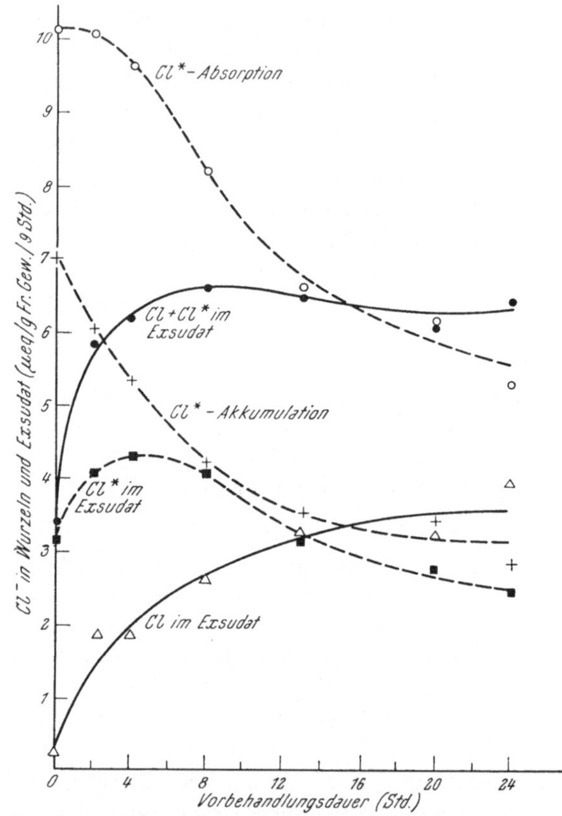


Abb. 44. $Cl^-$-Aufnahme und Transport durch abgeschnittene Zwiebelwurzeln: Zusammenhang zwischen der Neu-Aufnahme von markiertem $Cl^-$ aus einer Außenlösung (Cl*-Absorption) und der Akkumulation von markiertem $Cl^-$ im Wurzelgewebe (Cl*-Akkumulation), sowie dem Transport von markiertem (Cl*) und nicht-markiertem, bereits in den Wurzeln vorhandenem Chlorid (Cl) in das Exudat in Abhängigkeit von der Dauer der Vorbehandlung des Gewebes in nicht-markierter $Cl^-$-Lösung. Aus Hodges und Vaadia (1964 b).

Wurzeln hohen Chloridgehaltes nehmen weniger außen appliziertes $Cl^-$ in die Vacuolen auf und transportieren auch weniger externes $Cl^-$ in das Xylem als Wurzeln mit niedrigem $Cl^-$-Gehalt. Die Akkumulation im Wurzelgewebe ist nach der Vorbehandlung mit der $Cl^-$-haltigen Lösung um 80—90%, der Transport in das Exsudat nur um 50% geringer als bei Vorbehandlung mit reiner $CaSO_4$-Lösung. Der Unterschied im Ausmaß der Erniedrigung der $Cl^-$-Akkumulation und des $Cl^-$-Transportes durch das Vorbehandeln deutet darauf hin, daß Ionen durch Umgehen der Vacuolen im Symplasma in die Gefäße gelangen können.

Durch das folgende Experiment haben Hodges und Vaadia eingehendere quantitative Resultate erhalten. Die Wurzeln wurden verschiedene Zeit lang mit nicht markierter $Cl^-$-Lösung vorbehandelt (Abszisse in Abb. 44) und die danach in den Wurzeln enthaltene Chloridmenge, die wieder als Akkumulation des $Cl^-$ in die Vacuole angesehen wurde, bestimmt. Im Anschluß an die Vorbehandlung wurden die Wurzeln in radioaktiv markierte $Cl^-$-Lösung gebracht und dann der Transport markierter und nicht markierter Cl-Ionen in das Exsudat und die $^{36}Cl^-$-Aufnahme in das Gewebe gemessen. Die von HODGES und VAADIA gefundenen Zusammenhänge sind in Abb. 44 dargestellt. Die $Cl^-$-Aufnahme aus der Außenlösung (= $^{36}Cl^-$-Transport in das Exsudat + $^{36}Cl^-$-Akkumulation im Gewebe), sowie die Akkumulation im Gewebe nehmen mit steigender Vorbehandlungsdauer ab. Der Beitrag des inneren $Cl^-$ und des externen $Cl^-$ zur Gesamtmenge des $Cl^-$ im Exsudat ist bei verschiedener Vorbehandlungsdauer sehr unterschiedlich. Bei 0- und 13stündiger Vorbehandlung werden gleich viele Ionen aus der Außenlösung in das Xylem transportiert. Bei 0 Stunden entspricht dieser Transport einem Drittel des insgesamt aus der radioaktiven Lösung aufgenommenen Chlorids. Es werden also doppelt soviele Ionen akkumuliert als in das Xylem gelangen. Da nach 0 Stunden Vorbehandlung gleichzeitig die innere Chloridkonzentration zu vernachlässigen ist, beträgt hier der gesamte $Cl^-$-Transport annähernd ein Drittel der insgesamt von außen aufgenommenen Ionen. Nach 13 Stunden Vorbehandlung wird die Hälfte des von außen absorbierten $Cl^-$ in das Exsudat transportiert, die andere Hälfte in die Vacuole akkumuliert. Die Summe des aus dem inneren Pool und aus der Außenlösung in das Exsudat gelangten $Cl^-$ ist hier aber doppelt so groß wie bei 0-stündiger Vorbehandlung. Aus diesen Zusammenhängen, die in Abb. 44 im einzelnen dargestellt sind, ergibt sich, daß nach 13stündiger Vorbehandlung gerade für jedes in den inneren Pool akkumulierte $Cl^-$-Ion ein bereits bei der Vorbehandlung aufgenommenes Ion aus dem inneren Pool (= Vacuole) in das Exsudat gelangt. Bei anderen Vorbehandlungszeiten ergeben sich andere Verhältnisse.

Das Cytoplasma ist also beim Ionentransport in die Vacuole und in die Gefäße nicht nur eine Durchgangsphase, es dient auch als Mischphase (OSMOND und LATIES 1968). Nach den oben beschriebenen Versuchen hängt es vom Salzstatus des Gewebes ab, ob der Efflux aus der Vacuole oder der Influx aus der Außenlösung (vgl. Abb. 40) den höheren Anteil der sich im Cytoplasma mischenden Ionen stellt. Man kann darin einen Regulationsmechanismus sehen.

## b) Der Stofftransport in Blättern

Die Probleme des Kurzstreckentransportes, denen wir bei den Blättern begegnen, sind denen der Wurzeln prinzipiell ähnlich. Wie die Wurzeln nehmen die Blätter Stoffe von außen auf; manche Blätter besitzen besonders differenzierte Organe der Stoffaufnahme und -abgabe, z. B. Saughaare (vgl. NETOLITZKY 1932) und Drüsen (s. S. 114 ff.). Andererseits sind die Blätter in viel stärkerem Umfange Orte der Synthese als die Wurzeln. Die aufgenommenen und synthetisierten Substanzen (wobei die Synthese letzten Endes auch die Folge einer Stoffaufnahme, nämlich des $CO_2$-Gases, ist) können im Blattgewebe gespeichert oder verschoben und auch in die Leitbahnen abgegeben werden. Auch hier sind Ferntransporte mit Kurzstreckentransporten gekoppelt.

Eine *Ionenaufnahme durch die Oberfläche von Blättern* wurde vielfach nachgewiesen (u. a. O. BIDDULPH und MARKLE 1944, CHEN 1951, S. BIDDULPH 1956, BUKOVAC und WITTWER 1957, JYUNG und WITTWER 1964). Die Stoffaufnahme durch die Blattoberfläche hängt von ihrer Kutinisierung und Benetzbarkeit ab. Einen Sonderfall bilden die Wasserpflanzen. Hier sind meist die Wurzeln und das Xylem nur gering entwickelt. Die Ionenaufnahme durch die Blätter, die bei Landpflanzen nur bei besonderen ökologischen Typen (z. B. Bromeliaceen) und beim „Luftdüngeverfahren" eine Rolle spielt, ist bei den Hydrophyten die Hauptquelle der Ionenversorgung der ganzen Pflanze. Andererseits nehmen aber auch die Zellen nicht-submerser Blätter ständig Ionen aus einer Außenlösung auf, nämlich aus der Lösung, die ihnen mit dem Transpirationsstrom im Xylem herangeführt wird. Diese Lösung tritt in den Blättern aus dem Xylem aus und folgt der Transpiration als treibender Kraft zunächst in den Bahnen des geringsten Widerstandes, also im Apoplasten oder freien Raum (ZIEGLER und LÜTTGE 1967). Von hier aus erfolgt die Aufnahme in die Zellen.

JYUNG et al. (1965 a) zeigten, daß die $Rb^+$-Aufnahme durch aus grünen Blättern isolierte Zellen metabolisch ist. Nach GUSTAVSON (1953) ist die $Co^{++}$-Aufnahme durch Blätter licht- und stoffwechselabhängig. Auch SARGENT et al. (1962) halten eine Beteiligung des Metabolismus an der Stoffaufnahme durch Blätter für nötig.

Die Ionenaufnahme isolierter Blattstückchen wird sehr dadurch beeinflußt, in welchem Maße der freie Raum der Außenlösung zugänglich ist. Bei größeren Blattstückchen kann das Medium offenbar nicht weit in das Interzellularsystem der Blätter eindringen (SMITH und EPSTEIN 1964). Arbeitet man dagegen mit kleinen Gewebescheiben, bei denen alle Zellen an der Ionenaufnahme teilnehmen, erhält man für die Ionenaufnahme durch Blätter und Wurzeln vergleichbare Werte. So beträgt z. B. die $Rb^+$-Aufnahme aus einer 0,02 mM Lösung durch Maisblätter 5,0 $\mu$M/g Fr. Gew. $\times$ Std. und durch Gerstenwurzeln 5,8 $\mu$M/g Fr. Gew. $\times$ Std. Die Aufnahmegeschwindigkeit bei 4,5° C sinkt im Vergleich zu den bei 30° erhaltenen Werten bei Blättern auf 8,6 und bei Wurzeln auf 10% ab.

Es gibt zahlreiche Belege dafür, daß der *Ferntransport aus den Blättern heraus* im Phloem erfolgt. Bereits MÜNCH (1930) konnte durch Ringelungsversuche zeigen, daß wachsende Früchte nur ernährt werden, wenn sie über eine nicht unterbrochene Rindeverbindung durch assimilierende Blätter versorgt werden können. Durch lokale Trennung von Rinde und Holz (z. B. bei *Salix*-Stecklingen) vor Translokationsversuchen bei Applikation radioaktiv markierter Stoffe auf den Blättern und durch getrennte Analyse der beiden Gewebe im Anschluß an die Versuche konnte der Abtransport aus den Blättern ebenfalls im Phloem lokalisiert werden (O. BIDDULPH und MARKLE 1944, CHEN 1951). Besonders deutlich wird dies durch mikroautoradiographische Untersuchungen, die eine stark bevorzugte Markierung des Phloems zeigen, wenn Blättern radioaktive Substanzen durch Auftropfen markierter Lösungen (O. BIDDUPH et al. 1956, S. BIDDULPH 1956, S. BIDDULPH et al. 1958, MORTIMER 1965, BIELESKI 1966 b, ESCHRICH 1966) oder in der Gasphase (WEIGL und ZIEGLER 1962) appliziert werden.

Der Weitertransport im Phloem erfolgt sehr rasch. Die Geschwindigkeit beträgt 0,5—1 m/Std., ist also viel schneller als die des symplasmatischen Parenchymtransportes mit 2—4 cm/Std. Der Mechanismus des Ferntransportes im Phloem ist hier nur nebenbei von Interesse. Meist werden zwei Mechanismen diskutiert, nämlich eine Art Diffusion entlang eines Konzentrationsgradienten oder eine Konvektionsströmung. Auf die hierüber entstandene Kontroverse braucht nicht näher eingegangen zu werden. Allein die letztere Theorie wurde bisher in allen

Einzelheiten klar formuliert. Viele Gründe sprechen für diese zweite Annahme einer Massenströmung (ZIEGLER und VIEWEG 1961, Übersicht: ZIEGLER 1963 b).

Bei der hohen Geschwindigkeit der Stoffbewegung im Phloem und dem weitgehend passiven Charakter dieses Ferntransportprozesses in den Leitbahnen selbst, müssen wir annehmen, daß andere Vorgänge, nämlich metabolische Kurzstreckentransporte, die die *Zugabe und Entnahme von Stoffen aus den Siebröhren* vermitteln, die Translokation dieser Stoffe maßgeblich bestimmen. Die Analogie mit den Verhältnissen bei den Wurzeln ist groß. Unterschiede ergeben sich dadurch, daß in der Wurzel der Hauptstoffübertritt in das Xylem, bei den Blättern jedoch in das Phloem erfolgt, und die Siebzellen und Siebröhrenglieder im Bau von den toten Leitbahnen des Xylems abweichen; sie besitzen noch Cytoplasma und ein Plasmalemma (vgl. ZIEGLER 1963 b).

Wie beim Übertritt der Stoffe aus dem Wurzelparenchym in das Xylem bestehen beim Transport in das Phloem der Blätter zunächst zwei Möglichkeiten, nämlich die der *Sekretion in die Leitbahnen hinein oder* die des *passiven Efflux' aus den Nachbarzellen* der eigentlichen Leitelemente *nach einer Anreicherung im Symplasma* (durch metabolische Aufnahme von außen oder durch Synthese in Organellen und Abgabe der metabolisch synthetisierten Stoffe in das Plasma).

Für die erste Annahme spricht, daß nicht nur die Ionenaufnahme durch die Blätter, sondern auch der Weitertransport in das Phloem ein metabolischer Prozeß zu sein scheint. Allerdings zeigen die meisten Untersuchungen nicht, ob wie bei den Wurzeln ein enger Zusammenhang zwischen Aufnahme und Weitertransport besteht oder ob beide Vorgänge unabhängig voneinander sind. Außerordentlich interessant ist, daß Erdalkaliionen, vor allem das Calcium, aber auch $Sr^{++}$ und $Ba^{++}$ nicht im Phloem transportiert werden (MASON und MASKELL 1931, O. BIDDULPH 1951, 1954, 1959, BUKOVAC und TUKEY 1956, BUKOVAC und WITTWER 1957, BARBIER und BROSSARD 1963, ZIEGLER 1963 a, dort auch weitere Literatur, MOSTAFA und HASSAN 1964, MOORBY 1964, AMBLER 1964). Das Magnesium scheint dabei eine Ausnahme unter den Erdalkaliionen zu bilden. Siebröhrensäfte von Bäumen enthalten meist eine beträchtliche Menge $Mg^{++}$ (KIMMEL 1962). Wie oben erwähnt wurde (s. S. 60), nimmt Magnesium auch bei der Aufnahme durch die Wurzeln eine Sonderstellung ein. Während $Ca^{++}$, $Sr^{++}$ und $Ba^{++}$ miteinander konkurrieren, wird $Mg^{++}$ durch einen unabhängigen Mechanismus akkumuliert. Die nicht phloemmobilen Erdalkaliionen werden vom Blattgewebe selbst aufgenommen (MOORBY 1964), und es ist möglich, daß sich ihnen erst beim Übertritt in die Leitbahnen des Phloems eine unüberwindliche Barriere entgegenstellt. Wenn man annimmt, daß der Transport in den Siebröhren eine Massenströmung ist, erscheint es außerdem unwahrscheinlich, daß die Erdalkaliionen erst hierbei diskriminiert werden. Nach O. BIDDULPH et al. (1961) kann in den Nodien von *Phaseolus*-Pflanzen ein Übertritt des $Ca^{++}$ aus dem Xylem in das benachbarte Phloem erfolgen. Im Anschluß daran ist offenbar eine Translokation im Phloem möglich.

Ein *aktiver Transport der Assimilate aus dem Blattparenchym in die Siebröhren* wurde von ZIEGLER (1956, s. auch KENDALL 1955, ZIMMERMANN 1960) angenommen. ZIEGLER schreibt den den Siebröhren anliegenden Geleitzellen, die cytomorphologisch Drüsenzellen sehr ähnlich sind, dabei eine sekretorische Funktion zu. Neben ihrem Plasmareichtum und ihrer Großkernigkeit zeichnen sich diese

Zellen durch eine auffallend hohe Aktivität der sauren Phosphatase aus (Wanner 1952), die auch bei den Strasburger-Zellen, die bei Koniferen physiologisch an die Stelle der Geleitzellen treten, gefunden wird (Ziegler und Huber 1960). Phosphorylierungsreaktionen könnten demnach beim Zuckertransport zwischen dem Parenchym und den Leitbahnen des Phloems eine Rolle spielen (Ziegler 1956, Kursanov und Brovchenko 1961, vgl. Kursanov 1963). Atmungsgifte hemmen den Stoffübertritt in die Siebröhren (Turkina 1961). Licht beeinflußt die Translokation von Zucker maximal bei Intensitäten, die unter dem Kompensationspunkt liegen (Hartt 1965). Dieser Effekt scheint mit der Kohlenhydratsynthese unmittelbar nichts zu tun zu haben, sondern direkt unter Photokontrolle zu stehen, entweder durch elektrokinetische Mechanismen oder durch ATP-Bildung bei der Photophosphorylierung (Hartt und Kortschak 1964). Exogen gebotenes ATP fördert den Abtransport der Assimilate (Ullrich 1962, Kursanov 1961, Kursanov und Brovchenko 1961).

Elektronenmikroskopische Aufnahmen der Geleitzellen des Phloems der Blattleitbündel zeigen häufig Zellwandprotuberanzen, die eine Erhöhung der Oberfläche des Plasmalemmas bewirken (Ziegler 1965 a, Ziegler und Lüttge 1966). Derartige Strukturen wurden an Grenzflächen vielfach gefunden (Wrischer 1962, Falk und Sitte 1963, Thomson und Liu 1967, vgl. Schnepf 1968) und konnten bei Nektarien in unmittelbaren Zusammenhang mit Sekretions- oder Resorptionsvorgängen gebracht werden (Schnepf 1964).

Alle diese Befunde sprechen für eine metabolische Sekretion in die Leitbahnen des Phloems. Der Stofftransport in die Siebröhren ist kinetisch viel weniger untersucht als der Eintritt der Ionen in das Xylem der Wurzeln. Dies liegt vor allem daran, daß im Gegensatz zum Xylemsaft (Exsudat etc.) der Phloemsaft nicht in groß angelegten physiologischen Versuchen auf einfache Weise erhalten und analysiert werden kann. Siebröhrensaft kann man in großen Mengen nur durch das Anritzen der Rinde von Bäumen gewinnen (vgl. Ziegler 1956). Aus seiner Zusammensetzung können viele indirekte Schlüsse über den Stoffeintritt in die Siebröhren gezogen werden (Ziegler 1956, 1963 b). Umfangreiche Laboratoriumsexperimente lassen sich mit Bäumen schlecht durchführen. Aus krautigen Pflanzen erhält man den Siebröhrensaft meist nur in geringen Mengen durch die Vermittlung von Aphiden, die mit ihren Rüsseln die Siebröhren angestochen haben (Ziegler und Mittler 1959, v. Dehn 1961).

Bieleski (1966 a) hat *kinetische Untersuchungen* der Phosphat-, Sulfat- und Saccharose-Aufnahme durch isolierte Leitbündel von Sellerieblättern durchgeführt. Alle drei Substanzen werden in dieses Gewebe offenbar gegen einen Konzentrationsgradienten aufgenommen. Ein hoher Prozentsatz des Phosphats und der Saccharose wurden nach der Aufnahme als anorganisches Phosphat bzw. als Saccharose im Leitbündelgewebe aufgefunden. Mikroautoradiographische Untersuchungen (Bieleski 1966 b) lassen erkennen, daß die Stoffaufnahme hauptsächlich in das Phloem und nicht so sehr in das Xylem erfolgt.

Die Untersuchungen zeigten, daß diese Stoffaufnahme durch zwei der Michaelis-Menten-Kinetik gehorchende Mechanismen bewirkt wird. In frisch isoliertem Leitgewebe ist ein Mechanismus mit hoher $K_m$ (für die Phosphataufnahme $K_m = 75$ mM/l) und hoher Maximalgeschwindigkeit ($V_{max} = 9{,}5$ µM $PO_4$/g $\times$ Std.) wirksam. Beim Altern der isolierten Leitbündel entwickelt sich zusätzlich ein weiteres System, das durch eine niedrige Michaelis-Konstante ($K_m$ = 0,058 mM/l) ausgezeichnet ist ($V_{max}$ = 0,355 µM/g x Std.). Isoliertes Parenchym verhält sich ähnlich. Frisch isoliertes Parenchymgewebe besitzt nur ein System mit einer $K_m$ von 40 mM/l, während in gealtertem Gewebe ein zweites System mit einer niedrigen Michaelis-Konstante (0,09 mM/l) zu beobachten ist. Isoliertes Parenchym akkumuliert aber in viel geringerem Maße als die Leitbündel. Das System niedriger $K_m$ (System 1 nach Torii und Laties 1966 a), das nur bei gealtertem Gewebe in Tätigkeit ist, arbeitet im Parenchym (verglichen mit dem Leitgewebe) nur mit der 0,4fachen Maximalgeschwindigkeit, das System hoher $K_m$ (System 2) sogar nur mit der 0,04fachen Geschwindigkeit.

Die Verhältnisse sind zwar ähnlich, aber nicht identisch mit denen bei Wurzeln. Hier akkumulieren frisch isolierte Zentralzylinder sehr wenig, während gealterte Zentralzylinder annähernd gleich gut akkumulieren wie das Rindenparenchym. Auch im Falle der Wurzelzentralzylinder entwickelt sich System 1 beim Altern. Bieleski läßt offen, ob frische oder gealterte Leitbündel dem Zustand *in vivo* entsprechen. Nehmen wir analog den Überlegungen von Lüttge und Laties (1967 b) an, daß die frisch isolierten Gewebe die Verhältnisse *in situ* widerspiegeln, so zeigt sich, daß auch im vorliegenden Falle am Plasmalemma eine Stoffabgabe oder ein Stoffübertritt in die Siebröhren überwiegen muß, denn System 1 ist nicht entwickelt. Es könnte also auch hier wie bei den Wurzeln ein passiver Transport aus dem Cytoplasma in die Leitbahnen stattfinden.

Der Befund, daß die Akkumulation im Blattleitgewebe mit viel höherer Geschwindigkeit abläuft als im umgebenden Parenchym, weicht von den mit Wurzeln erhaltenen Ergebnissen ab. Der Unterschied der Akkumulationsgeschwindigkeit zwischen Blattparenchym und Blattleitgewebe ist bei System 2 besonders ausgeprägt, das nach den Ergebnissen von Bielesky sowohl im frischen als auch im gealterten Leitbündelgewebe aktiv ist. Dieses System muß nach den Ergebnissen von Torii und Laties (1966 a, 1966 b), Lüttge und Laties (1966, 1967 a) und Osmond und Laties (1968) am Tonoplasten der lebenden Zellen der Leitbündel lokalisiert sein. Es sieht also so aus, als wären die Vacuolen der in den Leitbündeln gelegenen Zellen *in vivo* in verstärktem Maße zur Stoffaufnahme befähigt. Das Konzentrationsgleichgewicht im Symplasten wäre demnach ständig gestört, ein cytoplasmatischer Stofftransport müßte andauernd in Richtung auf die Leitgewebe hin ablaufen, und diese würden demnach einen „sink" bilden. Barrier und Loomis (1957) fanden, daß 6 Stunden nach Aufbringen von radioaktiv markiertem Phosphat auf abgeschnittene Blätter ein hoher Prozentsatz des Phosphats in den Adern enthalten war. Große Flächen der Interkostalfelder waren danach frei von Radioaktivität. Derartige Vorgänge können für den Übertritt der Stoffe in die Leitbahnen von Bedeutung sein. Der Mechanismus ist aber nicht ganz klar, denn die Vacuolen der Leitgewebezellen müssen nach einiger Zeit gefüllt sein und ein Übertritt in die Siebröhren muß erfolgen.

Da Bieleski (1966 a) nur die Stoffaufnahme durch das Leitgewebe gemessen und nicht die in den Siebröhren transportierte Flüssigkeit analysiert und damit die Kinetik der Stoffabgabe an die Massenströmung ermittelt hat, lassen seine Versuche nur indirekte Schlüsse über den Influx und Efflux am Plasmalemma der Siebröhrenglieder zu. Kreidemann und Beevers (1967 a) haben durch Untersuchungen mit *Ricinus*-Keimlingen Anhaltspunkte dafür gewonnen, daß sich die Mechanismen der Zuckeraufnahme in Blätter und des Transportes in das Translokationssystem möglicherweise kinetisch trennen lassen. Die Zuckeraufnahme in die Blätter ist bei etwa 0,1 M konzentrationsgesättigt, während die Translokation auch über 0,1 M linear mit steigender Konzentration anwächst. Trotz dieser linearen Konzentrationsabhängigkeit soll der Vorgang unter metabolischer Kontrolle stehen, er hat ein ausgeprägtes pH-Optimum und wird durch Stoffwechselinhibitoren beeinflußt.

Wenig weiter führen BIELESKIS (1966 b) mikroautoradiographische Untersuchungen. Diese zeigen zwar interessanterweise, daß nicht nur der Abtransport von Stoffen aus den intakten Blättern im Phloem erfolgt, sondern daß auch bei isolierten Leitbündeln das Phloem nach der Stoffaufnahme aus radioaktiv markierten Lösungen bei weitem am stärksten markiert ist, etwa 10mal so stark wie das Xylem. Andererseits bleibt offen, ob eine Akkumulation beim Übertritt in die Siebröhren oder ob die Konzentrierung in den den Leitbahnen benachbarten Zellen erreicht wird. Diesen Untersuchungen liegen die gleichen Schwierigkeiten zugrunde wie entsprechenden Versuchen bei Wurzeln (s. S. 98). In einigen Fällen glaubt BIELESKI, eine Konzentrierung von Radioaktivität in den Siebröhren gefunden zu haben. Die Ergebnisse über die Markierungen einzelner Zelltypen im Phloem sind aber unsicher, meist akkumulieren alle lebenden Zellen des Phloems annähernd gleich stark.

Da der Phloemtransport, wie erwähnt, von „source“ zu „sink“, also von den Orten der Stoffproduktion zu den Verbrauchsorten, abläuft, ist zu berücksichtigen, daß sicher auch metabolische Prozesse in den letzteren eine Rolle bei der Translokation spielen. Durch Kühlen der „sink“-Orte, das den Stoffwechsel dieser Regionen verringert, kam z. B. GEIGER (1966) zu Ergebnissen, die die Annahme nahelegen, daß der Transport unter anderem auch durch die metabolische Entnahme von Stoffen aus den Siebröhren — im weitesten Sinne, also auch durch den Stoffumsatz an den Verbrauchsorten — gesteuert wird.

## c) Der Stofftransport durch Drüsen: Ein Vergleich des metabolischen Transportes von Salzen und Assimilaten*

Obwohl die Siebröhren eine ganze Reihe verschiedener Substanzen aus dem Blatt heraustransportieren, ist ihre Hauptfunktion doch der Transport der Assimilate, deren Abgabe aus dem Parenchym in die Leitbahnen des Phloems in irgendeiner Weise vom Stoffwechsel abhängt und meist mit einer Konzentrierung verbunden ist (ZIEGLER 1956, PHILLIS und MASON 1933, HARTT und KORTSCHAK 1964). Es fällt auf, daß bei diesem Vorgang (anders als bei den Wurzeln) offenbar keine Sperre der Rückdiffusion im freien Raum der Zellwand nötig ist. Man findet in Blättern (von Ausnahmen abgesehen: ESAU 1953, 1965, KAUSSMANN 1963) keine dem Casparyschen Streifen äquivalente Struktur, die den Zellwandtransport an kritischer Stelle blockieren würde. Wahrscheinlich wäre dies für die Pflanze auch wenig zweckmäßig. In den Blättern spielt neben dem Eintritt in die

* Auf die Drüsentätigkeit in ihrer ganzen Mannigfaltigkeit (vgl. LÜTTGE 1966c) braucht hier nicht ausführlich eingegangen zu werden, da in diesem Handbuch ein eigener Überblick über diese Probleme erscheint (SCHNEPF 1968).

Leitbahnen auch der Austritt von Stoffen besonders aus dem Xylem, aber auch aus dem Phloem eine große Rolle, wobei anders als bei den Wurzeln auch eine apoplasmatische Translokation von Bedeutung ist. Wir haben oben erwähnt (s. S. 110), daß die aus dem Xylem austretende Lösung transpirationsgetrieben wohl zunächst im freien Raum in den Zellwänden wandert und gerade so eine wirksame Versorgung der einzelnen Blattzellen mit Ionen gewährleistet ist.

*Analoga für den Caspary'schen Streifen* lassen sich aber bei verschiedenen Drüsen beobachten (vgl. SCHNEPF 1968). Drüsengewebe, die der Salzaufnahme oder -abgabe dienen, sind wohl stets durch Kutinisierung und Suberinisierung der Zellwände an der Grenze zwischen dem Drüsengewebe und dem Grundparenchym so von diesem getrennt, daß ein Stoffaustausch nur auf plasmatischem Wege möglich ist. Besonders deutlich wird dieses Prinzip bei den Salzdrüsen von *Limonium* (Abb. 45 *a*, RUHLAND 1915, ARISZ et al. 1955). Die ganze aus 16 Zellen bestehende Drüse ist von kutinisierten Zellwänden umgeben. Diese kutinisierte „Grenzkappe" besitzt 4 kleine Poren für die Sekretion nach außen. Nach innen, gegen die sogenannten Sammelzellen, die ihrerseits an das Mesophyll grenzen, finden sich 4 nicht kutinisierte Durchlaßstellen, an denen zahlreiche Plasmodesmen durchtreten (ZIEGLER und LÜTTGE 1966). Eine ähnliche spezifische Suberinisierung findet sich bei den Drüsen von *Spartina* (Abb. 45 *b*, HELDER 1964 b). Ein anderes Beispiel sind die Saugschuppen der Bromeliaceen. Die eigentlichen Schuppenzellen („Deckelzellen") sind tot und dienen der raschen, passiven Aufnahme von Wasser und gelösten Stoffen bei Benetzung. Die basalwärts gelegenen Zellen enthalten lebende Protoplasten. Die Seiten- oder Antiklinalwände dieser „Aufnahmezellen" sind ganz kutinisiert. Ihre Zwischen- oder Periklinalwände besitzen ringförmige Kutinspangen. Das kutinfreie Zentrum dieser Querwände bleibt durchlässig (Abb. 45 *c*, vgl. NETOLITZKY 1932, vgl. DOLZMANN 1964, 1965).

SCHNEPF (1965) nimmt an, daß auch die Außenwände der Trichomhydathoden von *Cicer arietinum* für gelöste Stoffe unwegsam sind. Ähnliches ist auch von anderen Trichomhydathoden bekannt (SCHRÖDTER 1926). Die Hydathoden sind in diesem Zusammenhang interessant, weil sie kein reines Wasser, sondern verdünnte Lösungen von Salzen und organischen Säuren ausscheiden. Entsprechende Scheiden besitzen wohl viele Hydathoden, die Drüsencharakter haben (Trichomhydathoden, Epithelhydathoden, weitere Einzelheiten vgl. SCHNEPF 1968). Die Guttation durch Spalten wird durch den Wurzeldruck bedingt, wobei es sich wie bei der Exsudation (dem Bluten) abgeschnittener Wurzeln um ein vom Salztransport in das Xylem abhängiges Phänomen handelt (VAADIA 1960, RANEY und VAADIA 1965, vgl. GRACANIN 1964, vgl. Diskussion des „aktiven" Wassertransportes S. 23).

Auch bei den Carnivoren-Drüsen, die neben der Sekretion von Enzymen und der Resorption von organischen Molekülen aus der gefangenen Beute auch dem Salztransport dienen (LÜTTGE 1964 c, 1964 d, 1965, 1966 a, 1966 b, NEMČEK et al. 1966), sind stets Kutinisierungen zu finden, die funktionell wie der Casparysche Streifen gedeutet werden können. So sind bei den Verdauungsdrüsen von *Nepenthes* die Antiklinalwände ganz und die Periklinalwände teilweise kutinisiert (STERN 1917, Abb. 45 *d*). Ähnliche Verhältnisse liegen bei *Pinguicula*, *Drosera* und *Drosophyllum* vor (vgl. LLOYD 1942).

Vergleichbare Strukturen sind auch bei Nektarien häufig, aber nicht die Regel. Nach Frey-Wyssling (1935) sind die Nektarien anatomisch und phylogenetisch mit den Hydathoden verwandt. Kutinisierungen der Radialwände, die den Durch-

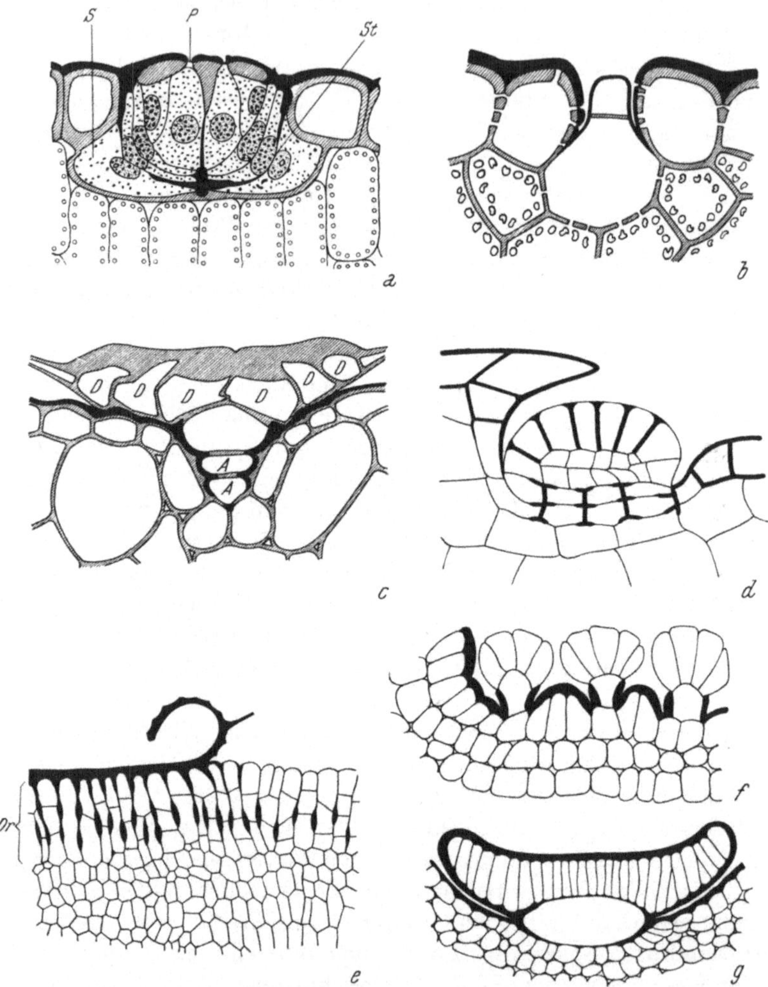


Abb. 45. Dem Caspary'schen Streifen analoge Kutinisierungen bei einigen Drüsen. Die kutinisierten Zellwände sind in den schematischen Querschnitten schwarz angegeben. *a* Salzdrüse aus der Blattepidermis von *Statice gmelinii*. *P* = Sekretionsporen, *S* = Sammelzelle, *St* = Durchlaßstellen. Nach Ruhland (1915), aus Arisz et al. (1955). *b* Drüse von *Spartina*. Aus Helder (1964 b). *c* Saugschuppe von *Tillandsia usneoides*. *A* = Aufnahmezellen, *D* = Deckelzellen. Aus Dolzmann (1965). *d* „Überdachte" Verdauungsdrüse von *Nepenthes compacta*. Aus Stern (1917). *e—f* extraflorale Nektarien. Aus Frey-Wyssling (1935). *e Hevea:* die Drüsenzellen (*Dr*) gleichen dicht gedrängten Drüsenhaaren; die oberflächliche Kutinschicht ist abgesprengt, *f* Trichomnektarien von *Syringa sargentina*, *g* Schuppennektarium von *Glaziova*.

tritt der transportierten Stoffe durch das Plasma erzwingen, finden sich wohl immer nur bei den Trichomnektarien (Abb. 45 *e—f*, vgl. Schrödter 1926).

Es fragt sich, ob für die Notwendigkeit einer Sperre des Zellwandtransportes die Stoffklasse ausschlaggebend ist, oder ob dies durch den Mechanismus der beteiligten Prozesse des Kurzstreckentransportes bedingt wird. Ersteres ist unwahrscheinlich. Zumindest Hexose- und Disaccharidmoleküle wären nicht zu groß, um in den interfibrillaren Räumen der Zellwände wandern zu können.

Den *Mechanismus der Salzsekretion* (nach FREY-WYSSLING 1935, wohl meist „Rekretion"; Diskussion der FREY-WYSSLINGschen Nomenklatur vgl. LÜTTGE 1964 d, ZIEGLER 1965 a) könnte man sich prinzipiell genauso wie den Transport in das Xylem denken (Abb. 40). Der Außenlösung in Abb. 40 würde dann die Ionenlösung entsprechen, die dem die Drüsen umgebenden Parenchym mit dem Xylem herangeführt wird. Die Ionenaufnahme aus diesem apoplasmatischen Raum in den Symplasten durch einen am Plasmalemma lokalisierten Transportvorgang (System 1) wäre dann ein entscheidender Schritt. Die zitierten Untersuchungen über die Ionenaufnahme durch Blätter, wo die Situation bei der Aufnahme der Ionen aus dem Xylem identisch ist, lassen die Annahme zu, daß es sich hierbei um einen metabolischen Transport handelt (vgl. auch LÜTTGE 1966 a). Nach einer Konzentrierung im Plasma wäre ähnlich wie in den Wurzeln ein passiver Austritt aus dem Symplasten zu denken. Der dichten Vollpackung der Drüsenzellen mit Cytoplasma könnte dabei eine besondere Rolle zukommen, obwohl der eigentliche Austrittsprozeß bei dieser Überlegung passiver Natur wäre. Bei dynamischem Gleichgewicht der Ionenverteilung im Cytoplasma, bei dem zu einem bestimmten Zeitpunkt die Konzentration im ganzen Symplasten gleich groß ist (s. S. 93ff.), wird sich in den Drüsenzellen auf kleinerem Raum eine größere Menge Ionen befinden als in den Parenchymzellen mit ihren großen Vacuolen. Die Drüsenzellen könnten so als Sammelzellen für die Abgabe nach außen wirken. Auf ähnliche Weise ließe sich auch der Drüsencharakter der Geleitzellen und der Gefäßparenchymzellen deuten. Der vielfach gefundene Mitochondrienreichtum der Drüsen (WRISCHER 1962, SCHNEPF 1964, SCHNEPF 1968, vgl. LÜTTGE 1966 c) wird meist durch die Notwendigkeit eines erhöhten Energiestoffwechsels zur Ermöglichung von metabolischen Transportvorgängen gedeutet. Bei der Fähigkeit der Mitochondrien zur Salzakkumulation und zur Kontrolle des Salzgehaltes des Cytoplasmas (s. S. 89) ist es auch möglich, daß sie auf diese Weise im Dienste der Salzsekretion stehen.

Bei mikroautoradiographischen Untersuchungen der Salzsekretion erschienen die Drüsenzellen stets besonders stark markiert (LÜTTGE 1966 b, ZIEGLER und LÜTTGE 1967). Bei der $Cl^-$-Sekretion durch *Nepenthes*-Drüsen, die allerdings nicht zum eigentlichen Typus der Salzdrüsen gehören, konnte eine Gleichverteilung der Ionen im ganzen Plasma gefunden werden, wodurch sich auch die bevorzugte Markierung der dicht mit Cytoplasma erfüllten Drüsenzellen erklärt. Auch bei entsprechenden Versuchen über die $Cl^-$-Sekretion durch die Salzdrüsen von *Limonium* erwies sich der Drüsenkomplex als stark markiert, ein Konzentrationsanstieg zwischen dem Plasma der Mesophyllzellen und dem Drüsenplasma konnte nicht gefunden werden (ZIEGLER und LÜTTGE 1967).

Diese Versuche sagen nichts über den eigentlichen Austrittsmechanismus der Salze aus. Kinetische Untersuchungen zu diesem Problem sind nicht sehr zahlreich. Einige Ergebnisse (LÜTTGE 1966 a) legen die Vermutung nahe, daß nicht nur die Aufnahme der Ionen in den Symplasten, sondern auch die Sekretion aus dem Symplasten heraus ein metabolischer Vorgang ist. Die Analyse unserer umfangreichen Kenntnisse über den Ionentransport in der Wurzel zeigt aber, daß diese Ergebnisse auch anders gedeutet werden könnten. Nur weitere Untersuchungen können dieses Problem klären. Es erscheint zunächst aber möglich, daß bei der Salzsekretion durchaus eine Analogie zum Ionentransport in das Xylem der Wurzeln vorliegt (s. auch ARISZ et al. 1955, HELDER 1964 b).

Bei der *Sekretion von Produkten des Stoffwechsels*, Assimilaten oder Dissimilaten, also bei der eigentlichen Sekretion und Exkretion im Schema von FREY-WYSSLING (1935), muß zunächst nicht unbedingt ein ganz anderer Mechanismus angenommen werden. Wenn die auszuscheidenden Substanzen von entfernt gelegenen Stoffwechselorten an das Drüsengewebe herangebracht werden (FREY-WYSSLING und AGTHE 1950, AGTHE 1951), könnte die Aufnahme aus den Leitbahnen in das Plasma und eine Anreicherung im Plasma ein entscheidender, geschwindigkeitsbestimmender Schritt sein. Häufig sind jedoch die sezernierten Substanzen im Drüsengewebe selbst dem Stoffwechsel unterworfen. Dies ist mit Sicherheit bei den durch die Nektarien ausgeschiedenen Zuckern der Fall (FREY-WYSSLING et al. 1954, MATILE 1956, ZIEGLER 1965 a, FEKETE et al. 1967), obwohl der Zuckernachschub in hohem Maße über das Phloem erfolgt (FREY-WYSSLING und AGTHE 1950, AGTHE 1951, FREY-WYSSLING 1955). (Man darf auch annehmen, daß die durch *Nepenthes* sezernierten Enzyme [LÜTTGE 1964 b] nicht über weite Strecken transportiert, sondern im Drüsengewebe synthetisiert werden.) Auch in diesen Fällen könnte prinzipiell durch den Stoffwechsel eine Anreicherung im Cytoplasma und anschließend ein passiver Austritt durch Druckfiltration erfolgen. Als großes Hemmnis für alle diese Spekulationen (s. auch ZIEGLER 1965 a) erweist sich die Tatsache, daß man die Konzentrationen oder Aktivitäten im Cytoplasma nicht kennt (HELDER 1964 b). Interessant ist in diesem Zusammenhange, daß FEKETE et al. (1967) in verschiedenen Nektarien einen sehr hohen Invertasegehalt gefunden haben, der sowohl die absolute Menge als auch die spezifische Aktivität dieses Enzyms in anderen Geweben wesentlich übersteigt. Die Hydrolyse von Saccharose im Sekretionsgewebe erhöht die Konzentration der Zucker und kann dadurch zum Zustandekommen eines passiven Austritts wesentlich beitragen.

Die Sekretion von Metaboliten hängt in anderer Weise vom Stoffwechsel ab als die Salzsekretion. Während man beim Salztransport stoffwechselanhängige Katalysevorgänge an den Membranen als einzigen metabolischen Antriebsmodus annehmen muß, ist beim Kurzstreckentransport der Assimilate allein oder zusätzlich zum Membrantransport die *Biosynthese der Sekretionsprodukte* die treibende und kontrollierende Kraft. Aus diesem Grund ist es in diesen Fällen auch so schwer, zwischen dem metabolischen Transport im engeren Sinne und dem Stoffwechsel der transportierten Substanzen zu unterscheiden (s. S. 41). Man muß sich vorstellen, daß sich komplizierte dynamische Gleichgewichte zwischen den enzymatischen Synthesereaktionen und dem Abtransport von Syntheseprodukten einstellen, und daß auf diese Weise auch eine Regulation durch Rückkopplung möglich wird.

Bei Untersuchungen des Phloemtransportes fand man z. B., daß eine Hemmung des Abtransportes der Photosynthate auf die Photosynthese selbst hemmend wirkt (HARTT 1963). Die Analogien zwischen der Sekretion durch die Nektarien und dem Zuckereintritt in die Siebröhren sind mannigfaltiger Natur. Auf eine Funktionsähnlichkeit der Nektarien und der Geleitzellen wurde schon 1956 durch ZIEGLER hingewiesen.

Interessante Verhältnisse liegen beim Scutellum der Graskeimlinge vor, das aus dem Endosperm der Samen Hexosen aufnimmt und sie in Saccharose umwandelt, die dann weiter transportiert wird (EDELMAN et al. 1959). Umgekehrt wie beim Beispiel der Blätter, wo eine Transporthemmung einen enzymatischen Vorgang oder eine ganze enzymatische Reaktionskette hemmt (HARTT 1963), kann hier eine Erniedrigung des Transportes durch eine Hemmung von Stoffwechselreaktionen demonstriert werden. Freie Mannose und Mannose-6-phosphat im Scutellumgewebe hemmen die Glucose-Nettoaufnahme aus dem Endosperm durch eine Erniedrigung der Glucosephosphorylierung. Die gleiche Reaktion wird durch Glucose-6-phosphat kompetitiv gehemmt. Es ergibt sich, daß die Geschwindigkeit der Glucoseaufnahme durch eine Hexokinasereaktion kontrolliert wird (HUMPHREYS und GARRARD 1964).

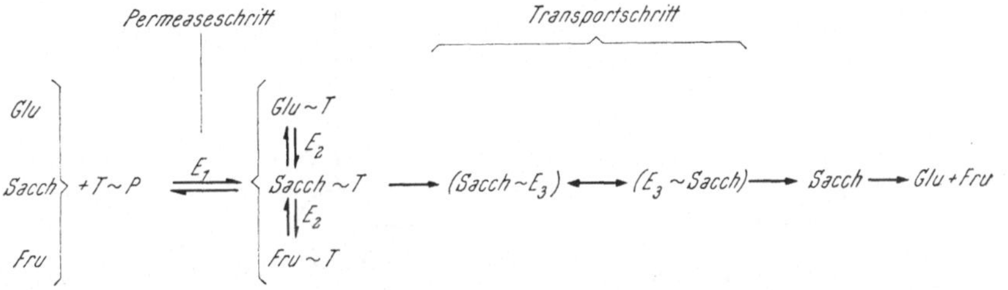

Permeaseschritt — Transportschritt

$$\left.\begin{matrix} Glu \\ Sacch \\ Fru \end{matrix}\right\} + T\sim P \underset{}{\overset{E_1}{\rightleftharpoons}} \left\{\begin{matrix} Glu\sim T \\ \updownarrow E_2 \\ Sacch\sim T \\ \updownarrow E_2 \\ Fru\sim T \end{matrix}\right. \longrightarrow (Sacch\sim E_3) \longleftrightarrow (E_3\sim Sacch) \longrightarrow Sacch \longrightarrow Glu + Fru$$

Abb. 46. Zuckerakkumulation in Zuckerrohrgewebe nach BIELESKI (1962): metabolische Aufnahme durch eine Permease in das Cytoplasma. *Glu* = Glucose, *Sacch.* = Saccharose, *Fru* = Fruktose, $T$ = Träger, $T \sim P$ = phosphorylierter Träger, $E_1$, $E_2$, $E_3$ = Enzyme. Weitere Erklärung im Text.

Nach GRANT und BEEVERS (1964) erfolgt die Hexoseaufnahme in Maiswurzeln und Karottengewebescheiben metabolisch und gegen einen „anscheinenden Konzentrationsgradienten". Bei Maiswurzeln vermischen sich von außen aufgenommene Glucose und Fructose mit dem inneren Hexosepool. Die Oxidation der aufgenommenen Hexosen zu $CO_2$ reicht quantitativ zur Erklärung ihrer metabolischen Aufnahme nicht aus. Bei Karotten wird dagegen vorzugsweise neu aufgenommene Glucose veratmet.

BIELESKI erklärt die Physiologie der Zuckeranreicherung beim Zuckerrohr durch eine Reaktionskette, an der sowohl enzymatische Umsetzungen als auch Transportvorgänge beteiligt sind. Zucker werden durch Zuckerrohrgewebescheiben metabolisch aufgenommen. Anaerobiose und verschiedene Inhibitoren hemmen die Aufnahme (BIELESKI 1960 a, 1960 b). Dabei ist zunächst ein Trägertransport beteiligt, bei dem Glucose und Saccharose miteinander konkurrieren ($E_1$). Im Anschluß an die Aufnahme werden alle Zucker in Saccharose umgewandelt ($E_2$), die weitertransportiert wird ($E_3$) und dann auch wieder in Glucose und Fructose zerfallen kann (BIELESKI 1962, Abb. 46).

GLASZIOU (1961) und SACHER (1966) entwerfen für die Zuckeraufnahme durch Zuckerrohrgewebe bzw. Bohnenendosperm ein dem gegenüber etwas modifiziertes Bild. Sie glauben nicht, daß Fructose, Glucose und Saccharose durch einen gemeinsamen Träger am Plasmalemma in das Cytoplasma aufgenommen werden. An Hand von Markierungsversuchen kommen sie zu dem Schluß, daß das Plasma für die Hexosen freier Raum sein müsse, in den sie durch Diffusion eintreten können (Abb. 47). Die gegenseitige Konkurrenz der Hexosen bei der Aufnahme wird dadurch erklärt, daß diese durch eine Saccharosesynthese im Cytoplasma angetrieben wird und die einzelnen Zucker bei den hierzu erforderlichen Phosphorylierungsreaktionen konkurrieren. Die im Plasma synthetisierte Saccharose soll dann metabolisch in die Vacuole transportiert werden. Durch eine dort lokalisierte Invertase würde dann wieder eine Spaltung in Glucose und Fructose erfolgen. (Über den Nachweis der an den einzelnen, im Schema der Abb. 47 angenommenen Reaktionen beteiligten Enzyme s. Hatch et al. 1963.)

Da bei den Versuchen von Glasziou von außen zugegebene Glucose ein viel besserer Vorläufer für die im Innern gespeicherte Saccharose war als Saccharose selbst, nehmen diese Autoren an, daß nicht die Saccharose als solche aktiv in die Vacuole transportiert wird, sondern eine unbekannte Verbindung Saccharose-X. Glasziou fand ferner zwei Mechanismen der Saccharoseaufnahme, von denen

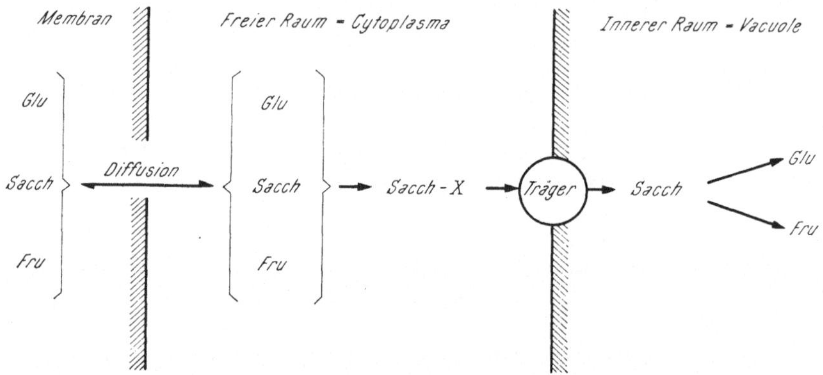


Abb. 47. Zuckerakkumulation nach Glasziou (1961): passive Zuckeraufnahme in das Cytoplasma, Trägertransport in die Vacuole. Abkürzungen wie bei Abb. 46. Weitere Erklärung im Text.

einer bei niedriger und einer bei hoher Außenkonzentration geschwindigkeitsbestimmend war. Er erklärt dies durch Bildung von Saccharose-X auf verschiedenen Wegen. Sacher vermutet, daß die Energie für den Saccharosetransport am Tonoplasten aus einem Saccharosephosphat stammt, das dann wohl mit Saccharose-X identisch wäre. Anhaltspunkte dafür gibt eine Arbeit von Hatch (1964) über die Rolle des Saccharosephosphats bei der Zuckerakkumulation durch Zuckerrohr (vgl. auch Kreidemann und Beevers 1967 b).

Alle diese Modelle nehmen eine *Abfolge enzymatischer Stoffwechselreaktionen und metabolischer Transportvorgänge* an. Bei der *Translokation niedermolekularer Assimilate* über kurze Strecken kann man an einen Membrantransport im eigentlichen Sinne denken, also etwa an einen durch einen Träger katalysierten Transport, der ein einzelner Ablauf in einer Kette mehrerer Reaktionsschritte sein kann. Bei niederen Organismen, wo Mutanten auftreten, bei denen Permeaseprozesse normal entwickelt sind, denen aber entsprechende Stoffwechselenzyme fehlen, oder umgekehrt, kann man diese Vorgänge mit der Methode des genetischen Blocks getrennt untersuchen (s. S. 50). Der Trägertransport muß nicht unbedingt der geschwindigkeitsbestimmende Schritt sein. Dies hängt nicht allein vom System ab, das man studiert, sondern auch von den jeweiligen Bedingungen, den einzelnen Konzentrationen und Gleichgewichtskonstanten.

Das früher diskutierte Problem, ob die spezifische Zusammensetzung der

Drüsensekrete, also etwa das Überwiegen der Zucker im Nektar gegenüber anderen Substanzen wie Aminosäuren, organischen Säuren und anorganischen Salzen (LÜTTGE 1961, 1962 a), durch eine spezifische Sekretion oder durch eine unspezifische Ausscheidung durch Druckfiltration mit anschließender spezifischer Rückresorption zustande kommt (LÜTTGE 1962 b, ZIEGLER 1965 a), läßt sich bei dieser Betrachtungsweise etwas anders formulieren. Es stellt sich die Frage nach der Natur der beiden Fluxe (Influx und Efflux) am äußeren Plasmalemma der Drüsenzellen, und zwar nach dem passiven oder metabolischen Charakter dieser Fluxe und danach, wie weit sie für die Stofftransporte durch diese Grenzfläche überhaupt geschwindigkeitsbestimmend sind, sowie nach ihrer quantitativen Bedeutung für die endgültige Zusammensetzung des Sekretes. Dies sind Größen, die im einzelnen und für jeden im Sekret vorhandenen Stoff bestimmt werden müßten. Das Problem „spezifische Sekretion oder spezifische Rückresorption" verliert aus diesem Blickwinkel gesehen seinen prinzipiellen, qualitativen Charakter und wird zu einer quantitativen, dem Experiment leichter zugänglichen Fragestellung.

Bei der *Ausscheidung von höher molekularen Sekretstoffen* wird man dagegen an den Mechanismus der Vesikelextrusion oder Ptyocytose (ZIEGLER 1965 a) denken. Für die Sekretion von sauren Polysacchariden bei Pflanzen und Eiweißstoffen bei Tieren (vgl. SIEVERS 1965) wurde dieser Mechanismus nachgewiesen (s. auch SCHNEPF 1968). Für die Enzymsekretion bei *Nepenthes* wäre ein ähnlicher Mechanismus zu postulieren.

Die bei der Ptyocytose treibende Kraft ist unbekannt. ZIEGLER (1965 a) diskutiert die Möglichkeit, daß dabei die Herabsetzung der Oberflächenspannung am Plasmalemma durch den Einbau der Vesikelmembran nach der Abgabe des Vesikelinhalts nach außen eine Rolle spielen könnte. Dies wäre ein rein physikalischer Mechanismus. Die Ptyocytose würde dann spontan ablaufen, bei zufälliger Berührung der Bläschenmembran mit dem Plasmalemma. Dabei würde dann die Sekretsynthese zur eigentlich metabolisch treibenden Kraft. Dies scheint wenigstens bei *Drosophyllum* auch der Fall zu sein (SCHNEPF 1963 a, 1963 b). Andererseits führt SCHNEPF an anderer Stelle in diesem Handbuch (SCHNEPF 1968) näher aus, daß wir es auch bei der Vesikelextrusion mit einer Kette von Vorgängen (der Sekretbildung, der Loslösung der Golgi-Vesikel von den Dictyosomen, der Wanderung der Vesikel an die Zelloberfläche, der Verschmelzung der Vesikelmembran mit dem Plasmalemma und der Rückgewinnung von Membranmaterial durch die Dictyosomen) zu tun haben, wobei es im einzelnen nicht klar ist, welche Prozesse für den Gesamtablauf geschwindigkeitsbestimmend sind. Diese Situation ist den Reaktionsketten aus Transport- und Stoffwechselprozessen, die wir bei der Sekretion niedermolekularer Assimilate diskutiert haben (s. S. 120), nicht unähnlich.

Die bei Salzdrüsen und bei Assimilatdrüsen zu beobachtende Vergrößerung der Plasmalemmaoberfläche durch Zellwandprotuberanzen läßt sich nach ZIEGLER (1965 a) sowohl durch die Bereitstellung von mehr Platz für eine größere Anzahl von Trägermolekülen als auch durch Erhöhung der freien Energie der Grenzschichten (Oberflächenenergie = Oberflächenspannung × Fläche) und der damit verbundenen verbesserten Möglichkeit für die Vesikelextrusion im Dienste eines verstärkten Transportes deuten.

Mit Recht weist ZIEGLER (1965 a) darauf hin, daß der Mechanismus der Drüsensekretion in keinem einzigen Falle als aufgeklärt gelten kann. Die obigen Überlegungen sind hypothetischer Natur. Dennoch geben sie, zusammen mit dem Hinweis auf besser untersuchte Transportsysteme, Anhaltspunkte für weitere Untersuchungen.

Schlußbemerkung

## Der Kurzstreckentransport im pflanzlichen Organismus: Ein System und seine Rolle für das Leben größerer Funktionseinheiten

Transportprozesse in einem komplexen Organismus, wie ihn eine höhere Pflanze darstellt, sind mannigfaltiger Natur. Sie unterscheiden sich durch ihre Reichweite. Ihre Wirksamkeit kann auf die Überwindung kurzer Strecken durch Diffusion oder durch Membrantransport beschränkt, sie können für die Überbrückung mittlerer oder großer Entfernungen eingerichtet sein. Gleichzeitig unterscheiden sich diese Vorgänge durch ihren Mechanismus. Die wenige nm dicken biologischen Membranen erscheinen als bedeutende Barrieren. Zu ihrer Überwindung ist oft ein Verbrauch von Stoffwechselenergie erforderlich, während große, meterlange Entfernungen durch passiven Stoffstrom in den Leitbahnen bewältigt werden. Bei der Bewegung dieser Massenströmungen spielen andere Kräfte eine Rolle, z. B. die Transpiration beim Wasserstrom im Xylem, die ihren gewaltigen Energieverbrauch aus außerhalb der Pflanze gelegenen Quellen deckt.

Dennoch sind die Nah-, Mittel- und Ferntransporte in der Pflanze nicht unabhängig voneinander. Sie bilden ein zusammenhängendes System mit komplizierten Abhängigkeiten und Regelungsmechanismen. Bei einer Reihe von einzelnen Beispielen konnte die Verknüpfung mehrerer Transportvorgänge zu kleineren Systemeinheiten bereits nachgewiesen werden; besonders beim Ionentransport durch die Wurzel, wo Membrantransport, symplasmatischer Transport und Massenströmung miteinander gekoppelt sind. Es zeigt sich an diesem Beispiel, daß die Bestückung von Massenströmungen mit mitzuführenden gelösten Substanzen durch metabolische Membrantransporte gesteuert werden kann, die sich in mehr oder weniger großer Entfernung von den Leitbahnen abspielen.

An den Schaltstellen, an denen der Stoffwechsel seine Kontrollfunktion wahrnehmen kann, finden wir stets Mechanismen des metabolischen Kurzstreckentransportes. Die Kontrolle kann mehr oder weniger unmittelbar durch den Energiestoffwechsel erfolgen, oder indem Transportprozesse in enzymatische Reaktionsketten einbezogen sind. Stoffverschiebungen werden dabei nicht nur durch Reaktionsabläufe des Stoffwechsels beeinflußt, umgekehrt wirken auch sie auf solche Abläufe ein. Das gesamte physiologische Geschehen in einer Pflanze wäre ohne ein richtiges Funktionieren der Transportprozesse pathologisch verändert, müßte zum Erliegen kommen und den Tod des Organismus zur Folge haben.

Noch erscheinen metabolische Kurzstreckentransporte lediglich als Sonderfall biochemischer Reaktionen. Sie ermöglichen aber erst das gleichzeitige Ablaufen der verschiedensten Umsetzungen, die innerhalb einer einzelnen Zelle oder in einem vielzelligen Organismus durch Barrieren gegeneinander abgegrenzt sein müssen, indem sie diese Barrieren in kontrollierter Weise überbrücken. Unsere

Kenntnisse über die Zusammenhänge im einzelnen sind bruchstückhaft. Dennoch mehrt sich unser Wissen über die biochemische Kompartimentierung der Zelle und über Reaktionen zwischen Substanzen, die aus verschiedenen Kompartimenten oder Pools stammen und nur durch Transportprozesse zusammengeführt werden können. Gleichzeitig erweitern sich unsere Anschauungen über das Zusammenwirken einzelner Gewebe und Organe in den Pflanzenorganismen, das ebenfalls nur durch Transportprozesse möglich ist. Das Prinzip des komplexen Transportsystems eines Organismus erscheint als bedeutendes Hilfsmittel bei der Verwirklichung genetischer Information zur Ausprägung des Phänotyps.

## Dankadresse

Für die Durchsicht des Manuskriptes und wichtige Hinweise danke ich Herrn Prof. Dr. D. Köhler, Herrn Doz. Dr. E. Müller, Herrn Prof. Dr. E. Schnepf, Herrn Doz. Dr. J. Weigl, Herrn Doz. Dr. D. Woermann uud Herrn Prof. Dr. H. Ziegler und Herrn Woermann insbesondere für seine intensive Hilfe bei der Formulierung des Abschnittes „Der aktive Transport" (Abschnitt II, a, 4). Der Deutschen Forschungsgemeinschaft sei dafür gedankt, daß sie durch die jahrelange Unterstützung des Autors eigener Arbeiten zum Kurzstreckentransport letztlich auch den vorliegenden Überblick ermöglicht hat.

## Literatur

Agthe, C., 1951: Über die physiologische Herkunft des Pflanzennektars. Ber. schweiz. bot. Ges. **61**, 240—274.

Allfrey, V. G., R. Meudt, J. W. Hopkins, and A. E. Mirsky, 1961: Sodium-dependent „transport" reactions in the cell nucleus and their role in protein and nucleic acid synthesis. Proc. Natl. Acad. Sci. **47**, 907—932.

Ambler, J. E., 1964: Translocation of strontium from leaves of bean and corn plants. Radiat. Bot. **4**, 259—265.

Ambrose, E. J., 1964: Cell Contacts. Recent Progress in Surface Science **1**, 338—359.

Arens, K., 1936: Physiologisch polarisierter Massenaustausch und Photosynthese bei submersen Wasserpflanzen. II. Die $Ca(HCO_3)_2$-Assimilation. Jb. wiss. Botan. **83**, 513—560.

Arisz, W. H., 1945: Contribution to a theory on the absorption of salts by the plant and their transport in parenchymatous tissue. Proc. Kon. Ned. Akad. Wetensch. **48**, 420—446.

— 1947a: Uptake and transport of chlorine by parenchymatic tissue of leaves of *Vallisneria spiralis*. I. The active uptake of chlorine. Proc. Kon. Ned. Akad. Wetensch. C **50**, 1019—1032.

— 1947b: Uptake and transport of chlorine by parenchymatic tissue of leaves of *Vallisneria spiralis*. II. Analysis of the transport of chlorine. Proc. Kon. Ned. Akad. Wetensch. C **50**, 1235—1245.

— 1948: Uptake and transport of chlorine by parenchymatic tissue of leaves of *Vallisneria spiralis*. III. Discussion of the transport and uptake. Vacuole secretion theory. Proc. Kon. Ned. Akad. Wetensch. **51**, 25—32.

— 1953a: Absorption and transport by the tentacles of *Drosera capensis*. V. Influence on the transport of substances inhibiting enzymatic processes. Acta Bot. Neerl. **2**, 74—106.

— 1953b: Active uptake, vacuole-secretion and plasmatic transport of chloride-ions in leaves of *Vallisneria spiralis*. Acta Bot. Neerl. **1**, 506—515.

— 1954: Transport of chloride in the „symplasm" of *Vallisneria* leaves. Nature (Lond.) **174**, 223.

— 1956: Significance of the symplasm theory for transport across the root. Protoplasma (Wien) **46**, 5—62.

— 1958: Influence of inhibitors on the uptake and the transport of chloride-ions in leaves of *Vallisneria spiralis*. Acta Bot. Neerl. **7**, 1—32.

Arisz, W. H., 1960a: Symplasmatischer Transport in *Vallisneria*-Blättern. Protoplasma (Wien) **52**, 309—343.
— 1960b: Translocation of salts in *Vallisneria spiralis*. Bull. Res. Counc. Israel **8 D**, 247—252.
— 1961a: Symplasm theory of salt uptake into and transport in parenchymatic tissue. Rec. Advances in Bot. 1125—1128.
— 1961b: Observations on translocation in parenchyma and their significance for long-distance transport. Rec. Advances in Bot. 1220—1224.
— 1963: Influx and efflux of electrolytes by leaves of *Vallisneria spiralis* I. Active uptake and permeability. Protoplasma **57**, 5—26.
— 1964a: Influx and efflux of electrolytes by leaves of *Vallisneria spiralis*. II. Leakage out of cells and tissues. Acta Bot. Neerl. **13**, 1—58.
— 1964b: Translocation of labelled chloride ions in the symplasm of *Vallisneria* leaves. Kon. Ned. Akad. Wetensch. C **67**, 128—137.
— and M. J. Schreuder, 1956a: The path of salt transport in *Vallisneria* leaves. Kon. Ned. Akad. Wetensch. C **59**, 454—460.
— — 1956b: Influence of water withdrawal through transpiration on the salt transport in *Vallisneria* leaves. Kon. Ned. Akad. Wetensch. C **59**, 461—470.
— and H. H. Sol, 1956: Influence of light and sucrose on the uptake and transport of chloride in *Vallisneria* leaves. Acta Bot. Neerl. **5**, 218—246.
— and E. P. Wiersema, 1966: Symplasmatic long distance transport in *Vallisneria* plants investigated by means of autoradiograms. Kon. Ned. Akad. Wetensch. C **69**, 223—241.
— I. J. Camphuis, H. Heikens, and A. J. van Tooren, 1955: The secretion of the salt glands of *Limonium latifolium* Ktze. Acta Bot. Neerl. **4**, 322—338.
Atkinson, M. R., G. Eckermann, M. Grant, and R. N. Robertson, 1966: Salt accumulation and adenosine triphosphate in carrot xylem tissue. Proc. Nat. Acad. Sci. **55**, 560—564.

Badenhuizen, N. P., 1958: Structure, properties and growth of starch granules. Handbuch der Pflanzenphysiologie VI. Springer: Berlin-Göttingen-Heidelberg.
Bange, G. G. J., 1959: Interactions in the potassium and sodium absorption of intact maize seedlings. Plant and Soil **11**, 17—29.
— 1962: The carrier theory of ion transport: a reconsideration. Acta Bot. Neerl. **11**, 139—146.
— 1965: Upward transport of potassium in maize seedlings. Plant and Soil **22**, 280—306.
— and C. L. C. Meijer, 1966: The alkali cation carrier of barley roots: a macromolecular structure? Acta Bot. Neerl. **15**, 434—450.
— and E. van Vliet, 1961: Translocation of potassium and sodium in intact maize seedlings. Plant and Soil **15**, 312—328.
— J. Tromp, and S. Henkes, 1965: Interactions in the absorption of potassium, sodium, and ammonium ions in excised barley roots. Acta Bot. Neerl. **14**, 116—130.
Bangham, A. D., and R. W. Horne, 1964: Negative staining of phospholipids and their structural modification by surface-active agents as observed in the electron microscope. J. Mol. Biol. **8**, 660—668.
— M. M. Standish, and J. D. Watkins, 1965a: Diffusion of univalent ions across the lamellae of swollen phospholipids. J. Mol. Biol. **13**, 238—252.
— — and G. Weissman, 1965b: The action of steroids and streptolysin S on the permeability of phospholipid structures to cations. J. Mol. Biol. **13**, 253—259.
Barber, D. A., and H. V. Koontz, 1963: Uptake of dinitrophenol and its effect on transpiration and calcium accumulation in barley seedlings. Plant Physiol. **38**, 60—65.
— J. M. Walker, and E. H. Vasey, 1963: Mechanisms for the movement of plant nutrients from the soil and fertilizer to the plant root. J. Agr. Food. Chem. **11**, 204—207.
Barbier, G., et M. Brossard, 1963: Relations entre l'absorption racinaire et l'absorption foliaire du strontium et du césium chez le maïs. Agrochimica (Pisa) **7**, 216—225.
Barr, C. E., and T. C. Broyer, 1964: Effect of light on sodium influx, membrane potential, and protoplasmic streaming in *Nitella*. Plant Physiol. **39**, 48—52.
Barrier, G. E., and W. E. Loomis, 1957: Absorption and translocation of 2,4-dichlorophenoxyacetic acid and $^{32}P$ by leaves. Plant Physiol. **32**, 225—231.
Bell, D. J., and J. K. Grant, eds., 1963: The structure and function of the membranes and surfaces of cells. Cambridge University Press: London.

BENNET-CLARK, T. A., 1956: Salt accumulation and mode of action of auxin. A preliminary hypothesis. In R. L. WAIN and F. WRIGHTMAN, eds.: The chemistry and mode of action of plant growth substances. Butterworths: London.

BENNUN, A., and M. AVRON, 1964: Light-dependent and light-triggered adenosine triphosphatase in chloroplasts. Biochim. Biophys. Acta **79**, 646—648.

BENSON, A. A., 1964: Plant membrane lipids. Ann. Rev. Plant Physiol. **15**, 1—16.

— 1966: On the orientation of lipids in chloroplast and cell membranes. J. American Oil Chem. Soc. Jaocs **43**, 265—270.

BERNSTEIN, L., and W. R. GARDNER, 1961: Perspective on function of free space ion uptake by roots. Science **133**, 1482—1483.

BERTALANFFY, L. VON, 1953: Biophysik des Fließgleichgewichtes. F. Vieweg und Sohn: Braunschweig.

BIDDULPH, O., 1951: The translocation of minerals in plants. In E. TNUOG, ed., Mineral nutrition of plants. University of Wisconsin Press: Madison, Wisc.

— 1954: The distribution of P, S, Ca, and Fe in bean plants as revealed by use of radioactive isotopes. In: Plant analysis and fertilizer problems. VIII. Internat. Bot. Congr.: Paris.

— 1959: Translocation of inorganic solutes. In: F. C. STEWARD, ed., Plant Physiology, vol. II. Academic Press: New York and London.

— and J. MARKLE, 1944: Translocation of radiophosphorus in the phloem of the cotton plant. Amer. J. Bot. **31**, 65—70.

— R. CORY, and S. BIDDULPH, 1956: The absorption and translocation of sulfur in red kidney bean. Plant Physiol. **31**, 28—33.

— F. S. NAKAYAMA, and R. CORY, 1961: Transpiration stream and ascension of calcium. Plant Physiol **36**, 429—436.

BIDDULPH, S., 1956: Visual indication of $^{35}$S- and $^{32}$P-translocation in the phloem. Amer. J. Bot. **43**, 143—148.

— O. BIDDULPH, and R. CORY, 1958: Visual indications of upward movement of foliar applied $^{32}$P and $^{14}$C in the phloem of the bean stem. Amer. J. Bot. **45**, 648—652.

BIELESKI, R. L., 1960a: The physiology of sugar-cane. III. Characteristics of sugar uptake in slices of mature and immature storage tissue. Austr. J. Biol. Sci. **13**, 203—220.

— 1960b: The physiology of sugar-cane. IV. Effects of inhibitors on sugar accumulation in storage tissue slices. Austr. J. Biol. Sci. **13**, 221—231.

— 1962: The physiology of sugar-cane. V. Kinetics of sugar accumulation. Austr. J. Biol. Sci. **15**, 429—444.

— 1966a: Accumulation of phosphate, sulfate and sucrose by excised phloem tissues. Plant Physiol. **41**, 447—454.

— 1966b: Sites of accumulation in excised phloem and vascular tissues. Plant Physiol. **41**, 455—466.

— and G. G. LATIES, 1963: Turnover rates of phosphate esters in fresh and aged slices of potato tuber tissue. Plant Physiol. **38**, 586—594.

BIGGINS, J., and R. B. PARK, 1965: Physical properties of spinach chloroplast lamellar proteins. Plant Physiol. **40**, 1109—1115.

BLASIE, J. K., M. M. DEWEY, A. E. BLAUROCK, and C. R. WORTHINGTON, 1965: Electron microscope and low-angle X-ray diffraction studies on outer segment membranes from the retina of the frog. J. Mol. Biol. **14**, 143—152.

BÖSZÖRMENYI, Z., and E. CSEH, 1964: Studies of ion-uptake by using halide ions changes in the relationships between ions depending on concentration. Physiol. Plant. (Copenh.) **17**, 81—90.

BOGEN, J., 1953: Beiträge zur Physiologie der nichtosmotischen Wasseraufnahme. Planta (Berl.) **42**, 140—155.

— 1956: Nichtosmotische Aufnahme von Wasser und gelösten Anelektrolyten. Ber. dtsch. bot. Ges. **69**, 209—222.

— und H. PRELL, 1953: Messungen nichtosmotischer Wasseraufnahme an plasmolysierten Protoplasten. Planta (Berl.) **41**, 459—479.

BOULDIN, D. R., 1961: Mathematical description of diffusion processes in the soil-plant system. Soil Sci. Soc. Amer. Proc. **25**, 476—480.

BOWLING, D. J. F., 1963: Effect of chloramphenicol on the uptake of salts and water by intact castor oil plants. Nature (Lond.) **200**, 284—285.

— and P. E. WEATHERLEY, 1964: Potassium uptake and transport in roots of *Ricinus communis*. J. exp. Bot. **15**, 413—421.

BRADFUTE, O. E., and A. D. MACLAREN, 1964: Entry of protein molecules into plant roots. Physiol. Plant. (Kbh.) **17**, 667—675.

Bradley, J., and E. J. Williams, 1967: Chloride electrochemical potentials and membrane resistance in *Nitella translucens*. J. exp. Bot. **18**, 241—253.
Brady, R. O., and E. G. Trams, 1964: The chemistry of lipids. Ann. Rev. Biochem. **33**, 75—100.
Branton, D., 1966: Fracture faces of frozen membranes. Proc. Nat. Acad. Sci. **55**, 1048—1056.
— and L. Jacobson, 1962 a: Iron transport in pea plants. Plant. Physiol. **37**, 539—545.
— — 1962 b: Iron localisation in pea plants. Plant. Physiol. **37**, 546—551.
Brauner, L., 1956: Die Beeinflussung des Stoffaustausches durch das Licht. Handbuch der Pflanzenphysiologie. Bd. II. Springer: Berlin-Göttingen-Heidelberg.
— und M. Brauner, 1937: Untersuchungen über den photoelektrischen Effekt in Membranen. I. Weitere Beiträge zum Problem der Lichtpermeabilitätsreaktionen. Protoplasma (Wien) **28**, 230—261.
— — 1938: Untersuchungen über den photoelektrischen Effekt in Membranen. II. Rev. Fac. Sci. Univ. Istanbul **3**, 1—66.
Brenner, M. L., and D. N. Maynard, 1966: A study of rubidium accumulation in *Euglena gracilis*. Plant. Physiol. **41**, 1285—1288.
Brierley, G., and D. E. Green, 1965: Compartmentation of the mitochondrion. Proc. Nat. Acad. Sci. **53**, 73—79.
— E. Murer, E. Bachmann, and D. E. Green, 1963: Studies on ion transport. II. The accumulation of inorganic phosphate and magnesium ions by heart mitochondria. J. Biol. Chem. **238**, 3482—3489.
Briggs, G. E., 1957: Some aspects of free space in plant tissues. New Phytol. **56**, 305—324.
— 1962: Membrane potential differences in *Chara australis*. Proc. roy. Soc. (Lond.) B, **156**, 573—577.
— 1963: Rate of uptake of salts by plant cells in relation to an anion pump. J. exp. Bot. **14**, 191—197.
— and J. B. S. Haldane, 1925: A note on the kinetics of enzyme action. Biochem. J. **19**, 338—339.
— and R. N. Robertson, 1957: „Apparent free space.“ Ann. Rev. Plant Physiol. **8**, 11—30.
— A. B. Hope, and M. G. Pitman, 1958: Exchangeable ions in beet discs at low temperature. J. exp. Bot. **9**, 128—141.
— — and R. N. Robertson, 1961: Electrolytes and plant cells. Blackwell: Oxford.
Brock, T. D., 1961: Chloramphenicol. Bacteriol. Rev. **25**, 32—48.
Brouwer, R., 1956: Investigation into the occurence of active and passive components in the ion uptake by *Vicia faba*. Acta bot. Neerl. **5**, 287—314.
— 1965: Ion absorption and transport in plants. Ann. Rev. Plant Physiol. **16**, 241—266.
Broyer, T. C., and D. R. Hoagland, 1943: Metabolic activities of roots and their bearing on the relation of upward movement of salts and water in plants. Amer. J. Bot. **30**, 261—273.
Budd, K., and G. G. Laties, 1964: Ferricyanide-mediated transport of chloride by anaerobic corn roots. Plant Physiol. **39**, 648—654.
Bukovac, M. J., and H. B. Tukey, 1956: Anesthetization by diethylether and the transport of foliar applied radiocalcium. Plant Physiol. **31**, 254—255.
— and S. H. Wittwer, 1957: Absorption of foliar applied nutrients. Plant Physiol. **32**, 428—435.
Burger, M., E. E. Bacon, and J. S. D. Bacon, 1961: Some observations of the form and location of invertase in the yeast cell. Biochem. J. **78**, 504—511.
Burström, H., 1960: Mineralstoffwechsel. Fortschr. Botanik **23**, 206—222.
— 1962: Influence of azide on the permeability of *Rhoeo* cells. Indian J. Plant Physiol. **5**, 88—96.
Buvat, R., 1958: Recherches sur les infrastructures du cytoplasme dans les cellules du méristème apical, des ébauches foliaires et des feuilles développées d'*Elodea canadensis*. Ann. Sci. Nat. Bot. Ser. **19**, 121—162.
— et A. Lance, 1957: Configuration submicroscopique de la pellicule ectoplasmique (ou membrane cytoplasmique) de diverses cellules végétales. C. R. Acad Sci. Paris **245**, 2083—2085.

Chang, C. W., and R. S. Bandurski, 1964: Exocellular enzymes of corn roots. Plant Physiol. **39**, 60—64.
Chen, S. L., 1951: Simultanous movements of $^{32}P$ and $^{14}C$ in opposite directions in phloem tissue. Amer. J. Bot. **38**, 203—211.

Christensen, H. N., 1961: Transport by membrane-bound sites or by free shuttling carriers? In: A. Kleinzeller and A. Kotyk, eds., Membrane transport and metabolism. Academic Press: London-New York.
— 1962: Biological transport. W. A. Benjamin: New York—Amsterdam.
Cohen, G. N., and J. Monod, 1957: Bacterial permeases. Bact. Revs. **21**, 169—194.
Cole, K. S., 1932: Surface forces of the *Arbacia* egg. J. cellul. comp. Physiol. (Am.) **1**, 1—9.
— 1940: Permeability and impermeability of cell membranes for ions. Cold Spring Harbor Symp. Quant. Biol. **8**, 110—122.
— and E. Michaelis, 1932: Surface forces of fertilized *Arbacia* eggs. J. cellul. comp. Physiol. **2**, 121—126.
Conway, E. J., 1953: The biochemistry of gastric secretion. Thomas: Springfield, Ill.
— 1955: Evidence for a redox pump in active transport of cations. Int. Rev. Cytol. **4**, 377—396.
Cooil, B. J., R. K. de la Fuente, and R. S. de la Pena, 1965: Absorption and transport of sodium and potassium in squash. Plant Physiol. **40**, 625—632.
Crafts, A. S., and T. C. Broyer, 1938: Migration of salts and water into xylem of the roots of higher plants. Amer. J. Bot. **25**, 529—535.
Criddle, R. S., R. M. Bock, D. E. Green, and H. Tisdale, 1962: Physical characteristics of proteins of the electron transfer system and interpretation of the structure of the mitochondria. Biochem. **1**, 827—842.

Dainty, J., 1962: Ion transport and electrical potentials in plant cells. Ann. Rev. Plant Physiol. **13**, 379—402.
— and A. B. Hope, 1959: Ionic relations of cells of *Chara australis*. I. Ion exchange in the cell wall. Austr. J. Biol. Sci. **12**, 395—411.
— A. B. Hope, and C. Denby, 1960: Ionic relations of cells of *Chara australis*. II. The indiffusible anions of the cell wall. Austr. J. Biol. Sci. **13**, 249—266.
Danielli, J. F., 1952: Structural factors in cell permeability and secretion. Sympos. Soc. Exp. Biol. **6**, 1—15.
— and H. Davson, 1935: A contribution to the theory of permeability of thin films. J. cellul. comp. Physiol. (Am.) **5**, 495—508.
— and E. N. Harvey, 1935: The tension at the surface of mackerel egg oil, with remarks on the nature of the cell surface. J. cellul. comp. Physiol. (Am.) **5**, 483—494.
— K. G. A. Pankhurst, and A. C. Riddiford, eds., 1964: Recent Progress in surface science. Bd. 1 und 2. Academic Press: New York-London.
Davson, H., and J. F. Danielli, eds., 1952: The permeability of natural membranes. Cambridge Univ. Press: London-New York.
Dehn, M. von, 1961: Untersuchungen zur Ernährungsphysiologie der Aphiden. Die Aminosäuren und Zucker im Siebröhrensaft einiger Krautgewächsarten und im Honigtau ihrer Schmarotzer. Zeitschr. vgl. Physiol. **45**, 88—108.
Diamond, J. M., and A. K. Solomon, 1959: Intracellular potassium compartments in *Nitella axillaris*. J. Gen. Physiol. **42**, 1105—1121.
Dodd, W. A., M. G. Pitman, and K. R. West, 1966: Sodium and potassium transport in the marine alga *Chaetomorpha darwinii*. Austr. J. Biol. Sci. **19**, 341—354.
Dolzmann, P., 1964: Elektronenmikroskopische Untersuchungen an den Saughaaren von *Tillandsia usneoides* (Bromeliaceae). I. Feinstruktur der Kuppelzelle. Planta (Berl.) **60**, 461—472.
— 1965: Elektronenmikroskopische Untersuchungen an den Saughaaren von *Tillandsia usneoides* (Bromeliaceae). II. Einige Beobachtungen zur Feinstruktur der Plasmodesmen. Planta (Berl.) **64**, 76—80.
Dormer, K. J., and H. E. Street, 1949: The carbohydrate nutrition of tomato roots. Ann. Bot. **13**, 199—217.

Edelman, J. S., J. Shibko, and A. J. Keys, 1959: The role of the scutellum of cereal seedlings in the synthesis and transport of sucrose. J. exp. Bot. **10**, 178—189.
Elgabaly, M. M., 1962: On the mechanism of anion uptake by plant roots. III. Effect of the dominant cation in the root on chloride uptake by excised barley roots. Plant and Soil **16**, 157—164.
Ellis, R. J., 1964: Effects of D-serine and chloramphenicol on amino acid metabolism. Phytochemistry **3**, 221—228.
— K. W. Joy, and J. F. Sutcliffe, 1964: The inhibition of salt uptake by D-serine. Phytochemistry **3**, 213—219.
Elzam, O. E., and E. Epstein, 1965: Absorption of chloride by barley roots: kinetics and selectivity. Plant Physiol. **40**, 620—624.

Elzam, O. E., D. W. Rains, and E. Epstein, 1964: Ion transport kinetics in plant tissue: complexity of the chloride absorption isotherm. Biochem. Biophys. Res. Comm. **15**, 273—276.

Emmert, F., H. 1964: Water utilisation and calcium-strontium uptake in *Phaseolus vulgaris*. Physiol. Plant. (Kbh.) **17**, 746—750.

Eppley, R. W., 1958: Sodium exclusion and potassium retension by the red marine alga *Porphyra perforata*. J. Gen. Physiol. **41**, 901—911.

Epstein, E., 1953: Mechanism of ion absorption by roots. Nature (Lond.) **171**, 83—84.

— 1954: Cation-induced respiration in barley roots. Science **120**, 987—988.

— 1956: Mineral nutrition of plants: mechanisms of uptake and transport. Ann. Rev. Plant Physiol. **7**, 1—24.

— 1960: Spaces, barriers, and ion carriers: ion absorption by plants. Amer. J. Bot. **47**, 393—399.

— 1961: The essential role of calcium in selective cation transport by plant cells. Plant Physiol. **36**, 437—444.

— 1965: Mineral metabolism. In: J. Bonner and J. E. Varner, eds.: Plant Biochem. Academic Press: New York-London.

— 1966: Dual pattern of ion absorption by plant cells and by plants. Nature (Lond.) **212**, 1324—1327.

— and C. E. Hagen, 1952: A kinetic study of the absorption of alkali cations by barley roots. Plant Physiol. **27**, 457—474.

— and R. L. Jeffries, 1964: The genetic basis of ion transport in plants. Ann. Rev. Plant Physiol. **15**, 169—184.

— and J. E. Leggett, 1954: The absorption of alkaline earth cations by barley roots: kinetics and mechanism. Amer. J. Bot. **41**, 785—791.

— and D. W. Rains, 1965: Carrier-mediated cation transport in barley roots: kinetic evidence for a spectrum of active sites. Proc. Nat. Acad. Sci. **53**, 1320—1324.

— — and O. E. Elzam, 1963: Resolution of dual mechanisms of potassium absorption by barley roots. Proc. Nat. Acad. Sci. **49**, 684—692.

Esau, K., 1953 and 1965: Plant anatomy. 1. and 2. ed. John Wiley and Sons: New York.

Eschrich, W., 1966: Translokation $^{14}C$-markierter Assimilate im Licht und im Dunkeln bei *Vicia faba*. Planta (Berl.) **70**, 99—124.

Estabrook, R. W., 1961: Studies of oxydative phosphorylation with potassium ferricyanide as electron acceptor. J. Biol. Chem. **236**, 3051—3057.

Etherton, B., 1963: Relationship of cell transmembrane electropotential to potassium and sodium accumulation ratios in oat and pea seedlings. Plant Physiol. **38**, 581—585.

— and N. Higinbotham, 1960: Transmembrane potential measurements of cells of higher plants as related to salt uptake. Science **131**, 409—410.

Falk, H., und P. Sitte, 1963: Zellfeinbau bei Plasmolyse. I. Der Feinbau der *Elodea*-Blattzellen. Protoplasma (Wien) **57**, 290—303.

— U. Lüttge und J. Weigl, 1966: Untersuchungen zur Physiologie plasmolysierter Zellen. II. Ionenaufnahme, $O_2$-Wechsel, Transport. Z. Pflanzenphysiol. **54**, 446—462.

Fekete, M. A. R. de, 1966: Interaction of amyloplasts with enzymes. I. Phosphorylase adsorption on amyloplasts in *Vicia faba*. Arch. Biochem. Biophys. **116**, 368—374.

— H. Ziegler und R. Wolf, 1967: Enzyme des Kohlenhydratstoffwechsels in Nektarien. Planta (Berl.) **75**, 125—138.

Feldherr, C. M., J. G. Gall, L. Goldstein, L. V. Harding, W. R. Loewenstein, and A. E. Mirsky, 1964: The nuclear membrane and nucleocytoplasmatic interchange. Protoplasmatologia Bd. V, 2. Springer: Wien.

Fernandez-Morán, H., 1963: Subunit organization of mitochondrial membranes. Science **140**, 381 (1963).

— T. Oda, P. V. Blair, and D. E. Green, 1964: A macromolecular repeating unit of mitochondrial structure and function. J. Cell Biol. **22**, 63—100.

Findlay, G. P., 1962: Calcium ions and the action potential in *Nitella*. Austr. J. Biol. Sci. **15**, 69—82.

— 1964: Ionic relations of cells of *Chara australis* VIII. Membrane currents during a voltage clamp. Austr. J. Biol. Sci. **17**, 388—399.

— and A. B. Hope, 1964 a: Ionic relations of cells of *Chara australis*. VII. The separate electrical characteristics of the plasmalemma and the tonoplast. Austr. J. Biol. Sci. **17**, 62—77.

FINDLAY, G. P., and A. B. HOPE, 1964 b: Ionic relations of cells of *Chara australis*. IX. Analysis of transient membrane currents. Austr. J. Biol. Sci. **17**, 400—411.
FINEAN, J. B., 1961: Chemical ultrastructure in living tissues. Thomas: Springfield, Ill.
FLEET, D. S. VAN, 1961: Histochemistry and function of the endodermis. The botanical Review **27**, 165—220.
FLEISCHER, S., H. KLOWEN, and G. BRIERLEY, 1961: Studies of the electron transfer system. XXXVIII. Lipid composition of purified enzyme preparations derived from beef heart mitochondria. J. Biol. Chem. **236**, 2936—2941.
— G. BRIERLEY, H. KLOWEN, and D. B. SLAUTTERBACK, 1962: Studies of the electron transfer system. XLVII. The role of the phospholipids in electron transfer. J. Biol. Chem. **237**, 3264—3272.
— S. RICHARDSON, A. CHAPMAN, B. FLEISCHER, and H. HULTIN, 1963: The interaction of aqueous phospholipid micelles with purified mitochondrial proteins. Fed. Proc. **22**, 526.
— B. FLEISCHER, and W. STOECKENIUS, 1967: Fine structure of lipid-depleted mitochondria. J. Cell Biol. **32**, 193—208.
FOOTE, B. D., and J. B. HANSON, 1964: Ion uptake by soybean root tissue depleted of calcium by ethylenediaminetetraacetic acid. Plant Physiol. **39**, 450—460.
FOX, C. F., and E. P. KENNEDY, 1965: Specific labelling and partial purification of the M protein, a component of the β-galactosidase transport system of *Escherichia coli*. Proc. Nat. Acad. Sci. **54**, 891—899.
FRANKE, W. W., 1966: Isolated nuclear membranes. J. Cell Biol. **31**, 619—623.
— 1967: Zur Feinstruktur isolierter Kernmembranen. Dissertation. Heidelberg.
FRANKENHAEUSER, B., and A. L. HODGKIN, 1957: The action of calcium in the electrical properties of squid axons. J. Physiol. (Lond.) **137**, 218—244.
FREY-WYSSLING, A., 1935: Die Stoffausscheidung der höheren Pflanzen. Springer: Berlin.
— 1955: The phloem supply to the nectaries. Acta bot. neerl. **4**, 358—369.
— und C. AGTHE, 1950: Nektar ist ausgeschiedener Phloemsaft. Verh. Schweiz. Naturforsch. Ges. 175—176.
— M. ZIMMERMANN und A. MAURIZIO, 1954: Über den enzymatischen Zuckerumbau in Nektarien. Experientia **10**, 490—491.
FRIED, M., and J. C. NOGGLE, 1958: Multiple site uptake of individual cations by roots as affected by hydrogen ion. Plant Physiol. **33**, 139—144.
— H. E. OBERLÄNDER, and J. C. NOGGLE, 1961: Kinetics of rubidium absorption and translocation by barley. Plant Physiol. **36**, 183—191.

GAFF, D. F., T. C. CHAMBERS, and K. MARKUS, 1964: Studies of extrafascicular movement of water in the leaf. Austr. J. Biol. Sci. **17**, 581—586.
GARDOS, G., 1961: The function of calcium in the regulation of ion transport. In: A. KLEINZELLER and A. KOTYK, eds., Membrane transport and metabolism. Academic Press: London-New York.
GEIGER, D. R., 1966: Effect of sink region cooling on translocation of photosynthate. Plant Physiol. **41**, 1667—1672.
GENT, W. L. G., N. A. GREGSON, D. B. GAMMACK, and J. H. RAPER, 1964: The lipid-protein unit in myelin. Nature (Lond.) **204**, 553—555.
GIRBARDT, M., 1964: Über einen möglichen mikropinocytotischen Stoffaufnahmemechanismus und Fragen der Beteiligung der Zellwand am Permeationsgeschehen von *Polystictus versicolor*. Ber. dtsch. bot. Ges. **74**, 245.
— Das Verhalten endoplasmatischer Membranen bei *Polystictus versicolor*. Film TH-F 552, DEFA.
GLASZIOU, K. T., 1961: Accumulation and transformation of sugars in stalks of sugarcane. Origin of glucose and fructose in the inner space. Plant Physiol. **36**, 175—179.
GLINKA, Z., and L. REINHOLD, 1964: Reversible changes in the hydraulic permeability of plant cell membranes. Plant Physiol. **39**, 1043—1050.
GOLDACRE, R. J., and I. J. LORCH, 1950: Folding and unfolding of protein molecules in relation to protoplasmic streaming, amoeboid movement and osmotic work. Nature (Lond.) **166**, 497—499.
GORTER, E., and F. GRENDEL, 1925: On bimolecular layers of lipids on the chromocytes of the blood. J. exp. Med. **41**, 439—443.
— — 1926: On the spreading of proteins. Transactions of the Faraday Society **22**, 477—483.
GRAČANIN, M., 1964: Zur Rolle osmotischer und nicht osmotischer Kräfte bei Guttation und Exsudation. Flora (Jena) **154**, 21—35.

GRANT, B. R., and H. BEEVERS, 1964: Absorption of sugars by plant tissues. Plant Physiol. **39**, 78—85.
GREEN, D., 1962: Structure and function of subcellular particles. Comp. Biochem. Physiol. **4**, 81—122.
— and S. FLEISCHER, 1963: The role of lipids in mitochondrial electron transfer and oxydative phosphorylation. Biochim. Biophys. Acta **70**, 554—582.
— and O. HECHTER, 1965: Assembly of membrane units. Proc. Nat. Acad. Sci. **53**, 318—325.
— A. TZAGOLOFF, and T. ODA, 1964: Ultrastructure and function of the mitochondrion In: S. SENO and E. V. COWDRY, eds., Intracellular membraneous structure. Okajama.
GREENWAY, H., 1965: Plant responses to saline substrates. IV. Chloride uptake by *Hordeum vulgare* as affected by inhibitors, transpiration, and nutrients in the medium. Austr. J. Biol. Sci. **18**, 249—268.
GRUN, P., 1963: Ultrastructure of plant plasma and vacuolar membranes. J. Ultrastruct. Res. **9**, 198—208.
GUSTAVSON, F. G., 1953: Absorption of $Co^{60}$ by leaves of young plants and its translocation the through plant. Amer. J. Bot. **43**, 157—160.
GUTTENBERG, H. VON, 1940: Der primäre Bau der Angiospermenwurzel. In: Handbuch d. Pflanzenanatomie. II. Abt., 3. Teil. Borntraeger: Berlin.
— 1943: Die physiologischen Scheiden. In: Handbuch d. Pflanzenanatomie. I. Abt., 2. Teil. Borntraeger: Berlin.

HACKETT, D. P., and K. V. THIMAN, 1950: The action of inhibitors on water uptake by potato tissue. Plant Physiol. **25**, 648—652.
— H. A. SCHNEIDEMAN, and K. V. THIMAN, 1953: Terminal oxydases and growth in plant tissues. II. The terminal oxydase medating water uptake by potato tissue. Arch. Biochem. Biophys. **47**, 205—214.
HAGEN, C. E., and H. T. HOPKINS, 1955: Ionic species in orthophosphate absorption by barley roots. Plant Physiol. **30**, 193—199.
HANDLEY, R., and R. OVERSTREET, 1961: Uptake of calcium and chlorine in roots of *Zea mays*. Plant Physiol. **36**, 766—769.
— — 1963: Uptake of strontium by roots of *Zea mays*. Plant Physiol. **38**, 180—184.
— A. METWALLY, and R. OVERSTREET, 1965: Effects of Ca upon metabolic and nonmetabolic uptake of Na and Rb by root segments of *Zea mays*. Plant Physiol. **40**, 513—520.
— R. D. VIDAL, and R. OVERSTREET, 1960: Metabolic and nonmetabolic uptake of sodium in roots of *Zea mays*. Plant Physiol. **35**, 907—912.
HANSON, J. B., 1960: Impairment of respiration, ion accumulation, and ion retention in root tissue treated with ribonuclease and ethylenediamine teraacetic acid. Plant Physiol. **35**, 372—379.
— and T. K. HODGES, 1963: Uncoupling action of chloramphenicol as a basis for the inhibition of ion accumulation. Nature (Lond.) **200**, 1009.
HARTT, C. E., 1963: Translocation as a factor in photosynthesis. Naturwiss. **50**, 666—667.
— 1965: Light and translocation of $^{14}C$ in detached blades of sugarcane. Plant Physiol. **40**, 718—724.
— and H. P. KORTSCHAK, 1964: Sugar gradients and translocation of sucrose in detached blades of sugarcane. Plant Physiol. **39**, 460—474.
HARVEY, E. N., 1933: The flattening of marine eggs under the influence of gravity. J. cell. comp. Physiol. (Am.) **4**, 35—47.
— 1954: Tension at the cell surface. In: Protoplasmatologia. Bd. II, E 5. Springer: Wien.
— and G. FRANKHAUSER, 1933: The tension at the surface of the eggs of the salamander *Triturus* (*Diemyctylus*) *viridescens*. J. cell. comp. Physiol. (Am.) **3**, 463—475.
— and H. SHAPIRO, 1934: The interfacial tension between oil and protoplasm within the living cells. J. cell. comp. Physiol. (Am.) **5**, 255—267.
HATCH, M. D., 1964: Sugar accumulation by sugar cane storage tissue: The role of sucrose phosphate. Biochem. J. **93**, 521—526.
— J. A. SACHER, and K. T. GLASZIOU, 1963: Sugar accumulation cycle in sugar cane. I. Studies on enzymes of the cycle. Plant Physiol. **38**, 338—343.
HEBER, U., und K. A. SANTARIUS, 1964: Zur Steuerung von Photosynthese und Atmung in der Blattzelle. Ber. dtsch. bot. Ges. **77**, (1)—(3).
— — 1965: Compartmentation and reduction of pyridine nucleotides in relation to photosynthesis. Biochim. Biophys. Acta **109**, 390—408.

HEBER, U., and J. WILLENBRINK, 1964: Sites of synthesis and transport of photosynthetic products within the leaf cell. Biochim. Biophys. Acta **82**, 313—324.

HEINZ, E., 1961: Aktiver Transport von Aminosäuren. In: Biochemie des aktiven Transportes. Springer: Berlin-Göttingen-Heidelberg.

HELDER, R. J., 1952: Analysis of the process of anion uptake of intact maize plants. Acta bot. neerl. **1**, 361—434.

— 1964 a: The absorption of labelled chloride and bromide ions by young intact barley plants. Acta bot. neerl. **13**, 488—506.

— 1964 b: Transport across the root tissue and transfer to the shoot. Vortrag X. Intern. Bot. Congress. Edinburgh.

HELLEBUST, J. A., and D. F. FORWARD, 1962: The invertase of the corn radicale and its activity in successive stages of growth. Canad. J. Bot. **40**, 113—126.

HEMKER, H. C., 1964: Inhibition of adenosine triphosphatase and respiration of rat-liver mitochondria by dinitrophenols. Biochim. Biophys. Acta **81**, 1—8.

HERRMANN, R., 1964: Die Wirkungen des Oxalats und der Aethylendiamintetraessigsäure (AeDTE) auf die Ausbildung des Plasmalemmas bei Zwiebelinnenepidermiszellen von *Allium cepa*. Protoplasma (Wien) **58**, 172—189.

HIATT, A. J., 1967 a: Reactions in vitro of enzymes involved in $CO_2$-fixation accompanying salt uptake by barley roots. Z. Pflanzenphysiol. **56**, 233—245.

— 1967 b: Relationship of cell sap pH to organic acid change during ion uptake. Plant Physiol. **42**, 294—298.

— and S. B. HENDRICKS, 1967: The role of $CO_2$ fixation in accumulation of ions by barley roots. Z. Pflanzenphysiol. **56**, 220—232.

HIGINBOTHAM, N., 1959: The possible role of adenosine triphosphate in rubidium absorption as revealed by the influence of exteral phosphate, dinitrophenol and arsenate. Plant Physiol. **34**, 645—650.

— and J. HANSON, 1955: The relation of external rubidium concentration to amounts and rates of uptake by excised potato tuber tissue. Plant Physiol. **30**, 105—112.

— B. ETHERTON, and R. J. FOSTER, 1964: Effect of external K, $NH_4$, Na, Ca, Mg, and H ions on the cell transmembrane electropotential of *Avena* coleoptile. Plant Physiol. **39**, 196—203.

— — — 1967: Mineral ion contents and cell transmembrane electropotentials of pea and oat seedling tissue. Plant Physiol. **42**, 37—46.

HIRATA, H., and S. MITSUI, 1965: Role of calcium in potassium uptake by plant roots. Plant and Cell Physiol. **6**, 699—709.

HOAGLAND, D. R., and T. C. BROYER, 1936: General nature of the process of salt accumulation by roots with description of experimental methods. Plant Physiol. **11**, 471—507.

— and A. R. DAVIES, 1923: Further experiments on the absorption of ions by plants, including observations on the effect of light. J. Gen. Physiol. **6**, 47—62.

— and F. C. STEWARD, 1939: Metabolism and salt absorption by plants. Nature (Lond.) **143**, 1031—1032.

— P. L. HIBBARD, and A. R. DAVIES, 1927: The influence of light, temperature and other conditions on the ability of *Nitella* cells to concentrate halogens in the cell sap. J. Gen. Physiol. **10**, 121—146.

HOCHSTER, R. M., and J. H. QUASTEL, 1952: Manganese dioxide as a terminal hydrogen acceptor in the study of respiratory systems. Arch. Biochem. Biophys. **36**, 132—146.

HODGES, T. K., 1966: Oligomycin inhibition of ion transport in plant roots. Nature (Lond.) **209**, 425—426.

— and J. B. HANSON, 1965: Calcium accumulation by maize mitochondria. Plant Physiol. **40**, 101—109.

— and Y. VAADIA, 1964 a: Uptake and transport of radiochloride and tritiated water by various zones of onion roots of different chloride status. Plant Physiol. **39**, 104—108.

— — 1964 b: Chloride uptake and transport in roots of different salt status. Plant Physiol. **39**, 109—114.

— — 1964 c: The kinetics of chloride accumulation and transport in exuding roots. Plant Physiol. **39**, 490—494.

HÖBER, R., 1914: Nachwort zu: S. KOZAWA: Beiträge zum arteigenen Verhalten der roten Blutkörperchen. Biochem. Z. **60**, 253—256.

— 1926: Physikalische Chemie der Zelle und der Gewebe. W. Engelmann: Leipzig.

HÖFLER, K., 1930: Über Eintritts- und Rückgangsgeschwindigkeit der Plasmolyse und eine Methode zur Bestimmung der Wasserpermeabilität des Protoplasten. Jb. wiss. Bot. **73**, 300—350.

Höfler, K., 1958: Permeabilitätsstudien an Parenchymzellen der Blattrippe von *Blechnum spicant*. S. B. Österr. Akad. Wiss., math.-nat. Kl., I. Abt., **167**, 237—295.
— 1959: Permeabilität und Plasmabau. Ber. dtsch. bot. Ges. **72**, 236—245.
— 1960: Permeability of protoplasm. Protoplasma (Wien) **52**, 145—156.
— 1961: Grundplasma und Plasmalemma. Ihre Rolle beim Permeationsvorgang. Ber. dtsch. bot. Ges. **74**, 233—242.

Hofstee, D. H. J., 1952: On the evaluation of the constants $V_m$ and $K_m$ in enzyme reactions. Science **116**, 329—331.

Hohl, H. R., and A. Hepton, 1965: A globular subunit pattern in plastid membranes. J. Ultrastruct. Res. **12**, 542—546.

Hokin, M. R., and L. E. Hokin, 1959: The mechanism of phosphate exchange in phosphatidic acid in response to acetylcholine. J. biol. Chem. **234**, 1387—1390.
— — 1961: Studies on the enzymic mechanism of the sodium pump. In: A. Kleinzeller und A. Kotyk, eds., Membrane transport and metabolism. Academic Press: London-New York.
— — 1963: Phosphatidic acid metabolism and active transport of sodium. Fed. Proc. **22**, 8—18.

Honert, T. H. van den, 1932: On the mechanism of transport of organic material in plants. Proc. Kon. Akad. Wetensch. (Amsterdam) **35**, 1104—1112.
— J. J. M. Hooymans, and W. S. Volkers, 1955: Experiments on the relation between water absorption and mineral uptake by plant roots. Acta bot. neerl. **4**, 139—155.

Hongladarom, T., S. I. Honda, and S. G. Wildman: Organelles in living plant cells. University of California Extension Media Center, Berkeley, Cal. U. S. A.: Film No. 5906.

Hooymans, J. J. M., 1964: The role of calcium in the absorption of anions and cations by excised barley roots. Acta bot. neerl. **13**, 507—540.

Hope, A. B., 1963: Ionic relations of cells of *Chara australis*. VI. Fluxes of potassium. Aust. J. Biol. Sci. **16**, 429—441.
— 1965: Ionic relations of cells of *Chara australis*. X. Effects of bicarbonate ions on electrical properties. Aust. J. Biol. Sci. **18**, 789—801.
— and J. Dainty, 1959: Ionic relations of cells of *Chara australis*. I. Ion exchange in the cell wall. Aust. J. Biol. Sci. **12**, 395—411.
— and P. G. Stevens, 1952: Electric potential differences in bean roots and their relation to salt uptake. Aust. J. Sci. Res. B **5**, 335—343.
— and N. A. Walker, 1960: Ionic relations of cells of *Chara australis*. III. Vacuolar fluxes of sodium. Aust. J. Biol. Sci. **13**, 277—291.
— — 1961: Ionic relations of cells of *Chara australis* R. Br. IV. Membrane potential differences and resistances. Aust. J. Biol. Sci. **14**, 26—44.
— A. Simpson, and N. A. Walker, 1966: The efflux of chloride from cells of *Nitella* and *Chara*. Aust. J. Biol. Sci. **19**, 355—362.

Horecker, B. L., M. J. Osborn, W. L. McLellan, G. Avigad, and C. Asensio, 1961: The role of bacterial permeases in metabolism. In: A. Kleinzeller und A. Kotyk, eds., Membrane transport and metabolism. Academic Press: London-New York.

Hršel, I., und J. Juráková, 1964: Elektronenmikroskopische Untersuchungen über das Eindringen plasmatischer Partikel in die Vakuolen der pflanzlichen Zelle. Biol. plant. (Praha) **6**, 17—21.

Huang, C., and T. E. Thompson, 1965: Properties of lipid bilayer membranes separating two aqueous phases: determination of membrane thickness. J. Mol. Biol. **13**, 183—193.

Huber, B., und K. Höfler, 1930: Die Wasserpermeabilität des Protoplasmas. Jb. wiss. Bot. **73**, 351—511.

Hübner, G., und K. Wetzel, 1961: Zum Mechanismus des Wasserdurchtritts durch lebende Membranen. Ber. dtsch. bot. Ges. **54**, 255—256.

Humphreys, T. E., and L. A. Garrard, 1964: Glucose uptake by the corn scutellum. Phytochemistry **3**, 647—656.

Hylmö, B., 1953: Transpiration and ion absorption. Physiol. Plant. (Kbh.) **6**, 333—405.
— 1955: Passive components in the ion absorption of the plant. I. The zonal ion and water absorption in Brouwer's experiments. Physiol. Plant. (Kbh.) **8**, 433—449.
— 1958: Passive components in the ion absorption of the plant. II. The zonal water flow, ion passage, and pore size in roots of *Vicia faba*. Physiol. Plant. (Kbh.) **11**, 382—400.

INGELSTEN, B., and B. HYLMÖ, 1961: Apparent free space and surface film determined by a centrifugation method. Physiol. Plant. (Kbh.) **14,** 157—170.

INGOLD, C. T., 1936: The effect of light on the absorption of salts by *Elodea canadensis*. New Phytol. **35,** 132—141.

JACKSON, P. C., and H. R. ADAMS, 1963: Cation-anion balance during potassium and sodium absorption by barley roots. J. Gen. Physiol. **46,** 369—386.

— S. B. HENDRICKS, and B. M. VASTA, 1962: Phosphorylation by barley root mitochondria and phosphate absorption by barley roots. Plant Physiol. **37,** 8—17.

JACOBSON, B. S., and G. G. LATIES, 1966: Fatty acid catabolism in fresh and aged tissue discs from potato tubers (Russet). Amer. Soc. Plant Physiol. Meeting Seattle (Wash.).

JACOBSON, L., 1955: Carbon dioxide fixation and ion absorption in barley roots. Plant Physiol. **30,** 246—269.

— R. J. HANNAPEL, and D. P. MOORE, 1958: Non-metabolic uptake of ions by barley roots. Plant Physiol. **33,** 278—282.

— D. P. MOORE, and R. J. HANNAPEL, 1960: Role of calcium in absorption of monovalent cations. Plant Physiol. **35,** 352—358.

JACOBY, B., and J. F. SUTCLIFFE, 1962: Connection between protein synthesis and salt absorption in plant cells. Nature (Lond.) **195,** 1014.

JACQUES, A. G., and W. J. V. OSTERHOUT, 1934: The accumulation of electrolytes. VI. The effect of external pH. J. Gen. Physiol. **17,** 727—750.

JÄRNEFELT, J., 1964: The nature of active transport mechanisms in cell membranes. Ann. Acad. Sci. fenn. A, V, **106/10,** 1—11.

JENNINGS, D. H., 1963: The absorption of solutes by plant cells. Oliver and Boyd: Edinburgh and London.

JENNY, H., and R. OVERSTREET, 1939a: Surface migration of ions and contact exchange. J. physical. Chem. **43,** 1185—1196.

— — 1939b: Cation interchange between plant roots and soil colloids. Soil Science **47,** 257—272.

JENSEN, G., 1964: Relationship between water absorption and uptake of potassium or calcium in root systems. Physiol. Plant. (Kbh.) **17,** 779—788.

JENSEN, W. A., and A. D. MACLAREN, 1960: Uptake of proteins by plant cells — the possible occurence of pinocytosis in plants. Exp. Cell. Res. **19,** 414—417.

JESCHKE, W. D., 1967: Die cyclische und die nichtcyclische Photophosphorylierung als Energiequelle der lichtabhängigen Chloridionenaufnahme bei *Elodea*. Planta (Berl.) **73,** 161—174.

— und W. SIMONIS, 1965: Über die Aufnahme von Phosphat- und Sulfationen durch Blätter von *Elodea densa* und ihre Beeinflussung durch Licht, Temperatur und Außenkonzentration. Planta (Berl.) **67,** 6—32.

JONG, D. W. DE, 1966: Speculation on the mechanism of ion transport in roots based upon indirect evidence from histochemical studies. Bot. Gaz. **127,** 17—26.

JOSHIDA, H., and T. NUKADA, 1961: Increase in metabolic turnover of phosphatidic acid in brain slices caused by potassium. Biochim. Biophys. Acta **46,** 408—410.

JYUNG, W. H., and S. H. WITTWER, 1964: Foliar absorption — an active uptake process. Amer. J. Bot. **51,** 437—444.

— — and M. J. BUKOVAC, 1965a: Ion uptake by cells enzymatically isolated from green tobacco leaves. Plant Physiol. **40,** 410—414.

— — — 1965b: Ion uptake and protein synthesis in enzymatically isolated plant cells. Nature (Lond.) **205,** 951—952.

KAHN, J. S., and J. B. HANSON, 1957: The effect of calcium on potassium accumulation in corn and soybean root. Plant Physiol. **32,** 312—317.

— — 1959: Some observations on potassium accumulation in corn root mitochondria. Plant Physiol. **34,** 621—629.

KAMIYA, N., 1959: Protoplasmic streaming. Protoplasmatologia Bd. VIII — 3a. Springer: Wien.

— and K. KURODA, 1956: Artificial modification of the osmotic pressure of the plant cell. Protoplasma (Wien) **46,** 423—436.

KANDLER, O., 1954: Über die Beziehungen zwischen Phosphathaushalt und Photosynthese. II. Gesteigerter Glucoseeinbau im Licht als Indikator einer lichtabhängigen Phosphorylierung. Z. Naturforsch. **9b,** 625—644.

— 1955: Über die Beziehungen zwischen Phosphathaushalt und Photosynthese. III. Hemmungsanalyse der lichtabhängigen Phosphorylierung. Z. Naturforsch. **10b,** 38—46.

KANDLER, O., und W. TANNER, 1966: Die Photoassimilation von Glucose als Indikator für die Lichtphosphorylierung *in vivo*. Ber. dtsch. bot. Ges. **79,** (48)—(57).
KATCHALSKY, A., and P. F. CURRAN, 1965: Nonequilibrium thermodynamics in biophysics. Harvard University Press: Cambridge, Mass.
KAUSSMANN, 1963: Pflanzenanatomie. Gustav Fischer: Jena.
KAVANAU, J. L., 1963: Structure and functions of biological membranes. Nature (Lond.) **198,** 525—530.
— 1965: Structure and function in biological membranes. 2 Bde. Holden-Day, Inc.: San Francisco-London-Amsterdam.
KEDEM, O., 1961: Criteria of active transport. In: A. KLEINZELLER und A. KOTYK, ed., Membrane transport and metabolism. Academic Press: London-New York.
KELLER, H., 1960: Untersuchungen über die Funktion des Zinks in den roten Blutkörperchen. Ber. Ges. Physiol. **215,** 43—44.
KELLER, P., und H. DEUEL, 1957: Kationenaustauschkapazität und Pektingehalt von Pflanzenwurzeln. Z. Pflanzenernähr. Düng. Bodenk. **79,** 119—131.
KENDALL, W. A., 1955: Effect of certain metabolic inhibitors on translocation of $^{32}P$ in bean plants. Plant Physiol. **30,** 347—350.
KENEFICK, D. G., and J. B. HANSON, 1966: Contracted state as an energy source for Ca binding and Ca + inorganic phosphate accumulation by corn mitochondria. Plant Physiol. **41,** 1601—1609.
KENNEDY, E. P., C. F. FOX, and J. R. CARTER, 1966: Membrane structure and function. J. gen. Physiol. **49,** 347—354.
KEPES, A., 1961: Bacterial permeases. In: Biochemie des aktiven Transportes. Springer: Berlin-Göttingen-Heidelberg.
KESSEL, D., and M. LUBIN, 1963: On the distinction between peptidase activity and peptide transport. Biochim. Biophys. Acta (Amst.) **71,** 656—663.
KIHLMAN-FALK, E., 1961: Components in the uptake and transport of high accumulative ions in wheat. Physiol. Plant. (Kbh.) **14,** 417—438.
KIMMEL, C., 1962: Über das Vorkommen anorganischer Ionen in Siebröhrensäften und den Transport von Salzen im Phloem. Dissertation: Darmstadt.
KISHIMOTO, U., 1965: Voltage clamp and internal perfusion studies on *Nitella* internodes. J. cell comp. Physiol. **66,** 43—54.
— 1966a: Hyperpolarizing response in *Nitella* internodes. Plant and Cell Physiol. **7,** 429—439.
— 1966b: Repetitive action potentials in *Nitella* internodes. Plant and Cell Physiol. **7,** 547—558.
— 1966c: Action potential of *Nitella* internodes. Plant and Cell Physiol. **7,** 559—572.
— and M. TAZAWA, 1965a: Ionic composition of the cytoplasm of *Nitella flexilis*. Plant and Cell Physiol. **6,** 507—518.
— — 1965b: Ionic composition and electric response of *Lamprothamnium succinctum*. Plant and Cell Physiol. **6,** 529—536.
— R. NAGAI, and M. TAZAWA, 1965: Plasmalemma potential in *Nitella*. Plant and Cell Physiol. **6,** 519—528.
KLEINZELLER, A., 1961: The role of potassium and calcium in the regulation of metabolism in kidney cortex slices. In: A. KLEINZELLER und A. KOTYK, eds., Membrane transport and metabolism. Academic Press: London and New York.
KLINGMÜLLER, W., and F. KAUDEWITZ, 1965: Permease mutants in *Neurospora crassa* and their complementation characteristics. Proc. Mendel Memorial Sympos. Prague.
KOCH, A. L., 1964: The role of permease in transport. Biochim. Biophys. Acta (Amst.) **79,** 177—200.
KOPAC, M. J., 1940: The physical properties of the extraneous coats of living cells. Cold Spring Harbor Symposia. **8,** 154—170.
— 1943: Micrurgical applications of surface chemistry to the study of the living cell. In Micrurgical and germ-free methods. Springfield, Ill. and Baltimore, Md.
— 1950: The surface chemical properties of cytoplasmic proteins. Ann. N. Y. Ac. Sc. **50,** 870—909.
KORN, E. D., 1966: Structure of biological membranes. Science **153,** 1491—1498.
KRAMER, P. J., 1959: Transpiration and water economy of plants. In: F. C. STEWARD, ed., Plant Physiology. II. Plants in relation to water and solutes. Academic Press: New York and London.
— and T. T. KOZLOWSKI, 1960: Physiology of trees. McGraw-Hill Book Company: New York-Toronto-London.

KREIDEMANN, P., and H. BEEVERS, 1967a: Sugar uptake and translocation in the castor bean seedling. I. Characteristics of transfer in intact and excised seedlings. Plant Physiol. **42,** 161—173.

— — 1967b: Sugar uptake and translocation in the castor bean seedling. II. Sugar transformations during uptake. Plant Physiol. **42,** 174—180.

KREUTZ, W., 1966: Über die Tertiärstruktur des Proteins der Chloroplastenlamellen. Ber. dtsch. bot. Ges. **79,** (34)—(43).

— und W. MENKE, 1960: Strukturuntersuchungen an Plastiden. II. Röntgenographische Untersuchung wasserfreier isolierter Chloroplasten. Z. Naturforsch. **15b,** 483—487.

KRICHBAUM, R., U. LÜTTGE und J. WEIGL, 1967: Mikroautoradiographische Untersuchung der Auswaschung des „anscheinend freien Raumes" von Maiswurzeln. Ber. dtsch. bot. Ges. **80,** 167—176.

KUIPER, P. J. C., 1964: Water transport across root cell membranes: effect of alkenylsuccinic acids. Science **143,** 690—691.

KURSANOV, A. L., 1961: Der Transport organischer Stoffe in den Pflanzen. Endeavour **20,** 19—25.

— 1963: Metabolism and the transport of organic substances in the phloem. Advanc. bot. Res. **1,** 209—278.

— and M. N. BROVCHENKO, 1961: Effect of ATP on the uptake of assimilates by the conducting system of the sugar beet plant. Fiziol. Rastenij. **8,** 270—278.

KYLIN, A., 1960: The accumulation of sulphate in isolated leaves as affected by light and darkness. Bot. Notiser **113,** 49—81.

— 1964a: Sulphate uptake and metabolism in *Scenedesmus* as influenced by phosphate, carbon dioxyde, and light. Physiol. Plant. (Kbh.) **17,** 422—433.

— 1964b: An outpump balancing phosphate-dependent sodium uptake in *Scenedesmus*. Biochem. Biophys. Res. Commun. **16,** 497—500.

— 1966: Uptake and loss of $Na^+$, $Rb^+$, and $Cs^+$ in relation to an active mechanism for extrusion of $Na^+$ in *Scenedesmus*. Plant Physiol. **41,** 579—584.

— 1967a: Ion transport in P-deficient *Scenedesmus* upon readditions of phosphate in light and darkness. I. Uptake and loss of $Cl^-$, and measurements of oxygen consumption. Z. Pflanzenphysiol. **56,** 70—80.

— 1967b: Ion transport in P-deficient *Scenedesmus* upon readditions of phosphate in light and darkness. II. Uptake of $Rb^+$, $Cs^+$, $Ca^{++}$ and $Sr^{++}$. Z. Pflanzenphysiol. **56,** 81—90.

— and B. HYLMÖ, 1957: Uptake and transport of sulphate in wheat. Active and passive components. Physiol. Plant. (Kbh.) **10,** 467—484.

LANGMUIR, I., 1917a: The shapes of molecules forming the surfaces of liquids. Proc. Nat. Acad. Sci. **3,** 251—257.

— 1917b: The constitution and fundamental properties of solids and liquids. II. Liquids. J. Amer. Chem. Soc. **39,** 1848—1906.

— 1933: Surface chemistry. Chem. Rev. **13,** 147—191.

LANSING, A. I., and T. B. ROSENTHAL, 1952: The relation between ribonucleic acid and ionic transport across the cell surface. J. cell. comp. Physiol. **40,** 337—345.

LATIES, G. G., 1954: The osmotic inactivation *in situ* of plant mitochondrial enzymes. J. exp. Bot. **5,** 49—70.

— 1959: The generation of latent-ion-transport capacity. Proc. Nat. Acad. Sci. **45,** 163—172.

— 1964: Physiological aspects of membrane function in plant cells during development. In: M. LOCKE, ed., Cellular membranes in development. Academic Press: New York.

— and K. BUDD, 1964: The development of differential permeability in isolated steles of corn roots. Proc. Nat. Acad. Sci. **52,** 462—469.

— I. R. MACDONALD, and J. DAINTY, 1964: Influence of the counterion on the absorption isotherm for chloride at low temperature. Plant Physiol. **39,** 254—262.

LEDBETTER, M. C., 1962: Observations on membranes in plant cells fixed with $OsO_4$. Proc. Intern. Congr. Electron Microscopy, 5th, Philadelphia, 1961. **2,** W 10. Academic Press: New York.

LEFEVRE, P. G., 1954: The evidence for active transport of monosaccharides across the red cell membrane. Symp. Soc. exp. Biol. **8,** 118—135.

LEGGETT, J. E., and E. EPSTEIN, 1956: Kinetics of sulphate absorption by barley roots. Plant Physiol. **31,** 222—226.

— R. A. GALLOWAY, and H. G. GAUCH, 1965: Calcium activation of orthophosphate absorption by barley roots. Plant Physiol. **40,** 897—902.

LEHNINGER, A. L., 1964: The mitochondrion. W. A. Benjamin: New York-Amsterdam.

LENARD, J., and S. J. SINGER, 1966: Protein conformation in cell membrane preparations as studied by optical rotatory dispersion and circular dichroism. Proc. nat. acad. Sci. (Wash.) **56,** 1828—1835.

LEVITT, J., 1948: The role of active water absorption in auxin-induced water uptake by aerated potato discs. Plant Physiol. **23,** 505—515.

— 1957: The significance of „apparent free space" (A. F. S.) in ion absorption. Physiol. Plant. (Kbh.) **10,** 882—888.

— 1967: Active water transport once more: a reply to J. J. Oertli. Physiol. Plant. (Kbh.) **20,** 263—264.

LINDBERG, O., 1948: Ark. Kemi. Min. Geol. **26 B,** 13. Zit. nach E. J. AMBROSE: Cell contacts. Recent. Progr. Surface Science **1,** 338—359 (1964).

LIPS, S. H., and H. BEEVERS, 1966a: Compartmentation of organic acids in corn roots. I. Differential labeling of 2 malate pools. Plant Physiol. **41,** 709—712.

— — 1966b: Compartmentation of organic acids in corn roots. II. The cytoplasmic pool of malic acid. Plant Physiol. **41,** 713—717.

LLOYD, F. E., 1942: The carnivorous plants. Ronald Press: New York.

LOCKE, M., ed., 1964: Cellular membranes in development. Academic Press: New York and London.

LOEWENSTEIN, W. R., 1964: Permeability of the nuclear membrane as determined with electrical methods. Protoplasmatologia Bd. V. 2. Springer: Wien.

LOOKEREN-CAMPAGNE, R. N. VAN, 1957: Light-dependent chloride absorption in *Vallisneria* leaves. Acta Bot. Neerl. **6,** 543—582.

LOPUSHINSKY, W., 1964: Effect of water movement on ion movement into xylem of tomato roots. Plant Physiol. **39,** 494—501.

— and P. J. KRAMER, 1961: Effect of water movement on salt movement through tomato roots. Nature (Lond.) **192,** 994—995.

LOUGHMAN, B. C., 1960: Uptake and utilization of phosphate associated with respiratory changes in potato tuber slices. Plant Physiol. **35,** 418—424.

LUBOCHINSKY, B., J. MEURY et J. STOLKOWSKI, 1966: Transport du potassium et synthèse des phospholipides chez l'*Escherichia coli.* II. Cinétiques comparées de l'incorporation de ($^{32}$P) phosphate dans les phospholipides et du transport simultané de $K^+$ dans les souches B 163 et B 525. Bull. Soc. Chim. biol. (Paris) **48,** 873—885.

LUCY, J. A., 1964: In: Symposion on metabolic control mechanisms. Nat. Cancer Inst. Monograph no. 13.

— and A. M. GLAUERT, 1964: Structure and assembly of macromolecular lipid complexes composed of globular micelles. J. Mol. Biol. **8,** 727—748.

LÜTTGE, U., 1961: Über die Zusammensetzung des Nektars und den Mechanismus seiner Sekretion. I. Planta (Berl.) **56,** 189—212.

— 1962a: Über die Zusammensetzung des Nektars und den Mechanismus seiner Sekretion. II. Der Kationengehalt des Nektars und die Bedeutung des Verhältnisses $Mg^{++}/Ca^{++}$ im Drüsengewebe für die Sekretion. Planta (Berl.) **59,** 108—114.

— 1962b: Über die Zusammensetzung des Nektars und den Mechanismus seiner Sekretion. III. Die Rolle der Rückresorption und der spezifischen Zuckersekretion. Planta (Berl.) **59,** 175—194.

— 1964a: Mikroautoradiographischer Nachweis der Aufnahme von $^{35}SO_4^{--}$ in die Wurzelhaare von Ahornkeimlingen. Naturwiss. **51,** 296—297.

— 1964b: Untersuchungen zur Physiologie der Carnivoren-Drüsen. I. Die an den Verdauungsvorgängen beteiligten Enzyme. Planta (Berl.) **63,** 103—117.

— 1964c: Untersuchungen zur Physiologie der Carnivoren-Drüsen. III. Der Stoffwechsel der resorbierten Substanzen. Flora (Jena) **155,** 228—236.

— 1964d: Untersuchungen zur Physiologie der Carnivoren-Drüsen. Habilitationsschrift: Darmstadt.

— 1965: Untersuchungen zur Physiologie der Carnivoren-Drüsen. II. Über die Resorption verschiedener Substanzen. Planta (Berl.) **66,** 331—344.

— 1966a: Untersuchungen zur Physiologie der Carnivoren-Drüsen. IV. Die Kinetik der Chloridsekretion durch das Drüsengewebe von *Nepenthes.* Planta (Berl.) **68,** 44—56.

— 1966b: Untersuchungen zur Physiologie der Carnivoren-Drüsen. V. Mikroautoradiographische Untersuchung der Chloridsekretion durch das Drüsengewebe von *Nepenthes.* Planta (Berl.) **68,** 269—285.

— 1966c: Funktion und Struktur pflanzlicher Drüsen. Naturwiss. **53,** 96—103.

— and G. G. LATIES, 1966: Dual mechanisms of ion absorption in relation to long distance transport in plants. Plant Physiol. **41,** 1531—1539.

LÜTTGE, U., and G. G. LATIES, 1967a: The selective inhibition of absorption and long distance transport in relation to dual mechanisms of ion absorption in maize seedlings. Plant Physiol. **42,** 181—185.

— — 1967b: Absorption and long distance transport by isolated stele of maize roots in relation to the dual mechanisms of ion absorption. Planta (Berl.) **74,** 173—187.

— und J. WEIGL, 1964: Der Ionentransport in intakten und entrindeten Maiswurzeln. Ber. dtsch. bot. Ges. **77,** 63—70.

LUNDEGÅRDH, H., 1939: An electrochemical theory of salt absorption and respiration. Nature (Lond.) **143,** 203—204.

— 1949: Quantitative relations between respiration and salt absorption. Lantbrukshögsk. Annal. (Sweden) **16,** 372—403.

— 1950: The translocation of salts and water through wheat roots. Physiol. Plant. (Kbh.) **3,** 103—151.

— 1954: Anion respiration. The experimental basis of a theory of absorption, transport and exudation of electrolytes by living cells and tissues. Sym. Soc. exp. Biol. **8,** 262—296.

— 1955: Mechanisms of absorption, transport, accumulation and secretion of ions. Ann. Rev. Plant. Physiol. **6,** 1—24.

— 1958a: Investigations on the mechanism of absorption and accumulation of salts. I. Initial absorption and continued accumulation of potassium chloride by wheat roots. Physiol. Plant. (Kbh.) **11,** 332—346.

— 1958b: Investigations on the mechanism of absorption and accumulation of salts. II. Absorption of phosphate by potato tissue. Physiol. Plant. (Kbh.) **11,** 564—571.

— 1958c: Investigations on the mechanism of absorption and accumulation of salts. III. Quantitative relations between salt uptake and respiration. Physiol. Plant. (Kbh.) **11,** 585—598.

— und H. BURSTRÖM, 1933: Untersuchungen über die Salzaufnahme der Pflanzen. III. Quantitative Beziehungen zwischen Atmung und Anionenaufnahme. Biochem. Z. **261,** 235—251.

— — 1935: Untersuchungen über die Atmungsvorgänge in Pflanzenwurzeln. Biochem. Z. **277,** 223—249.

LUZZATI, V., and F. HUSSON, 1962: The structure of the liquid-crystalline phase of lipid-water systems. J. Cell. Biol. **12,** 207—219.

LYONS, J. M., and H. K. PRATT, 1964: An effect of ethylene on swelling of isolated mitochondria. Arch. Biochem. Biophys. **104,** 318—324.

— T. A. WHEATON, and H. K. PRATT, 1964: Relationship between the physical nature of mitochondrial membranes and chilling sensitivity in plants. Plant Physiol. **39,** 262—268.

MACDONALD, I. R., and G. G. LATIES, 1963: Kinetic studies of anion absorption by potato slices at 0° C. Plant Physiol. **38,** 38—44.

— — 1964: A comparative study of the influence of salt type and concentration on $^{14}CO_2$ fixation in potato slices at 25° C and 0° C. J. exp. Bot. **15,** 530—537.

MACROBBIE, E. A. C., 1962: Ionic relations of *Nitella translucens.* J. Gen. Physiol. **45,** 861—878.

— 1964a: Factors affecting the fluxes of potassium and chloride in *Nitella translucens.* J. Gen. Physiol. **47,** 859—877.

— 1964b: Vortrag, gehalten auf dem Xth Internat. Botanical Congr. Edinburgh.

— 1965: The nature of the coupling between light energy and active ion transport in *Nitella translucens.* Biochim. Biophys. Acta (Amst.) **94,** 64—73.

— 1966a: Metabolic effects on ion fluxes in *Nitella translucens.* I. Active influxes. Aust. J. biol. Sci. **19,** 363—370.

— 1966b: Metabolic effects on ion fluxes in *Nitella translucens.* II. Tonoplast fluxes. Aust. J. biol. Sci. **19,** 371—383.

— and J. DAINTY, 1958a: Sodium and potassium distribution and transport in the seawead *Rhodymenia palmata.* Physiol. Plant. (Kbh.) **11,** 782—801.

— — 1958b: Ion transport in *Nitellopsis obtusa.* J. Gen. Physiol. **42,** 335—353.

MADDY, A. H., 1966: The chemical organization of the plasma membrane of animal cells. Int. Rev. Cytol. **20,** 1—65.

MAEIR, D. M., 1961: A technique for the study of protein uptake by cells in tissue culture. Exp. Cell Res. **23,** 200—203.

MARACHANT, R. H., and L. PACKER, 1963: Light and dark stages in the hydrolysis of adenosine triphosphate by chloroplasts. Biochim. Biophys. Acta (Amst.) **75,** 458—460.

Marchwordt, U., 1963: Investigations on cation relationships in enriched barley roots. Landw. Forsch. **16,** 6—12.
Margulies, M. M., 1964: Effect of chloramphenicol on light-dependent synthesis of proteins and enzymes of leaves and chloroplasts of *Phaseolus vulgaris*. Plant Physiol. **39,** 579—585.
Marinos, N. G., 1962: Studies on submicroscopic aspects of mineral deficiences. I. Calcium deficiency in the shoot apex of barley. Amer. J. Bot. **49,** 834—841.
Marschner, H., 1964: Einfluß von Calcium auf die Natriumaufnahme und die Kaliumabgabe isolierter Gerstenwurzeln. Z. Pflanzenernähr. **107,** 19—32.
— und I. Günther, 1964: Ionenaufnahme und Zellstruktur bei Gerstenwurzeln in Abhängigkeit von der Calcium-Versorgung. Z. Pflanzenernähr. Düng. Bodenk. **107,** 118—136.
— und K. Mengel, 1966: Der Einfluß von Ca- und H-Ionen bei unterschiedlichen Stoffwechselbedingungen auf die Membranpermeabilität junger Gerstenwurzeln. Z. Pflanzenernähr. Düng. Bodenk. **112,** 39—49.
— R. Handley, and R. Overstreet, 1966: Potassium loss and changes in the fine structure of corn root tips induced by H-ion. Plant Physiol. **41,** 1725—1735.
Mason, T. G., and E. J. Maskell, 1931: Further studies on transport in the cotton plant. I. Preliminary observations on the transport of phosphorus, potassium, and calcium. Ann. Bot. **45,** 125—173.
Matile, P., 1956: Über den Stoffwechsel und die Auxinabhängigkeit der Nektarsekretion. Ber. schweiz. bot. Ges. **66,** 237—266.
McLaren, A. D., W. A. Jensen, and L. Jacobson, 1960: Absorption of enzymes and other proteins by barley roots. Plant Physiol. **35,** 549—556.
Meng, H. C., ed., 1964: Proceedings of an international symposium on lipid transport. Vanderbilt University School of Medicine, Nashville, Tennessee, October 1963.
Mengel, K., 1963: Der Einfluß von ATP-Zugaben und weiterer Stoffwechselagentien auf die Rb-Aufnahme abgeschnittener Gerstenwurzeln. Physiol. Plant. (Kbh.) **16,** 767—776.
— 1965: Das Kationen-Anionen-Gleichgewicht in Wurzel, Stengel und Blatt von *Helianthus annuus* bei K-Chlorid und K-Sulfaternährung. Planta (Berl.) **65,** 358—368.
— 1966: Stofftransport durch Zellgrenzflächen. In: H. Metzner, ed., Die Zelle. Wiss. Verlags-GmbH.: Stuttgart.
Menke, W., 1962: Structure and chemistry of plastids. Ann. Rev. Plant Physiol. **13,** 27—44.
— 1964: Feinbau und Entwicklung der Plastiden. Ber. dtsch. bot. Ges. **77,** 340—354.
— und G. Menke, 1956: Wasser und Lipide in Chloroplasten. Protoplasma (Wien) **46,** 535—546.
Merriam, R. W., 1961: On the fine structure and composition of the nuclear envelope. J. Cell Biol. **11,** 559—570.
Michaelis, L., und M. L. Menten, 1913: Die Kinetik der Invertinwirkung. Biochem. Z. **49,** 333—369.
Middleton, L. J., R. Handley, and R. Overstreet, 1960: Relative uptake and translocation of potassium and calcium in barley. Plant Physiol. **35,** 913—918.
Millard, D. L., J. T. Wiskich, and R. N. Robertson, 1964: Ion uptake by plant mitochondria. Proc. Nat. Acad. Sci. **52,** 996—1004.
— — — 1965: Ion uptake and phosphorylation in mitochondria: effect of monovalent ions. Plant Physiol. **40,** 1129—1135.
Mirsky, A. E., 1963: Austauschvorgänge zwischen Zellkern und Zellplasma. Naturwiss. **50,** 277—282.
Mitchell, P., 1961a: Coupling of phosphorylation to electron and hydrogen transfer by a chemiosmotic type of mechanism. Nature (Lond.) **191,** 144—148.
— 1961b: Biological transport phenomena and the spatially anisotropic characteristics of enzyme systems causing a vector component of metabolism. In: A. Kleinzeller and A. Kotyk, eds., Membrane, transport and metabolism. Academic Press: London-New York.
— 1962: Molecule, group and electron translocation through natural membranes. Biochem. Soc. Symp. (Great Britain) **22,** 142—169.
Moorby, J., 1964: The foliar uptake and translocation of caesium. J. exp. Bot. **15,** 457—469.
Moore, D. P., B. J. Mason, and E. W. Maas, 1965: Accumulation of calcium in exudate of individual barley roots. Plant Physiol. **40,** 641—644.
— R. Overstreet, and L. Jacobson, 1961: Uptake of magnesium and its interaction with calcium in excised barley roots. Plant Physiol. **36,** 290—295.

MORTIMER, D. C., 1965: Translocation of the products of photosynthesis in sugar beet petioles. Canad. J. Bot. **43,** 269—280.
MOSES, V., 1966: Die Aufgliederung des Stoffwechsels der Zelle auf verschiedene Reaktionsräume. Naturwiss. Rundschau **11,** 441—448.
MOSTAFA, I. Y., and A. HASSAN, 1964: Translocation of strontium 90 within pumkin plant after seed and foliar contamination. Naturwiss. **51,** 483.
MÜHLETHALER, K., 1966a: Der Feinbau des Photosynthese-Apparates. Umschau Wiss. Techn. **66,** 659—662.
— 1966b: The ultrastructure of the plastid lamellae. In Biochemistry of chloroplasts. Bd. I. Academic Press: New York.
— H. MOOR, and J. W. SZARKOWSKI, 1965: The ultrastructure of the chloroplast lamellae. Planta (Berl.) **67,** 305—323.
MUELLER, P., D. O. RUDIN, H. TI TIEN, and W. C. WESCOTT, 1964: Formation and properties of bimolecular lipid membranes. In: J. F. DANIELLI, K. G. A. PANKHURST, and A. C. RIDDIFORD, eds., Recent Progr. in Surface Science **1,** 379—393.
MÜNCH, E., 1930: Die Stoffbewegungen in der Pflanze. Gustav Fischer: Jena.
MYRBÄCK, K., und E. VASSEUR, 1943: Über die Lactosegärung und die Lokalisation der Enzyme in der Hefezelle. Z. Physiol. Chem. **277,** 171—180.

NAGAI, R., and M. TAZAWA, 1962: Changes in resting potential and ion absorption induced by light in a single plant cell. Plant and Cell Physiol. **3,** 323—339.
— and U. KISHIMOTO, 1964: Cell wall potential in *Nitella.* Plant and Cell Physiol. **5,** 21—31.
NEMČEK, O., K. SIGLER, and A. KLEINZELLER, 1966: Ion transport in the pitcher of *Nepenthes henryana.* Biochim. Biophys. Acta (Amst.) **126,** 73—80.
NETOLITZKY, F., 1932: Die Pflanzenhaare. In: K. LINSBAUER, ed., Handbuch der Pflanzenanatomie I, 2. Gebrüder Bornträger: Berlin.
NETTER, H., 1959: Theoretische Biochemie. Springer: Berlin-Göttingen-Heidelberg.
— 1961: Mögliche Mechanismen und Modelle für aktive Transportvorgänge. In: Biochemie des aktiven Transportes. Springer: Berlin-Göttingen-Heidelberg.
NIKAIDO, H., 1962: Phospholipid as a possible component of carrier system in β-galactoside permease of *Escherichia coli.* Biochem. Biophys. Res. Commun. **9,** 486—492.
NISSEN, P., and A. A. BENSON, 1964: Active transport of choline sulfate by barley roots. Plant Physiol. **39,** 586—589.
NOBEL, P. S., 1967: Relation of swelling and photophosphorylation to light-induced ion uptake by chloroplasts *in vitro.* Biochim. Biophys. Acta (Amst.) **131,** 127—140.
— and S. MURAKAMI, 1967: Electron microscopic evidence for the location and amount of ion accumulation by spinach chloroplasts. J. Cell Biol. **32,** 209—211.
— and L. PACKER, 1964a: Energy dependent ion uptake in spinach chloroplasts. Biochim. Biophys. Acta (Amst.) **88,** 453—455.
— — 1964b: Studies on ion translocation by spinach chloroplasts. J. Cell Biol. **23,** 67 A—68 A.
— — 1965: Light dependent ion translocation in spinach chloroplasts. Plant Physiol. **40,** 633—640.
NOODÉN, L. D., and K. V. THIMAN, 1965: Inhibition of protein synthesis and of auxin induced growth by chloramphenicol. Plant Physiol. **40,** 193—201.
NORRIS, C. H., 1939: The tension at the surface and other physical properties of the nucleated erythrocyte. J. cell comp. Physiol. (Am.) **14,** 117—133.

OERTLI, J. J., 1964a: Betrachtungen zum Trägertransport bei der pflanzlichen Ionenaufnahme. Z. Pflanzenernähr. Düng. Bodenk. **104,** 25—38.
— 1964b: Aufnahme und Rücktransport von Ionen durch pflanzliche Zellen (eine mögliche Erklärung des Viets-Effekts). Z. Pflanzenernähr. Düng. Bodenk. **107,** 193—205.
— 1966: Active water transport in plants. Physiol. Plant. (Kbh.) **19,** 809—817.
OPARIN, A. I., 1963a: Das Leben. Seine Natur, Herkunft und Entwicklung. Fischer: Stuttgart.
— 1963b: Origin and evolution of metabolism. In: A. I. OPARIN, ed., Evolutionary Biochemistry. Pergamon Press: Oxford-London-New York-Paris.
OSMOND, C. B., 1966: Divalent cation absorption and interaction in *Atriplex.* Aust. J. Biol. Sci. **19,** 37—48.
— and G. G. LATIES, 1968: Interpretation of the dual isotherm for ion absorption in beet tissue. Plant Physiol. in press.

Overstreet, R., 1957: Comment on the absorption of inorganic ions by root cells. Plant Physiol. **32,** 491—492.

Overton, E., 1899: Über die allgemeinen osmotischen Eigenschaften der Zelle, ihre vermutlichen Ursachen und ihre Bedeutung für die Physiologie. Vierteljahrschr. Naturforsch. Ges. Zürich **44,** 88—135.

Packer, L., and P. A. Siegenthaler, 1965: Light dependent volume changes and reactions in chloroplasts. II. Action of anions. Plant Physiol. **40,** 1080—1085.

Pappius, A. M., 1964: Water transport at cell membranes. Canad. J. Biochem. **42,** 945—953.

Pardee, A. B., 1967: Crystallisation of a sulfate-binding protein (permease) from *Salmonella typhimurium*. Science **156,** 1627—1628.

— and L. S. Prestidge, 1966: Cell-free activity of a sulfate binding site involved in active transport. Proc. Nat. Acad. Sci. **55,** 189—191.

Parr, J. F., and A. G. Norman, 1964: Effects of noionic surfactans on root growth and cation uptake. Plant Physiol. **39,** 502—507.

Parthier, B., 1965: Effects of antibiotics on the uptake of $^{35}$S-methionine and $^{32}PO_4$ and on their incorporation into protein and ribonucleic acid of green tobacco leaves. Nature (Lond.) **206,** 783—784.

Passow, H., 1963: Passive Permeabilität von Zellmembranen. Zur Frage der Penetration durch Poren. Verh. Ges. dtsch. Naturforsch. u. Ärzte. Springer: Berlin-Göttingen-Heidelberg.

Pauly, H., 1964: Die Struktur der zytoplasmatischen Membran. Biophysik **1,** 347—358.

Peaud-Lenoel, C., and L. de Gourmay-Margerie, 1962: Some effects of chloramphenicol on isolated wheat roots. Phytochemistry **1,** 267—275.

Phillis, E., and T. G. Mason, 1933: The polar distribution of sugar in the foliage leaf. Ann. Bot. **47,** 585—634.

Pinkas, L. L. H., and L. H. Smith, 1967: Physiological basis of differential strontium accumulation in two barley genotypes. Plant Physiol. **41,** 1471—1475.

Pitman, M. G., 1963: The determination of the salt relations of the cytoplasmic phase in cells of beetroot tissue. Aust. J. Biol. Sci. **16,** 647—668.

— 1964: The effect of divalent cations on the uptake of salt by beetroot. J. exp. Bot. **15,** 444—457.

— 1965a: Sodium and potassium uptake by seedlings of *Hordeum vulgare*. Aust. J. Biol. Sci. **18,** 10—24.

— 1965b: Ion exchange and diffusion in roots of *Hordeum vulgare*. Aust. J. Biol. Sci. **18,** 541—546.

— 1965c: The location of the Donnan free space in disks of beetroot tissue. Aust. J. Biol. Sci. **18,** 547—553.

— 1966: Uptake of potassium and sodium by seedlings of *Sinapis alba*. Aust. J. Biol. Sci. **19,** 257—269.

— and H. D. W. Saddler, 1967: Active sodium and potassium transport in cells of barley roots. Proc. Nat. Acad. Sci. **57,** 44—49.

Plowe, J. Q., 1931a: Membranes in the plant cell. I. Morphological membranes at plasmatic surface. Protoplasma (Wien) **12,** 196—220.

— 1931b: Membranes of the plant cell. II. Localisation of differential permeability in the plant protoplast. Protoplasma (Wien) **12,** 221—240.

Policard, A. et M. Bessis, 1958: Sur un mode d'incorporation des macromolécules par la cellule, visible au microscope électronique: la rhophéocytose. C. Acad. Sci. (Paris) **246,** 3194—3197.

Post, R. L., and C. D. Albright, 1961: Membrane adenosine triphosphatase system as a part of a system of active sodium and potassium transport. In: A. Kleinzeller and A. Kotyk, eds., Membrane, transport and metabolism. Academic Press: New York-London.

— C. R. Merritt, C. R. Kinsolving, and C. D. Albrght, 1960: Membrane adenosine triphosphatase as a participant in the active transport of sodium and potassium in the human erythrocyte. J. biol. Chem. **235,** 1796—1802.

Priestley, J. H., and E. E. North, 1922: The structure of the endodermis in relation to its function. New Phytologist **21,** 113—139.

Rains, D. W., and E. Epstein, 1967a: Sodium absorption by barley roots: role of the dual mechanisms of alkali cation transport. Plant Physiol. **42,** 314—318.

— — 1967b: Sodium absorption by barley roots: its mediation by mechanism 2 of alkali cation transport. Plant Physiol. **42,** 319—323.

RANEY, F., and Y. VAADIA, 1965: Dispersion of THO and $^{36}Cl$ uptake by sunflower root systems. Physiol. Plant. (Kbh.) **18,** 8—14.

RAZIN, S., H. J. MOROWITZ, and T. M. TORRY, 1965: Membrane subunits of *Mycoplasma laidlawii* and their assembly to membranelike structures. Proc. Nat. Acad. Sci. **54,** 219—225.

ROBERTSON, J. D., 1964: Unit membranes. A review with recent new studies of experimental alterations and a new subunit structure in synaptic membranes. In: M. LOCKE, ed., Cellular membranes in developement. Academic Press: New York-London.

ROBERTSON, R. N., 1958: The uptake of minerals. In: Handb. d. Pflanzenphysiol. IV. Springer: Berlin-Göttingen-Heidelberg.

— 1960: Ion transport and respiration. Biol. Rev. Cambridge Phil. Soc. **35,** 231—264.

— 1962: Living membranes — frontiers of research at the boundaries of life. Proc. Linn. Soc. New South Wales **87,** 267—274.

— 1964a: The relation between accumulation of ions and respiration. Xth Inter. Botan. Congr. Edinburgh, Abstracts No. 383.

— 1964b: Mitochondrial membranes and their functions. Xth Inter. Botan. Congr. Edinburgh, Abstracts No. 460.

— M. J. WILKINS, and D. C. WEEKS, 1951: Studies in the metabolism of plant cells. IX. The effects of 2,4-dinitrophenol on salt accumulation and salt respiration. Aust. J. Sci. Res. **4,** 248—264.

ROSANO, H. L., J. H. SCHULMAN, and J. B. WEISBUCH, 1961: Mechanism of the selective flux of salts and ions through nonaqueous liquid membranes. Ann. N. Y. Acad. Sci. **92,** 457—469.

ROTHSTEIN, A., 1954: The enzymology of the cell surface. Protoplasmatologia. Bd. II, E 4. Springer: Wien.

RUESINK, A. W., and K. V. THIMAN, 1965: Protoplasts from the *Avena* coleoptile. Proc. Nat. Acad. Sci. **54,** 56—64.

RUHLAND, W., 1912: Studien über die Aufnahme von Kolloiden durch die pflanzliche Plasmahaut. Jb. wiss. Bot. **51,** 376—431.

— 1915: Untersuchungen über die Hautdrüsen der Plumbaginaceen. Ein Beitrag zur Biologie der Halophyten, Jb. wiss. Bot. **55,** 409—498.

— und C. HOFFMANN, 1925: Die Permeabilität von *Beggiatoa mirabilis.* Planta (Berl.) **1,** 1—83.

RUSSELL, R. S., and D. A. BARBER, 1960: The relationship between salt uptake and the absorption of water by intact plants. Ann. Rev. Plant Physiol. **11,** 127—140.

— and V. M. SHORROCKS, 1959: The relationship between transpiration and the absorption of inorganic ions by intact plants. J. exp. Bot. **10,** 301—316.

SACHER, J. A., 1966: The regulation of sugar uptake and accumulation in bean pod tissue. Plant Physiol. **41,** 181—189.

SALIAEV, R. K., 1964: Electron-microscope examination of the „free space" of root cells, and the role it plays in water absorption. Dokl. Akad. Nauk SSSR **158,** 737—738.

SARGENT, J. A., and G. E. BLACKMAN, 1962: Studies in foliar penetration. I. Factors controlling the entry of 2,4-dichlorophenoxyacetic acid. J. exp. Bot. **13,** 348—368.

SCHAEDLE, M., and L. JACOBSON, 1965: Ion absorption and retention by *Chlorella pyrenoidosa.* I. Absorption of potassium. Plant Physiol. **40,** 214—220.

SCHATZMANN, H.-J., 1953: Herzglycoside als Hemmstoffe für den aktiven Kalium- und Natriumtransport durch die Erythrocytenmembran. Helv. Physiol. pharmacol. Acta **11,** 346—354.

SCHLÖGL, R., 1957: Zum Materietransport durch Porenmembranen. Habilitationsschrift: Göttingen.

— 1964: Stofftransport durch Membranen. Steinkopff: Darmstadt.

SCHNEPF, E., 1963a: Zur Cytologie und Physiologie pflanzlicher Drüsen. I. Über den Fangschleim der Insektivoren. Flora (Jena) **153,** 1—22.

— 1963b: Zur Cytologie und Physiologie pflanzlicher Drüsen. II. Über die Wirkung von Sauerstoffentzug und von Atmungsinhibitoren auf die Sekretion des Fangschleimes von *Drosophyllum* und auf die Feinstruktur der Drüsenzellen. Flora (Jena) **153,** 23—48.

— 1964: Zur Cytologie und Physiologie pflanzlicher Drüsen. IV. Licht- und elektronenmikroskopische Untersuchungen an Septalnektarien. Protoplasma (Wien) **58,** 137—171.

— 1965: Licht- und elektronenmikroskopische Beobachtungen an den Trichom-Hydathoden von *Cicer arietinum.* Z. Pflanzenphysiol. **53,** 245—254.

Schnepf, E., 1966: Organellen-Reduplikation und Zellkompartimentierung. In: P. Sitte, ed., Probleme der biologischen Reduplikation. 3. wiss. Konf. Ges. dtsch. Naturforsch. u. Ärzte. Springer: Berlin-Heidelberg-New York.

— 1968: Sekretion und Exkretion bei Pflanzen. Protoplasmatologia. Bd. VIII/8. Springer: Wien.

Schönborn, M., und D. Woermann, 1967: Osmotisches Verhalten von Ionenaustauscher-Membranen. Ber. Bunsenges. physik. Chem. **71**, 843—855.

Scholefield, P. G., 1964: The role of adenosine triphosphate in transport reactions. (Symposium). Canad. J. Biochem. **42**, 917—924.

Schrödter, K., 1926: Zur physiologischen Anatomie der Mittelzelle drüsiger Gebilde. Flora (Jena) **120**, 19—86.

Schumacher, W., 1936: Untersuchungen über die Wanderung des Fluoresceins in den Haaren von *Cucurbita pepo*. Jb. wiss. Bot. **82**, 507—533.

Scott, B. I. H., and D. W. Martin, 1962: Bioelectric fields of bean roots and their relation to salt accumulation. Aust. J. Biol. Sci. **15**, 83—100.

Scott, G. T., and H. R. Hayward, 1953: The influence of iodacetate on the sodium and potassium content of *Ulva lactuca* and the prevention of its influence by light. Science **117**, 719—721.

— — 1954: Evidence for the presence of separate mechanisms regulating Na and K distribution. J. Gen. Physiol. **37**, 601—620.

— — 1955: Sodium and potassium regulation in *Ulva lactuca* and *Valonia macrophysa*. In: A. M. Shanes, ed., Electrolytes in biological systems. Amer. Physiol. Soc.: Washington.

Seno, S., and E. V. Cowdry, ed., 1964: Intracellular membraneous structure. Okajama 1964.

Shanes, A. M., 1958: Electrochemical aspects of physiological and pharmacological action in excitable cells. I. The resting cell and its alteration by extrinsic factors. Pharmacol. Rev. **10**, 59—164.

Shaw, W. N., and W. C. Stadie, 1957: Coexistence of insulin-responsive and insulin-non-responsive glycolytic systems in rat diaphragm. J. Biol. Chem. **227**, 115—134.

— — 1959: Two identical Embden-Meyerhof enzyme systems in normal rat diaphragms differing in cytological location and response to insulin. J. Biol. Chem. **234**, 2491—2496.

Shibuya, I., B. Maruo, and A. A. Benson, 1965: Sulfolipid localisation in lamellar lipoprotein. Plant Physiol. **40**, 1251—1256.

Siegel, S., and L. Halpren, 1964: The effect of branching at C-1 on the biological activity of alcohols. Proc. Natl. Acad. Sci. **51**, 765—768.

Sievers, A., 1965: Funktion des Golgi-Apparates in pflanzlichen und tierischen Zellen. In: „Sekretion und Exkretion". Springer: Berlin-Heidelberg-New York.

Simonis, W., F. J. Kuntz und W. Urbach, 1962: Probleme der Phosphataufnahme in Abhängigkeit von Licht und Dunkelheit bei *Ankistrodesmus*. Vortr. Gesamtgeb. Botanik N. F. **1**, 139—148.

Sitte, P., 1961: Die submikroskopische Organisation der Pflanzenzelle. Ber. dtsch. bot. Ges. **74**, 177—206.

— 1966: Allgemeine Mikromorphologie der Zelle. In: H. Metzner, ed., Die Zelle: Struktur und Funktion. Wissenschaftliche Verlagsgesellschaft: Stuttgart.

Sjöstrand, F., 1960: Morphology of ordered biological structures. Radiation Res. Suppl. **2**, 349—386.

— 1963a: The ultrastructure of the plasma membrane of columnar epithelium cells of the mouse intestine. J. Ultrastruct. Res. **8**, 517—541.

— 1963b: A new ultrastructural element of the membranes in mitochondria and some cytoplasmic membranes. J. Ultrastruct. Res. **9**, 340—361.

— 1963c: A comparison of plasma membrane, cytomembranes, and mitochondrial membrane elements with respect to ultrastructural features. J. Ultrastruct. Res. **9**, 561—580.

— 1963d: A new repeat structural element of mitochondrial and certain cytoplasmic membranes. Nature (Lond.) **199**, 1262—1264.

— and L.-G. Elfvin, 1964: The granular structure of mitochondrial membranes and of cytomembranes as demonstrated in frozen-dried tissue. J. Ultrastruct. Res. **10**, 263—292.

Smith, F. A., 1966: Active phosphate uptake by *Nitella translucens*. Biochim. Biophys. Acta (Amst.) **126**, 94—99.

— 1967: Links between glucose uptake and metabolism in *Nitella translucens*. J. exp. Bot. **18**, 348—358.

SMITH, R. C., 1960: Influence of upward water translocation on uptake of ions in corn plants. Amer. J. Bot. **47,** 724—729.

— and E. EPSTEIN, 1964: Ion absorption by shoot tissue: technique and first findings with excised leaf tissue of corn. Plant Physiol. **39,** 338—341.

SOLOMON, A. K., 1961: Measurement of the equivalent pore radius in cell membranes. In: A. KLEINZELLER and A. KOTYK, eds., Membrane, transport and metabolism. Academic Press: London-New York.

— 1962: Pumps in the living cell. Sci. Amer. **207,** 100—108.

SPANSWICK, R. M., and E. J. WILLIAMS, 1964: Electrical potentials and Na, K and Cl concentrations in the vacuole and cytoplasm of *Nitella translucens*. J. exp. Bot. **15,** 193—200.

— J. STOLAREK, and E. J. WILLIAMS, 1967: The membrane potential of *Nitella translucens*. J. exp. Bot. **18,** 1—16.

SPLITTSTOESSER, W. E., and H. BEEVERS, 1964: Acids in storage tissues. Effects of salts and aging. Plant Physiol. **39,** 163—169.

STEIN, W. D., 1964: Facilitated diffusion. Recent Prog. in Surface Sci. **1,** 300—337.

STERN, K., 1917: Beiträge zur Kenntnis der Nepenthaceen. Flora (Jena) **109,** 213—282.

STEVENINCK, R. F. M., VAN, 1964: A comparison of chloride and potassium fluxes in red beet tissue. Physiol. Plant. (Kbh.) **17,** 757—770.

— 1965: The significance of calcium on the apparent permeability of cell membranes on the effect of substitution with other divalent ions. Physiol. Plant. (Kbh.) **18,** 54—69.

STEVENS, B. J., and H. SWIFT, 1966: RNA transport from nucleus to cytoplasm in Chironomus salivary glands. J. Cell Biol. **31,** 55—77.

STEWARD, F. C., 1932: The absorption and accumulation of solutes by living plant cells. I. Experimental conditions, which determine salt absorption by storage tissue. Protoplasma (Wien) **15,** 29—58.

— 1937: Salt accumulation by plants — the role of growth and metabolism. Trans. Farday Soc. **33,** 1006—1016.

— and F. K. MILLAR, 1954: Salt accumulation in plants: a reconsideration of the role of growth and metabolism. Symp. Soc. Exp. Biol. **8,** 367—406.

— and H. E. STREET, 1947: The nitrogenous constituents of plants. Ann. Rev. Biochem. **16,** 471—502.

— and J. F. SUTCLIFFE, 1959: Plants in relation to inorganic salts. In: F. C. STEWARD, ed., Plant Physiology. II. Academic Press: New York and London.

STOCKING, R. C., and H. ONGUN, 1962: The intracellular distribution of some metallic elements in leaves. Amer. J. Bot. **49,** 284—289.

STOECKENIUS, W., 1959: An electron microscope study of myelin figures. J. Biophys. Biochem. Cytol. **5,** 491—500.

— 1960: Osmium tetroxide fixation of lipids. Proc. European Reg. Conf. Electron Micro. Delft **2,** 716—720.

— 1962: Some electron microscopical observations on crystalline phase in lipid-water system. J. Cell Biol. **12,** 221—229.

— J. H. SCHULMAN, and L. M. PRINCE, 1960: The structure of myelin figures and microemulsions as observed with the electron microscope. Kolloid-Z. **169,** 170—180.

STONER, C. D., and J. B. HANSON, 1966: Swelling and contraction of corn mitochondria. Plant Physiol. **41,** 255—266.

STRATHMANN, R., 1966: Transportvorgänge in ternären Membransystemen. Dissertation: Darmstadt.

STRUGGER, S., 1949: Praktikum der Zell- und Gewebe-Physiologie der Pflanzen. Ed. 2. Springer: Berlin.

SUTCLIFFE, J. F., 1960: New evidence for a relationship between ion absorption and protein turnover in plant cells. Nature (Lond.) **188,** 294—297.

— 1962: Mineral salts absorption in plants. Pergamon Press: New York-Oxford-London-Paris.

— and D. P. HACKETT, 1957: Efficiency of ion transport in biological systems. Nature (Lond.) **180,** 95—96.

SUTTER, E., 1950: Über die Wirkung des Kohlenoxyds auf Atmung und Ionenaufnahme von Weizenwurzeln. Experientia **6,** 264—265.

SWANBACK, T. R., 1939: Studies on antagonistic phenomena and cation absorption in tobacco in the presence and absence of manganese and boron. Plant Physiol. **14,** 423—447.

TANADA, T., 1955: Effects of ultraviolett radiation and calcium and their interaction on salt absorption by excised mung bean roots. Plant Physiol. **30,** 221—225.

TANADA, T., 1956: Effect of ribonuclease on salt absorption by exscied mung bean roots. Plant Physiol. **31**, 251—253.

TANNER, W., L. DÄCHSEL, and O. KANDLER, 1965: Effects of DCMU and Antimycin A on photoassimilation of glucose in *Chorella*. Plant Physiol. **40**, 1151—1156.

— E. LOOS, and O. KANDLER, 1966: Photoassimilation of glucose by *Chorella* in monochromatic light of 658 and 711 mμ. In: J. B. THOMAS and J. C. GOEDHEER, eds., Currents in photosynthesis. Ad. Donker: Rotterdam.

TAZAWA, M., 1961: Weitere Untersuchungen zur Osmoregulation der *Nitella*-Zelle. Protoplasma (Wien) **53**, 227—258.

— and R. NAGAI, 1966: Studies on osmoregulation of *Nitella* internode with modified cell saps. Z. Pflanzenphysiol. **54**, 333—344.

TEORELL, T., 1935: Studies on the diffusion effect upon ionic distribution. I. Proc. Nat. Acad. Sci. **21**, 152—161.

— 1937: Studies on the diffusion effect upon ionic distribution. II. J. Gen. Physiol. **21**, 107—122.

THOMPSON, T. E., 1964: The properties of bimolecular phospholipid membranes. In: M. LOCKE, ed., Cellular Membranes in development. Academic Press: New York and London.

THOMSON, W. W., and L. L. LIU, 1967: Ultrastructural features of the salt gland of *Tamarix aphylla L.* Planta (Berl.) **73**, 201—220.

TOBIAS, J. M., D. P. AGIN, and R. PAWLOWSKI, 1962: Phospholipidcholesterol membrane model. J. Gen. Physiol. **45**, 989—1001.

TORII, K., and G. G. LATIES, 1966a: Mechanisms of ion uptake in relation to vacuolation of corn roots. Plant Physiol. **41**, 863—870.

— — 1966b: Organic acid synthesis in response to excess cation absorption in vacuolate and non-vacuolate sections of corn and barley roots. Plant and Cell Physiol. **7**, 395—403.

TROSHIN, A. S., 1959: Das Problem der Zellpermeabilität. Gustav Fischer: Jena.

TRUELOVE, B., and J. B. HANSON, 1966: Calcium activated phosphate uptake in contracting corn mitochondria. Plant Physiol. **41**, 1004—1013.

TURKINA, M. V., 1961: Absorption of sucrose by conducting tissues. Fiziol. Rastenji **8**, 649—657.

ULLRICH, W., 1962: Zur Wirkung von Adenosintriphosphat auf den Fluorescein-Transport in den Siebröhren. Planta (Berl.) **57**, 713—717.

— W. URBACH, K. A. SANTARIUS und U. HEBER, 1965: Die Verteilung des Orthophosphates auf Plastiden, Cytoplasma und Vakuole in der Blattzelle und ihre Veränderung im Licht-Dunkel-Wechsel. Z. Naturforsch. **20b**, 905—910.

ULRICH, A., 1941: Metabolism of non-volatile organic acids in excised barley roots as related to cation-anion balance during accumulation. Amer. J. Bot. **28**, 526—537.

— 1942: Metabolism of organic acids in excised barley roots as influenced by temperature, oxygen tension and salt concentration. Amer. J. Bot. **29**, 220—227.

ULRICH, B., und H. E. OBERLÄNDER, 1964: Theoretische Betrachtungen über die enzymkinetische Interpretation der Ionenaufnahme durch Pflanzen. Plant and Soil **21**, 26—36.

URBACH, W., M. A. HUDSON, W. ULLRICH, K. A. SANTARIUS und U. HEBER, 1965: Verteilung und Wanderung von Phosphoglycerat zwischen den Chloroplasten und dem Cytoplasma während der Photosynthese. Z. Naturforsch. **20b**, 890—898.

USSING, H. H., 1961: Experimental evidence and biological significance of active transport. In: Biochemie des aktiven Transportes. Springer: Berlin-Göttingen-Heidelberg.

VAADIA, Y., 1960: Autonomic diurnal fluctuations in rate of exudation and root pressure of decapitated sunflower plants. Physiol. Plant. (Kbh.) **13**, 701—717.

VAKHMISTROV, D. B., 1965: On the magnitude of the „apparent free space" of plant roots. Zit. nach V. DELLINGSHAUSEN: Ber. wiss. Biol. **260**, 382, 1966.

VIETS, F. G., 1944: Calcium and other polyvalent cations as accelerators of ion accumulation by excised barley roots. Plant Physiol. **19**, 466—480.

VRIES, H., DE, 1885: Über die Bedeutung der Zirkulation und der Rotation des Protoplasma für den Stofftransport in der Pflanze. Bot. Z. **43**, 1—6, 16—26.

WAISEL, Y., 1962: The effect of Ca on the uptake of monovalent ions by excised barley roots. Physiol. Plant. (Kbh.) **15**, 709—724.

WALKER, N. A., 1955: Microelectrode experiments on *Nitella*. Aust. J. Biol. Sci. **8**, 476—489.

WALKER, N. A., 1957: Ion permeability of the plasmalemma of the plant cell. Nature (Lond.) **180,** 94—95.
— 1960: The electric resistance of the cell membranes in a *Chara* and a *Nitella* species. Aust. J. Biol. Sci. **13,** 468—478.
WALLACH, D. F. H., and P. H. ZAHLER, 1966: Protein conformations in cellular membranes. Proc. Nat. Acad. Sci. (Wash.) **56,** 1552—1559.
WANNER, H., 1952: Phosphataseverteilung und Kohlenhydrattransport in der Pflanze. Planta (Berl.) **41,** 190—194.
WARTIOVAARA, V., und R. COLLANDER, 1960: Permeabilitätstheorien. Protoplasmatologia Bd. II, C 8d. Springer: Wien.
WEBB, J. A., and P. R. GORHAM, 1965: Radial movement of $C^{14}$-translocates from squash phloem. Canad. J. Bot. **43,** 97—103.
WEIGL, J., 1963: Die Bedeutung der energiereichen Phosphate bei der Ionenaufnahme durch Wurzeln. Planta (Berl.) **60,** 307—321.
— 1964a: Funktion der Phosphatide bei der Ionenaufnahme durch Wurzeln? Z. Naturforsch. **19b,** 516—519.
— 1964b: Zur Hemmung der aktiven Ionenaufnahme durch Arsenat. Z. Naturforsch. **19b,** 646—648.
— 1964c: Über den Zusammenhang von Photophosphorylierung und aktiver Ionenaufnahme. Z. Naturforsch. **19b,** 845—851.
— 1967a: Wasserstruktur und Permeation: Die Aktivierungsenergie und der molekulare Mechanismus der Wasserpermeation. Z. Naturforsch. **22b,** 885—890.
— 1967b: Beweis für die Beteiligung von beweglichen Transportstrukturen (Trägern) beim Ionentransport durch pflanzliche Membranen und die Kinetik des Anionentransportes bei *Elodea* im Licht und Dunkeln. Planta (Berl.) **75,** 327—342.
— und U. LÜTTGE, 1962: Mikroautoradiographische Untersuchungen über die Aufnahme von $^{35}SO_4^{--}$ durch Wurzeln von *Zea mays L.* Die Funktion der primären Endodermis. Planta (Berl.) **59,** 15—28.
— — 1965: Die Ionenaufnahme durch die Luftwurzeln von *Epidendrum.* Protoplasma (Wien) **60,** 1—6.
— und H. ZIEGLER, 1962: Die räumliche Verteilung von $^{35}S$ und die Art der markierten Verbindungen in Spinatblättern nach Begasung mit $^{35}SO_2$. Planta (Berl.) **58,** 435—447.
WEILING, F., 1962: Über Pinocytose-Mechanismen im Verlauf der Meiose bei *Lycopersicum* und *Cucurbita* unter Berücksichtigung ihrer Bedeutung sowie der Literatur über Pinocytose bei Tier und Mensch. II. Kritische Besprechung und Ausdeutung der Beobachtungen. Protoplasma (Wien) **55,** 452—496.
WELTE, E., and U. MARCHWORDT, 1963: Relationship between certain cations in the enrichment of barley seedlings. Agrochimica **7,** 161—172.
WESTPHAL, W. H., 1953: Vorwort zu: L. v. BERTALANFFY: Biophysik des Fließgleichgewichtes. F. Vieweg u. Sohn: Braunschweig.
WHALEY, W. G., H. H. MOLLENHAUER, and J. E. KEPHART, 1959: The endoplasmatic reticulum and the Golgi structures in maize root cells. J. Biophys. Biochem. Cytol. **5,** 501—506.
— — and J. H. LEECH, 1960: The ultrastructure of the meristematic cell. Amer. J. Bot. **47,** 401—449.
WIEBE, H. H., and P. J. KRAMER, 1954: Translocation of radioactive isotopes from various regions of roots of barley seedlings. Plant Physiol. **29,** 342—348.
WILBRANDT, W., 1961: Transport of sugar across cellular and biological membranes. In: A. KLEINZELLER and A. KOTYK, eds., Membrane, transport and metabolism. Academic Press: London and New York.
WILLEMOT, C., and P. K. STUMPF, 1967a: Fat metabolism in higher plants. XXXIII. Development of fatty acid synthetase in „aging" storage tissue slices. Canad. J. Bot. **45,** 579—584.
— — 1967b: Fat metabolism in higher plants. XXXIV. Development of fatty acid synthetase as a function of protein synthesis in aging potato slices. Plant Physiol. **42,** 391—397.
WILLIAMS, E. J., R. J. JOHNSTON, and J. DAINTY, 1964: The electrical resistance and capacitance of the membranes of *Nitella translucens.* J. exp. Bot. **15,** 1—14.
WILLMER, E. N., 1961: Steroids and cell surface. Biol. Rev. **36,** 368—398.
WINTER, H., 1961: The uptake of cations by *Vallisneria* leaves. Acta bot. neerl. **10,** 341—393.
WISSELINGH, C., VAN, 1926: Beitrag zur Kenntnis der inneren Endodermis. Planta (Berl.) **2,** 27—43.
WITTEKIND, D., 1963: Pinocytose. Naturwiss. **50,** 270—277.

Woermann, D., 1966: Über den Transport von Ionen gegen ihr Konzentrationsgefälle durch Membranen. Habilitationsschrift: Darmstadt.
— und M. Spei, 1964: Untersuchungen über den Transport von Ionen gegen ihr Konzentrationsgefälle durch Membranen. Ber. Bunsenges. physik. Chem. **68,** 449—454.
Wolfe, A. D., and F. D. Hahn, 1965: Mode of action of chloramphenicol. IX. Effects of chloramphenicol upon a ribosomal aminoacid polimerisation system and its binding to bacterial ribosomes. Biochem. Biophys. Acta (Amst.) **95,** 146—155.
Wrischer, M., 1962: Elektronenmikroskopische Beobachtungen an extrafloralen Nektarien von *Vicia faba L.* Acta botan. Croat. **20/21,** 75—94.

Yamamoto, T., 1963: On the thickness of the unit membrane. J. Cell Biol. **17,** 413—422.

Ziegler, H., 1956: Untersuchungen über die Leitung und Sekretion der Assimilate. Planta (Berl.) **47,** 447—500.
— 1963a: Verwendung von $^{45}$Calcium zur Analyse der Stoffversorgung wachsender Früchte. Planta (Berl.) **60,** 41—45.
— 1963b: Der Ferntransport organischer Stoffe in den Pflanzen. Naturwiss. **50,** 177—186.
— 1965a: Die Physiologie pflanzlicher Drüsen. Ber. dtsch. bot. Ges. **78,** 466—477.
— 1965b: Wasserumsatz und Stoffbewegungen. Fortschr. Botanik **27,** 65—89.
— 1967: La sécrétion du nectar. In: Traité de biologie de l'Abeille. Masson: Paris, im Druck.
— und F. Huber, 1960: Phosphataseaktivität in den „Strasburger-Zellen“ der Koniferennadeln. Naturwiss. **47,** 305.
— und U. Lüttge, 1966: Die Salzdrüsen von *Limonium vulgare*. I. Die Feinstruktur. Planta (Berl.) **70,** 193—206.
— — 1967: Die Salzdrüsen von *Limonium vulgare*. II. Die Lokalisierung des Chlorids. Planta (Berl.) **74,** 1—17.
— und T. E. Mittler, 1959: Über den Zuckergehalt der Siebröhren- bzw. Siebzellensäfte von *Heracleum Mantegazzianum* und *Picea abies* (L.) Karst. Z. Naturforsch. **14b,** 278—281.
— und G.-H. Vieweg, 1961: Der experimentelle Nachweis einer Massenströmung im Phloem von *Heracleum Mantegazzianum* Somm. et Lev. Planta (Berl.) **56,** 402—408.
— J. Weigl und U. Lüttge, 1963: Mikroautoradiographischer Nachweis der Wanderung von $^{35}SO_4^{--}$ durch die Tertiärendodermis der *Iris*wurzel. Protoplasma (Wien) **56,** 362—370.
Zimmermann, M. H., 1960: Transport in the phloem. Ann. Rev. Plant Physiol. **11,** 167—190.